都市农业文化系列丛书

北京农学院都市农业文化科研创新团队
北京新农村建设研究基地　资助
北京生态文化协会

都市农业发展与葡萄文化

华玉武　李　刚　主　编
刘志民　李德美　副主编

中国农业出版社

序

　　葡萄文化是指葡萄的生产和产品中人化的那一部分。葡萄的生产和产品由"自然物"和人化的"人化物"两部分组成。区别葡萄的"自然物"与"人化物"是理解葡萄文化的关键。葡萄文化包括物质文化、行为文化和精神文化。

　　在全世界的果品生产中，葡萄的产量及栽培面积一直位居前列，几千年来形成了丰富的葡萄文化。在诗词歌赋、小说等文学作品中，在绘画、雕塑、器物图样等美术作品中，在剪纸、雕刻、面塑、玻璃葡萄、盆景等民间工艺中，在音乐及歌舞中，在民间故事、谚语、谜语和儿歌、风俗习惯等民俗文化中，在宗教文化中，在美食文化中，无不彰显着葡萄文化的魅力。

　　我国是一个历史悠久的文明古国，创造了丰富多彩的葡萄文化。葡萄文化是中华文化瑰宝中一颗耀眼的明珠。我国是世界上葡萄较早栽培地之一。葡萄文化在地中海周围形成之后，开始沿丝绸之路向东传播，对沿途国家、民族的生活和文化施以影响，这种影响不是简单地被吸收而是以与本土文化相融合的方式表现出来。唐代以前，葡萄酒、葡萄种植技术、葡萄纹饰已经与西方文化一起通过中亚、新疆、河西走廊传向中国内地。古代罗马帝国前期，爱琴海诸岛与希腊山区著名的葡萄园得到恢复，葡萄酒的生产成为地区经济的大产业。南部高卢和西班牙的葡萄种植发展迅速，所产美酒的声誉扬名当地。以葡萄为主体的一种文化氛围也随之形成，并沿着伊朗高原—中亚两河流域和黑海北岸—伏尔加河下游—中亚两河流域两条线路向东传播，最后传到中国。

　　先秦时期，葡萄种植和葡萄酒酿造已开始经西域在我国新疆地区传播。自西汉张骞出使西域，引进大宛葡萄品种，中原地区葡萄种植的范围开始扩大，葡萄酒的酿造也开始出现，葡萄及与葡萄酒有关的文化逐渐发展。秦代咸阳宫殿有葡萄壁画，汉初已有以葡萄纹作装饰花纹的丝织品。葡萄作为艺术纹样还出现在毛、棉织品及画像石、辇车上。葡萄文化也开始由中原返传入西域，西域新疆已存在西方和中国内地两种风格的禽兽葡萄纹饰。葡萄和葡萄酒出现在文、史、经注中，成为文学家写诗作赋的一种题材。东汉洛阳的葡萄文化开始发展。葡萄的观念传播开来，当时史学家甚至将它们与开疆拓土、中西交通联系起来。后来的史学家又将东汉的葡萄与官运亨通联系起来。魏晋南北朝时期，葡萄文化向河北和东南推进，领域扩大，尤其在宗教、文书档案方面。葡萄、葡萄酒作为诗赋创作的题材开始由内地传向西北、西域。葡萄纹饰的范围和地域拓展。六七世纪传入西域新疆的摩尼教，其窟寺有葡萄壁画。葡萄和葡萄酒作为文学家诗赋创作的题材明显增加。魏晋时，有关葡萄、葡萄酒的诗赋在都城洛阳风行。除史传外，葡萄和葡萄酒还出现在方志、佛寺记等及文书档案中。

葡萄作为从西域传入的植物之一，具有特殊的中西历史交流地位和人文价值。葡萄文化的渗入，对中国古代农业栽培技术、酒文化、绘画、雕刻、器皿、诗赋、民风民俗等都有影响，也促进了民族大融合。经过长期发展，我国葡萄文化博大精深、源远流长。北京的葡萄文化吸收了传统农业文化、现代农业文化、都市农业文化的特质，也汲取了世界各国葡萄文化的优良品质，久享盛名。

多年来，我不仅关注都市农业和都市农业文化的研究，同时关注葡萄文化的研究。2013 年 6 月在延庆举办的中国生态文化高峰论坛上，我提议为迎接 2014 年 7 月 28 日至 8 月 8 日在延庆举办的世界葡萄大会，组织出版一本有关葡萄文化的著作。在随后近一年的时间里，在北京农学院党委书记、北京新农村建设研究基地主任郑文堂教授的支持下，华玉武教授组织北京农学院植物科技学院、食品学院、城乡发展学院、文法学院、思政部从事都市农业、都市农业文化、葡萄栽培和育种、葡萄酒、历史学、文学、农业规划、法律等方面的专家学者编写了《都市农业发展与葡萄文化》一书。该书吸收了国内外专家学者对葡萄文化研究的成果，对葡萄文化的研究无疑具有重要意义。

　　北京农学院是一所都市型高等农业院校。学校的广大教师在都
市农业理论与实践、都市农业文化有一定的研究和创新，涌现出一
批有志于学习和研究都市农业、都市农业文化的专家、学者，并已
经出版了《北京都市型现代农业文化研究》《世界城市视域下的北京
乡村文化发展研究》等著作，发表了《乡村旅游中的猪文化的发掘》
等论文。该书的出版一定能够推动都市农业文化和葡萄文化的研究，
能够促进都市农业文化创意产业特别是葡萄文化创意产业的发展，
进而推动都市型现代农业发展。

　　　　农业部都市农业(北方)重点开放实验室主任
　　　　北 京 都 市 农 业 研 究 院 院 长　　王有年　教授
　　　　中国农学会都市农业分会副理事长
　　　　北 京 农 学 院 前 校 长
　　　　　　　　　　　　　　　2014 年 6 月 15 日

目录

第一章

都市农业和都市农业文化

....

第一节　都市农业

一、都市农业的起源

（一）都市农业的产生

由 Ebnezer Howard（1898）发表的"花园城市"的观点是都市农业的思想的最早起源。这一观点强调将农村与城市的优点相互融合，从而建设生态环境良好的花园城市。都市农业现象最早出现于欧、美、日等发达国家和地区的城市周边及其间隙地带，其研究也最早于这些国家和地区展开。早在 20 世纪二三十年代，农业已经与城市发展相关，如 1919 年出现在德国居民花园、阳台和街头空隙地的市民农业等。日本在 1930 年出版的《大阪府农会报》中，最早提出了"都市农业"这一概念。提出"都市农业"这一学术名词的是日本经济地理学家青鹿四郎（1935），他将都市农业定义为"分布在都市圈内或者都市外围的高级形态农业。即都市农业组织依附于都市经济，直接受都市经济实力的影响"。"都市农业"这一学术名词的正式提出吸引了一些经济地理学家的注意力。1977 年，美国农业经济学家艾伦尼斯发表的《日本农业模式》一文中，正式提出"城市农业"（Urban Agriculture）的概念。自 20 世纪 60 年代之后，都市农业相关领域问题的研究受到了更多学者们的关注，例如 E. R. 休马哈和桥本卓尔等农业经济学者纷纷对都市农业的概念进行概括。此后，亚洲一些经济发展较快的国家及我国众多学者也逐渐开始了对都市农业的研究，都市农业的内涵与外延不断得到丰富与拓展，发展都市农业的思想理念得到广为传播与接受。

都市农业作为一种农业的新兴类型，于 20 世纪七八十年代以后风靡全球。快速发展的城市化，以及几千万甚至近亿人口集中的大都市圈的形成，使城市和毗邻的农村农业在布局、形态、功能诸方面发生了巨大的变化，一种独特的农业形态——都市农业从此在全世界范围得到了快速的发展。20 世纪五六十年代，"都市农业"成为被全世界广泛接受的科学概念，到 20 世纪 90 年代

"都市农业"在全世界范围引起了人们的广泛重视。1991 年联合国发展计划署成立了都市农业顾问委员会，次年成立了都市农业支持组织（SGUA）。

我国都市农业的实践始于 20 世纪 90 年代初期的城郊农业。最早将都市农业纳入城市发展规划的是一些经济发达的大城市，如上海、北京、深圳等。1995 年，上海市率先提出要把郊区农业由城郊型农业向都市型农业转变。目前，上海都市农业的雏形已初步形成，其基本架构为三圈（内圈、中圈、外圈）、六区（卫星城农业区、海岛农业区等）、十带（市中心通往 10 个区县的快速干道两侧形成都市农业带）。北京市朝阳区的都市农业发展较为典型，该区利用与市郊接壤的有利区位，着力发展旅游观光型都市农业。苏锡常地区、南京、杭州、武汉、成都、天津等地也展开了都市农业相关的研究和实践。

（二）都市农业的概念

关于都市农业的概念，各国学者研究的侧重点不同，提出的观点不尽一致。例如有的侧重于对农地分布模式的描述，认为都市农业是镶嵌插花在城市中的小块农田；有的侧重于事物之间的联系，认为经济关系密切的都市圈内的农业就是都市农业；有的侧重于外部环境的影响，认为城市的类型就决定了农业的类型；有的侧重于某些新兴的生产项目，如观赏农业、休闲农业等。尽管对都市农业的定义不同，但大多数学者都认为都市农业是都市经济发展到较高水平时，随着农村与城市、农业与非农产业等进一步融合，为适应都市城乡一体化建设需要，在都市区域范围内形成的具有紧密依托并服务于都市的、生产力水平较高的现代农业生产体系。

"都市农业"（Agriculture in Countryside），本意为都市圈中的农地作业，源于发达国家在一些大都市中保留一些可供市民耕作的土地。城市的发展、扩张和城市社会生活的不断变化，在市区中仅存的少量土地上进行农作，已经无法满足城市居民的工作、生活、娱乐需要，伴随着科学技术进步、经济的发展，都市农业的内涵也不断扩大。作为近几年比较活跃的研究领域，都市农业涉及到城乡发展的方方面面，是城市化发展到一定阶段所形成的较高层次的农业发展模式，同时它也是一个极为复杂的系统工程。

（三）都市农业的属性

都市农业的内涵可以从其所具有的特有属性来理解，体现在以下三方面：

1. 生产属性

生产属性是农业系统的基本属性。农业是为人类生存提供物质保障的系统，它包括植物性产品生产和动物性产品生产。农业系统中的植物通过光合作用生产初级产品，一部分可供人类食用，如作物种子、块根、块茎等；另一部分则可以被动物食用或归还土壤，如秸秆、嫩茎等。农业系统中的动物以农作物的初级产品为饲料，生产动物性产品，如肉、蛋、奶等。作为农业的一个发展阶段的都市型现代农业，其基本属性也是生产属性。

2. 生态属性

对于人类而言，农业的生产属性比生态属性更重要。但对于大自然而言，农业首先是一个生态系统，然后才是一个满足人类生存的生产系统。农业本身就是大自然的一部分，是一个加入了人工干预的复合生态系统。农业本身尤其是作物生产具有吸收二氧化碳，放出氧气，净化空气，涵养水源，保持水土等生态作用。都市型现代农业位于大城市附近，其植物性生产系统与林地、绿地等同样构成城市的生态屏障，同时，还以马赛克景观和调节气候的方式，减轻城市的热岛效应。

3. 生活属性

农业的生活属性不仅体现在为人们提供生活必需品，还体现在农业生产活动是人们生活的一部分。在农耕时代，农业生产是农民生活的重要部分，人们的生活中必不可少的衣、食、住、行均与农业密切相关。"衣"来自于棉花和蚕丝，"食"的所有食品均来自于农业，"住"的房"行"的路桥均离不开林木。即使是在材料技术高度发达的现代社会，人们的衣、食、住、行仍离不开农业，且以贴近自然为时尚。农业的生活属性在都市型农业阶段更多地表现为为城市服务的属性，满足人们娱乐、休闲、体验、教育等的需求。

二、都市农业的功能与特征

都市农业拓展了农业本身固有的生态、文化、社会、经济等多方面的功能，开阔了农业发展的新视野，深化了人们对农业功能的认识，引导和深化了农业发展的新理念。都市农业被实践证明是大中城市发展现代化农业的首选模式。都市农业的发展，开创了一条城乡经济互动与有机融合的新道路或新模式，成为实现城乡一体化的桥梁与纽带。其产业化经营是解决农村改革与发展中面临的许多矛盾的有效途径。它有助于改革"城市—工业""农村—农业"的传统二元结构，更快实现城乡一体化战略。

（一）都市农业的功能

与过去我国从 20 世纪五六十年代开始研究的传统城郊农业不同，都市农业是高层次、高形态、高品位、高和谐的绿色产业。它完全依托于城市的结构功能、城市的经济社会和城市的生态环境，完全按照城市人的多种要求，建构培育的融生产、生活、生态、科学、教育、文化于一体的现代化农业系统。它主要包括以下几种功能。

1. 生产功能

这是都市农业所具有的基本功能，包括生产有形产品和生产无形产品的功能。即为都市生产和提供以满足不同消费层次需要的农副产品；为自然界固定二氧化碳和释放氧气等无形产品。都市农业虽包含观光休闲农业，因其发展科技含量高的精细型农业、外向型农业及农产品出口创汇，并不削弱其生产功能。都市农业的生产功能还表现在技术上的创新、辐射、示范带动作用上。一般来说，都市农业由于其拥有雄厚的农业科技力量，它代表了该区域农业发展的最先进水平，因此它是该区域农业技术的辐射源。同时，通过农业科技园区的建设，实现区域农业结构的调整优化和农民增收。

2. 生态功能

主要表现形式为休闲观光农业，它能有效维持生态平衡、改善生活环境、优化城市空间形态。针对快速城市化过程，陈玉娟等对区域植被固碳放氧能力进行了研究，整理研究结果，将耕地、园地、疏林灌木作为农田生态系统，对比农田生态系统、森林生态系统、草地生态系统的固碳放氧能力，结果从1990—2000 年，由于城市化带来的土地利用变化，珠江三角洲区域生态系统对碳氧平衡的能力下降了 8.68%。固定二氧化碳和释放氧气的量分别减少4 000 137 吨/年和 2 909 200 吨/年。2000 年农田、森林、草地的二氧化碳固定量分别占区域植被固定总量的 51.2%、48.7%、0.1%，氧气释放量分别占51.1%、48.7%、2.8%。由此可以看出，农田的固碳放氧能力在整个植被系统中是最强的。

3. 生活功能

都市农业的生活功能包含社会文化功能和休闲观光功能。通过开辟景观绿地、市民农园、花卉公园、农业教育园地等，为市民提供休闲观光娱乐园地，让市民体验农业生产，让青少年接触农业文化。近几年来，尽管各大城市都开始重视城市绿地的作用，但城市内部绿地还远远满足不了市民的需求，城市近郊的农业观光成为缓解人口过多与绿地不足矛盾的最佳手段。同时，根据城市发展观点，将来人口的流动方向是由城市转向郊区，这就为郊区的发展注入了很大的活力。都市农业体验、休闲观光旅游是"田园城市"的重要组成部分，不仅能够作为市民观光旅游的重要场所，还兼具农业耕作体验和休闲的功能，并可体现农业传统文化及展示农业高新科技，为市民扩展放松身心的生活空间。

4. 教育功能

教育功能是指在都市农业区内开辟市民农园和农业公园等，让市民及青少年接触农业、体验农业生产和农业文化，在回归自然中获得一种全新的生活乐趣，并接受教育。我国的大都市一般都有几十万到几百万的中小学生，他们绝大多数生长在城市或城镇，兴建教育农园、观光农园和科技示范农园，通过与一些中小学合作开发，可使观光农园成为新型的青少年教育基地。中小学生到基地不仅能体验普通农家生活，了解一些简单的农艺知识，还能培养热爱农业、热爱劳动的思想观念。同时，激发他们为振兴中华而勤奋学习的热情和积极性，也使他们受到传统文化教育和民族教育。如上海浦东孙桥现代农业园区已成为一个集现代农业、科技教育、休闲旅游、出口创汇为一体的学生学农基地。

5. 辐射功能

辐射功能是指都市农业凭借都市经济实力、科技基础和人才优势，在农业设施装备、农业高科技开发应用、农业生产力水平等方面，将率先接近或赶上国际先进水平，并为推进全国实现农业现代化提供经验，起到示范辐射的作用。目前，我国的都市农业应当尽快将综合配套技术组装，如将滴灌技术、无土栽培技术、智能栽培技术、高效低毒的生物农药防治技术等组合，形成产业链。还要依靠科技进步，开拓农业生物技术产业，使生物技术产品立足国内，并逐步走向世界。如可重点研究农业种子、种苗、种禽和种畜生物工程，生物疫苗、生物农药工程，用动物转基因工程，如利用转基因动物生产特种蛋白质和生技药等。生物高新技术的应用将给种植业和畜牧业的生产带来一场革命，为人们提供新型的衣食之源。最终把都市农业建设成为我国现代农业的样板，并成为向全国各地辐射先进农艺和综合农业技术的科技输出中心。同时，都市农业要依靠大都市科研单位多、科技成果丰富、农业技术装备先进、社会服务体系健全和对外科技交流频繁诸多优越条件，逐步形成一个系统化、多功能、开放型和现代农业经济信息网络，并创造条件成为服务全国的现代农业新技术培训和信息交流中心。

6. 多元化功能

"十二五"时期，都市现代农业是北京、上海等主要一线城市农业的发展方向与目标。北京都市现代农业融生产性、生活性、生态型于一体，高端、高效、高辐射的农业生态服务水平达到国内一流；杭州的发展目标是构建高产、优质、高效、生态、安全、特色的都市农业产业体系；上海要着力稳定发展都市高效生态农业；武汉重在完善现代都市农业产业体系，推进农业生产经营专业化、标准化、规模化、集约化；西安以发展资源节约型、环境友好型现代农业为目标，提高农业可持续发展能力。

可以看出，各地发展都市农业都注重其多元化功能目标，提升都市农业的经济效益及其服务于城市的能力，开始关注农业与自然的关系，强调农业的生态性与安全性，但并未以人类与自然环境的共同利益为根本出发点，仍以居民利益与安全需求为中心，突出农业的经济功能，强调农业的供给保障，相对轻视农业的生态价值，尚未考虑到资源的掠夺使用和环境污染所造成的累积性后果及长远影响，也未将农业环境综合治理列入规划内容。

（二）都市农业的特征

与传统的城郊农业不同，都市农业是高层次、高科技、高品位的绿色产业；是完全依托于城市的社会经济和结构功能的生态系统；是按照市民的多种需求构建、培育的融生产、生活、生态、科学、教育、文化于一体的现代化农业体系；是种养加、农工贸、产研教一体化的工程体系；是城市复杂巨大的生态系统不可缺的组成部分。在"城市与自然共存""绿色产业回归城市""城市和乡村融合"的呼唤中诞生的都市农业具有鲜明的个性特征。

1. 空间布局

都市农业是城区与周边间隙地带的农业，它不同于城郊农业，在城市周边和城市内部间隙进行生态经济的规划设计、开发利用、生产经营，具圈层性和放射状相互交织的网络结构，使整个城市形成绿色生态结构。设计中要作为城市总体规划的一部分，对具体项目要进行自然生态景观、经济社会文化的全面充分论证，然后科学地进行定性、定量、定位。

2. 城乡融合

都市农业在用地、生产、流通、消费、空间布局、结构安排，与其他产业的关系等方面服从城市的需要和总体规划设计，为城市的建设发展和提高城市生活质量服务。市民的需求体现了大都市对农业的依赖性，决定了都市农业的发展必须充分体现与大都市相互作用、相互促进的城乡融合的一体化关系。

3. 多功能性

随着人们生活质量的提高，城市对都市农业的需求不仅是提供新鲜、营养、多样化的食物，还要求其具有改善生态环境、科学实验、绿色文化、科普教育、休闲娱乐的多元化功能。都市农业不仅要开发经济功能，还要进行生态、社会等功能的开发，进而实现全功能性的协调发展，这样才能使都市农业全方位地服务市民，最优化地提高城市的生活质量和生态文化品位。

4. 高智能化

都市农业是充分运用高新科技的绿色产业，要依靠大专院校、科研院所，发挥大城市的人才优势，应用现代高科技特别是生物工程和电子技术，从基础设施、生产、系列加工、流通、管理等方面，形成高科技、高品质、高附加值的精准农业体系。

5. 高度产业化、市场化

都市农业具有高度的规模化、产业化、市场化，并形成产加销、产研教、农工贸的一体化。其模式因城市情况的不同而多种多样，有龙头企业型、专业市场型、社会化服务型、专业技术协会型、开发集团型、主导产业型等，其投资类型也是多种多样。

6. 行政关系

都市农业的行政关系直接隶属于城市，应纳入城市经济、社会总体发展的规划和设计中，是城市生态经济系统的重要组成和可持续发展的重要保障。

（三）主要世界城市都市农业发展特点

1. 伦敦都市农业

都市农业作为伦敦绿带的重要组成部分，对于伦敦打造"最适宜居住的城市"功不可没。伦敦城市外围的环城绿带中，不允许建筑房屋和居民点，不仅阻止了城市的无序蔓延，而且保持了原有的乡野风光，并通过楔形绿地、绿色廊道、河流等，将城市的各级绿地组成了生态网络。伦敦都市农业的主要载体为多种形式的生产农场，包括划拨地块、城市农场、社区公园果园、本地政府的出租农场等多种类型。伦敦的城市农场中，只有少部分是完全由当地政府所有并经营的，其他的大部分都是由各个慈善基金运营。这些农场针对社区，并由城市农场和社区公园联合会（FCFCG）管理，且大多数城市农场是在城市荒地或是在垃圾填埋地的基础上建成。伦敦的都市农业特色就是开展小生境种植和水果、蔬菜、鸡蛋、奶制品、家禽的生产。据估计，伦敦有大约 3 万名小地块生产者，种植的各种蔬菜年产出达 746 万吨。还有很多人在自家的后院或窗台上种作物，而且这种非正规作物种植为家庭粮食安全筑起一道保障线。

2. 纽约都市农业

纽约都市农业的主要形式是耕种社区或称市民农园，这是采取一种农场与社区互助的组织形式，在农产品的生产与消费之间架起一座桥梁。纽约拥有大约 600 个小型社区支援型农场，这些农场尽最大努力为市民提供安全、新鲜、高品质且低于市场零售价的农产品。社区为农民提供了固定的销售渠道，做到双方互利。社区支援型家庭农场大部分由城市低收入群体社团来经营，为低收入者提供了就业增收渠道，保障城市农产品质量安全。目前纽约至少有 24 个蔬菜农场，为遍布纽约市 5 个区的 6 500 个会员服务。

纽约都市农业具有农贸一体化的农业生产组织。其形式有如下几种：①为农民提供生产资料服务的各类工业公司，如农机公司、化肥制造公司、农药制造公司等。②按合同制组成的各类联合企业，一般由工商、公司与农民签订协作合同，如加工企业、商贸企业等。③由农民联合投资举办的供应生产资料和销售农产品的合作社。④农民自行组织并自愿参加的农民联盟组织——农场局联盟和各专业协会。⑤由农民自愿加入的各类技术和信息协会组织。

3. 巴黎都市农业

巴黎是法国农业最先进的地区之一，农业用地面积占全区总面积的50％，并生产高品质的农产品：如甜菜、小麦、燕麦、蔬菜，巴黎是法国第三大玉米产区和水果、蔬菜、鲜花的主要产区。巴黎的都市农业以家庭农场为核心载体，家庭农场的主要作用体现在：一是安排就业；二是充分利用土地；三是供市民休闲体验活动；四是作为城市景观。家庭农园一般设在距市区较近，交通、停车都便利的地方。租种农园的市民，需要加入家庭农园协会，交纳入会费，并按面积交租金；委托农园主作业的，还要另付费用。家庭农园的土地，有的属于家庭农园协会，有的是国有土地，有的是租用私人土地。目前巴黎周边遍布着这类农园。同时，农场的功能多样，包括教育农场、家庭农园、自然保护区等。其中教育农场由政府向土地所有者租用土地，然后将一部分作为农业部门所属培训中心，或者辟为"自然之家"教育中心，另一部分再租给农业工作者耕种。有的农场规模有上万亩土地，其中开设了供学生和游人免费参观的牛圈、挤奶室等设施。这些教育中心的经费一般要自行解决，主要通过农业和土地的经营取得收入来维持教育设施。

4. 东京都市农业

东京的都市农业是日本都市农业的缩影。日本由于人多地少，日本政府为保护耕地采取了一些有效的土地税收制度，所以在市区还保留了一些面积不大（5公顷以下）的点状分布和面积较大（5公顷以上）的片状分布的耕地。东京的耕作面积有一半以上用来种植蔬菜，其次是花卉和苗木。东京的都市农业以生产优质新鲜的时令蔬菜为主，同时也保留了一定规模的畜牧生产，为有机蔬菜生产提供重要的优质堆肥供给源。东京作为都市农业的典型，尤为重视高科技含量和设施农业发展，提高土地生产率，发展高附加值农业。在财政重点扶持下，园艺设施基本上实现了小型化、集约化和现代化，蔬菜从播种到成品包装基本上实现了机械化操作，其蔬菜与花卉生产的80％实现了现代化园艺栽培，商品率在90％以上。此外，利用科技手段开发的高楼农田与地下农田，代表了"城市农业"在东京的新发展趋势，实现了将农业生产引入城市绿化的功能。比如，在东京闹市区的高层楼楼顶和地下室里，通信巨头日本电信电话公司为解决"热岛效应"，推出"绿色马铃薯"项目，在公司总部大楼楼顶引进了马铃薯种植。该项目起到了较好的遮阴和绿化效果，并且改造成的室内农场，极大提高了城市的空间利用效率。

5. 阿姆斯特丹都市农业

阿姆斯特丹都市农业是以创汇经济功能为主的都市农业，即主要是以园艺业和畜牧业为主的出口型农业。借助于发达的设施农业，集约生产经营花卉、蔬菜及奶制品，成为世界都市农业的典范。阿姆斯特丹通过大力发展工厂化农业，将生物技术、设施栽培、计算机管理等技术融为一体，重点发展蔬菜和花卉业，尤其是大力发展外向型的园艺业，使其成为世界高效农业的典范。阿姆斯特丹与周边几个城市共同发展现代设施园艺业，花卉占国际花卉市场总贸易量的60%。阿姆斯特丹有十分兴旺且有特色的农业合作社事业，其作用主要体现在两个方面：一是联合起来进行农产品生产、加工和销售；二是利用农民的合作银行筹集资金，对农业投资。此外，都市农业中的温室产业具有高度工业化的特征。由于摆脱了土地的约束和天气的影响，温室园艺产品可以实现按工业方式进行生产和管理，其种植过程不仅可以安排特定的生产节拍和生产周期，在产后的包装、销售方面，也做到流程化生产，实现了都市农业的产业化发展。

三、都市农业发展的趋势

(一) 都市农业发展历程

发达国家的都市农业，无论是在理论上还是在实践上都已经趋于成熟，形成了类型多样、功能齐全的都市农业产业体系，并取得了良好的社会、经济和生态效益。近年来，随着发展中国家城市化水平的不断提高，其都市农业的发展速度也越来越快。由于发达国家和发展中国家的自然、社会、经济等条件有所不同，因此其都市农业的发展也存在着较大的差异。

1. 发达国家 (地区) 的都市农业

在美国，都市农业被称为都市区域内的农业，其创造的农产品价值已占全国农产品总价值的1/3以上，主要形式是"耕种社区" (或称"市民农园")。通过农场与社区互助的组织形式，加强农民和消费者的关系，增加区域食品的供给，从而促进当地农业经济的发展。

日本的都市农业主要集中在三大都市圈内，即东京圈、大阪圈和中京圈。其特点是：①呈点状和片状分布；②蔬果生产占主导地位；③园艺生产设施先进；④有都市观光、休闲、体验农业等多种形式。

新加坡素有"花园式大都市"之美誉，其农业是典型的都市农业。由于自然资源贫乏，农产品不能自给，加上城市高度发展后耕地不断减少，新加坡非常重视都市农业的发展，注重运用高科技生产高产值的农产品，如蔬菜、花卉、鸡蛋等。其发展的主要形式有国家投资的农业科技园、农业生物科技园和海水养殖场等。

总而言之，发达国家和地区的都市农业主要有三类不同的模式：第一类是以经济功能为主的模式，以美国大西洋沿岸的巨型都市农业带和以色列高度集约化的农业为代表，该模式在生态经济系统中强化人的主动性而弱化自然环境的能动性。第二类是以生态功能为主的模式，以欧洲城市为代表，如德国主张的田园化城市、英国的森林城市等，该模式强调人与自然环境的和谐相处，要求政府通过制定一系列法律、规章制度和政策措施来规范都市农业的发展。第三类是兼顾生态和经济功能的模式，以日本为代表，这种模式强调运用先进的科学技术和耕作技术，把农业生产寓于城市生态环境建设之中，从而提供一定量的农产品和完美的公共产品。

2. 发展中国家（地区）的都市农业

发展中国家和地区的都市农业与发达国家和地区的都市农业有着截然不同的产生和发展过程。21 世纪，人类面临的两个重大挑战是快速城市化和不断增长的贫困。在非洲、亚洲和拉丁美洲的很多城镇中，这两种现象融为一体，形成一种新现象，即"贫困（现象）的城市化"（Urbanization of Poverty）。大量人口涌入城镇，而城镇无法提供充足的就业机会，对不断扩大的低收入阶层而言，从事都市农业就成为他们必要的甚至是唯一的选择。

在发展中国家，都市农业发展迅速，城市中从事都市农业的家庭占有相当大的比重，并且这一比重呈不断增长的态势。在非洲，20 世纪 80 年代从事都市农业的人口占城市总人口的 10%～25%，到了 90 年代这一比重快速上升到 70%。在肯尼亚和坦桑尼亚有 3/5 的城镇家庭从事都市农业。在亚洲，90 年代从事都市农业的人口比重达到了 60%。

都市农业在很多发展中国家的实践中，已经体现出其优越性，包括：增加食物供给，保证粮食安全；为家庭提供更多的就业机会，增加收入，改善生活质量，有利于社会的稳定；同时能化废为宝，节约能源，发展循环经济，改善城市环境，有利于居民的身心健康等。

3. 我国的都市农业

我国台湾地区于 20 世纪 80 年代初就开始制定都市农业计划，经过 20 多年的发展，其管理体系已基本健全，并且取得了明显的成效，在旅游、教育、环保、医疗等方面发挥了积极的作用。其主要特点是：形态多、规模大、分布广，有观光农园、休闲农场、假日花市等多种形式。

我国内地的都市农业的实践始于 20 世纪 90 年代初期的城郊农业。最早将都市农业纳入城市发展规划的是一些经济发达的大城市，如上海、北京、深圳等。1995 年，上海市率先提出要把郊区农业由城郊型农业向都市型农业转变。目前，上海都市农业的雏形已初步形成，其基本架构为三圈（内圈、中圈、外圈）、六区（卫星城农业区、海岛农业区等）、十带（市中心通往 10 个区县的快速干道两侧形成都市农业带）。北京市朝阳区的都市农业发展较为典型，该区利用与市郊接壤的有利区位，着力发展旅游观光型都市农业。苏锡常地区、南京、杭州、武汉、成都、天津等地也展开了都市农业相关的研究和实践。

(二) 都市农业发展模式

1. 世界各地的都市农业发展模式

各国的社会经济、自然条件不同，都市农业发展的模式也不同，大体有以下 3 种。

(1) 偏重生产、经济功能的模式。以美国为代表，其大西洋沿岸被认为是当今世界最富有的地区之一，在波士顿、纽约、费城、巴尔的摩、华盛顿 5 大都市圈形成的南北长约 960 千米，东西宽约 50~160 千米的带状区域内，都市和农村相互交叉，融为一体，农业如网络分布在城市群之中，受都市经济的巨大影响，形成了独特的都市农业，被美国的经济学者 J. 歌德称为"巨型带状都市"。

(2) 偏重生态、社会功能的模式。以欧洲城市最典型，如英国的森林城市、德国的田园化城市等。由于经济和文化传统等原因，欧洲国家更重视人与自然和谐相处及生活质量的改善与提高。

(3) 几种功能兼顾的模式。以日本和新加坡为典型。日本有许多高集约化的尖端农业，尽管国内食品需求量的 60% 以上来自国外，但蔬菜自给率却高达 90% 以上。日本都市农业的发展分 3 个时期：①形成期，指第二次世界大战前都市农业的研究与实践，主要局限在几个大都市，属初级阶段；②顶峰期，指 1953 年实施《町村合并促进法》后，扩大了都市区范围，特别是 20 世纪 60 年代初，经济进入高速发展期后，近郊城市化进展加快，客观上为都市农业的发展创造了条件；③转换期，指随着经济发展和都市开发，造成都市近郊农用地和劳力锐减，都市农业以经济为主的功能发生了变化，其他功能越来越受重视，迎来了功能转换期时代。

新加坡将公园和农业科学结合，在农业科技公园里建高技术农场，发展尖端农业，效益十分可观。目前新加坡人口有 390 万，消费水平较高，要求农产品既要丰富多彩又要高质量。其农产品、食品市场与中国相比，价格差别较大，加工品种多，更讲究安全卫生和保健。在新加坡高度城市化的发展过程中，当地农场极少，全岛仅 6 个农业科技园，占地 1 500 公顷，但科技化程度很高，每个园都有不同性质的作业，如养鸡场、胡姬花园（出口多品种胡姬花）、鱼场（出口观赏鱼）、牛羊场、蘑菇园、豆芽农场和菜园等。这些农场自动化程度高，节省人力，能提高土地利用率和产量，不影响周围居民的生活环境。

2. 我国的都市农业发展模式

结合我国实际,发展都市农业须以生产、经济功能为主,但也要重视生态、社会功能。

我国都市农业的提出与实践始于 20 世纪 90 年代初,目前虽有了一定的发展,但地区间发展不平衡,上海、深圳、北京等城市化水平较高的地区,都市农业发展得较早,水平也较高。北京利用地缘优势大力发展观光农业,取得了成功。北京都市农业类型有观光果园,如海淀的桃花园、樱桃园,昌平的中日友好观光果园;垂钓乐园,京郊有 400 多个鱼场开辟了垂钓区;森林公园,北京有 5 个国家级和 2 个市级森林公园,此外还有多处森林旅游风景区;另外还有观光牧场、租赁乐园、民俗观光村、民俗农庄、少儿农庄等。

台湾的都市农业从发展历程看有 3 类:①观光农园。开放成熟的果园、菜园、花圃等,让游客采果、拔菜、赏花,享受田园乐趣。②市民农园。由农民提供农地,让市民参加耕作,承租人或体验、或品尝、或游赏、或教育、或休闲,皆依兴趣而自由选择。③休闲农场。这是一种综合性的休闲农业区,不仅可观光、采果、体验农作,了解农民生活,享受乡土情趣,而且可住宿、度假、游乐。另外还有假日花市、农业公园、教育农园、银发族农园、森林旅游区、屋顶农业等。经 20 年的发展,台湾的都市农业已处于普及阶段,分布广,类型多;管理初步规范化、制度化,特别是观光农园的管理体制基本健全,把都市农业与具民族特色的旅游业结合,推动了少数民族地区的经济发展。

都市农业以农业为依托,由于其内容形式和功能不同而各具特色,大致分为以下几种类型:

(1)产业型都市农业。产业型都市农业即对农产品进行品质更新与功能改造,促进农业的特色化、标准化生产以及农产品的深加工等。生产功能是城市农业的基本功能,但城市农业的生产功能已经超越了传统农业提供粮食供应的单一功能,它是对传统农业生产功能的全面提升和拓展。产业型农业由农产品生产、加工和销售等环节构成,把农业发展成为集约、持续、高效的产业。

(2)观光型都市农业。观光型农业即利用农业的自然属性满足城市居民观光、娱乐、度假等需要的休闲农业。休闲是现代城市人们生活的重要方面,休闲方式的选择可以是多种多样,当人们的休闲需求与城市农业的休闲功能联系在一起时,以休闲为内容的观光农业便无处不在。体验农业、观赏农业、旅游农业、休闲农业等说法,就是从不同角度对观光农业的描述。观光型农业立足生态资源优势和旅游资源优势,开发特色农业产品,建立独具特色的、现代化的休闲观赏农业生产基地,建成以观赏为主要目的一些公园,如牡丹园、动物园、植物园、百鸟园、水族馆等观赏景区,丰富都市居民的生活情趣。

（3）科技型都市农业。科技型农业即依靠强大的科技支持，建立现代农业示范区和高新技术农业示范区。从农业生产种子的培植到农产品的消费，整个农业生产的各环节全部运用先进的科学技术，充分展示科技进步对农业效益提高所作的贡献。都市农业依托城市强大科技、信息、经济和社会力量的辐射，最大限度地提高农业集约化和现代化，并使农业资源得到最充分的利用和保护，成为现代高效农业的示范基地和展示窗口，进而带动持续高效农业乃至农业现代化发展。现代农业示范园区、高新科技示范园区等即是科技型都市农业的代表。

（4）生态型都市农业。生态型农业即发挥农业洁、净、美、绿的优势，发展营造绿色景观，改善生态环境，维护自然平衡的生态农业。都市农业除了提供高品质的农副产品外，还通过发展生态农业，改善城市环境，减少水土流失和风沙的危害，真正实现建设山水城、生态城、园林城等绿色城市目标。

（5）创汇型都市农业。创汇型农业即通过利用城市对外合作交流多、领域广的优势，发展以农产品出口为主的外向型农业。创汇型农业依托城市平台，培育具有强大市场开拓能力的外贸主体，加大资本、技术、品种和智力引进，拓展农业发展空间，逐步形成"种子种苗在内、加工在内、基地在内、市场销售在外"的"三内一外"格局，走优势互补、共同发展的外向型农业之路。都市农业可以依靠区域范围农产品的直接出口，同时组建内联外延的跨地区农业外贸集团扩大间接出口；开发涉外宾馆农业、旅游农业以节汇创汇；加大农业企业的物化技术和技术劳务输出的力度，创造条件组建跨国公司。

3. 都市农业的复合模式——北京模式

复合模式是集休闲观光、生态农业、科技产业、籽种产业于一体的都市农业发展模式。在城市区域内，可发展小型家庭农业、立体农业、物流农业、社区农业等；在城市周边农业区，可重点发展高新农业、设施农业、休闲观光农业、会展农业、科普农业。实现都市农业的复合化发展，满足城市内部市民的多功能需求，使农业在满足生产生活需求的同时也带来更多精神上的提升。

（1）基本情况。北京全市面积 16 410.54 平方公里，2011 年户籍人口1 277.9万人，常住人口 2 018.6 万人，人均 GDP 为 80 394 元。城镇居民可支配收入为 32 903 元，农民人均纯收入为 14 736 元。按照联合国粮食及农业组织的标准，北京已达到"富裕型"社会。北京的都市农业起步于 20 世纪 90 年代中期，现已经发展成为集休闲观光、生态农业、"菜篮子"产业、科技产业、籽种产业等于一体的复合型都市农业模式。

（2）北京都市农业发展的新格局。在城区，北京都市农业重点发展家庭农业、楼宇农业、宠物农业、物流农业、社区农业；在近郊农业区，重点发展农业高新技术研发、会展农业、休闲观光农业、科普农业；在平原农业区，重点发展加工业、设施农业、现代农业和景观农业；在山区农业区，重点发展循环农业、低碳农业和休闲观光农业；在京外合作区，重点发展北京农产品生产供应基地，形成外埠供应基地网络。

（3）稳定北京市场。北京市高度重视"菜篮子"工程，在全市开展了农产品质量安全监管示范区县创建活动；畜禽实现规模化标准化养殖比例达80％；建立了"菜篮子"重点产品的政府贮备制度，应急保障能力稳步提升。

（4）建设北京农业科技城。北京市聚集了全国主要的农业科技研发资源，科技优势明显，2010 年科技部、北京市政府启动了国家现代农业科技城项目，通过高端研发与现代服务引领现代农业，国家现代农业科技城将成为全国农业科技创新中心和现代农业产业链创业服务中心。

（5）打造"种业之都"。北京市为加快种业这一基础产业和核心产业发展，制订实施了《北京种业发展规划（2010—2015）》。立足北京科技优势，谋划种业发展，建设通州国际种业园区、中关村良种创制中心和丰台品种权交易中心，初步形成了全国种业科技创新中心、交易交流中心等综合服务平台。

（6）都市农业产业特色和水平显著增强。北京着力拓展和延伸农业产业链条，拥有农业龙头企业国家级和市级企业一百余家。郊区实现了四季休闲，草莓、樱桃、大桃、苹果等采摘成为市民最喜欢的体验农业新形式，顺义的花卉博览园的花田观海等花田景观成为新亮点，休闲农业园达到 1 300 个，实现收入 30.4 亿元。都市会展农业蓬勃发展，先后举办了第七届中国花卉博览会和第七届世界草莓大会。

（7）都市农业的生态功能特色明显。北京把农业定位为"生产性绿色空间"，投资 46 亿元实施农业基础建设和综合开发规划。农业、森林的生态价值凸显，绿色生态价值达到 1 万亿元，生态资源和农田景观成为都市靓丽的风景。德清源循环农业模式探索了一条产业发展和生态建设协调统一的有效途径。沟域经济成为山区可持续发展新模式。

（三）都市农业发展趋势

1. 我国都市农业的发展趋势

我国经济的持续高速发展使城市化进程快速推进，大量农村人口涌入城市。据国家统计局统计，截至 2008 年年末，中国城镇人口达 6.07 亿，城镇化率为 45.7％。有专家预测，我国城镇人口到 2020 年约占六成；到 2030 年约占七成。因城市规模不断扩大而引发的经济、社会、环境等一系列问题使中国都市农业的发展显得尤为重要。中国都市农业如何发展才能与城市化发展相协调，实现城乡和谐发展是实现中国可持续发展必须探索的问题之一。

（1）功能多元化。如今都市农业发展走在前列的国家均形成了各自不同的发展模式，以生产、经济功能为主的美国模式；以生态、社会功能为主的欧洲模式；以生产、经济功能和生态、社会功能兼顾的日本模式。从这些经验可以看到，这些国家都不约而同地在拓展都市农业的功能多元化。结合我国目前快速城市化的进程和都市农业发展的实际情况，发展都市农业的多功能性是我国都市农业发展与进步的必然趋势，是促进农业产业结构不断优化升级，形成高投入、高产出、高效益的新的农业发展形态的重要战略。同时，对推动我国城乡一体化进程，促进城乡可持续发展都是不无裨益的。

（2）高度产业化。发达国家的都市农业属于技术和资金密集型产业，发展成熟，具有较好的规模效益。我国的都市农业不论在资本和技术投入方面与发达国家差距较大，产业之间的前相关联和后相关联效应不明显。目前，北京、上海等大城市的都市农业在产业链延伸，农业产业结构优化，农产品加工与流通、农产品市场体系完善等方面已经取得了成效，为其他城市都市农业产业化发展起到了示范作用。

（3）手段科技化、智能化、信息化。都市农业是以适应现代化都市生存与发展需要而形成的现代农业，是融生产、生活和生态等多功能于一体的现代农业模式。如何实现都市农业的多功能性，关键要靠科技创新水平。以农业高科技武装的园艺化、设施化、工厂化生产是都市农业发展的强大动力，这自然是我国都市农业发展的必然趋势。农业高度智能化和信息化是现代农业发展的标志和客观要求。纵观发达国家的都市农业，无不在农业智能化和信息化发展上投入了巨大的人力和物力，如美国和日本，智能化信息网络在其都市农业中的应用已是非常普遍和成熟。面对全球化和信息化的巨大浪潮，我国都市农业的发展也必须要重视农业智能化和信息化的建设。只有具备良好的农业信息系统，才能使农民在农业生产过程中真正得到实惠和方便。

（4）农产品质量安全化、标准化、精品化。都市农业为城市提供食品或食品原料，而食品是人类赖以生存和发展的物质基础，也是关系到人们健康、社会稳定和经济发展的重要因素，所以在都市农业发展中农产品质量是否安全可靠非常重要。在我国的农产品国际贸易中，经常会因为农产品质量安全问题被退回，使得经济利益和国家形象受到损害。在都市农业发展过程中，制定标准化生产技术操作规则，实行农产品质量安全市场准入制度，建立农产品质量安全追溯制度，加快农业标准化示范区和生产基地建设等环节是提升农产品质量安全化和标准化的重要途径。另外，在农产品质量达到安全化和标准化之后，应该朝着精品化方向发展，实施农产品品牌化战略，提高农产品的附加值，从而使农产品综合品质达到更高的层次。

（5）农民高素质化、职业化。农民是农业生产的主体，都市农业的高新技术最终要农民来完成。当前，我国农业面临着劳动力转移和劳动力素质较低等问题，而代表现代化农业前沿的都市农业生产技术更加迫切的要求大批掌握现代技术的农民。在都市农业发展的过程中，从事农业的农民成为了"农业从业者"，农民已成为职业意义上的农民，他们需要获得良好的受教育机会和系统的职业培训。所以，如何提高农民科学文化素质，培养职业化农民是我国都市农业人力资源开发的重要课题。

（6）经营国际化、市场化。都市农业具有高度的开放性，其生产、加工和流通必须以市场需求为导向，实行全方位开放。为此，都市农业的发展需要充分利用对外开放的优势，依托国内外的大资源和大市场，通过多种市场网络把农业生产与国内国际市场紧密联系在一起，依靠市场来实现农业资源和生产要素的优化配置，实现产品的大流通、大贸易，从而提高都市农业的外向化程度。

（7）风险保障体制化。都市农业在其发展过程中，会遭遇到自然灾害、经营管理、劳动力转移等各种风险。为了降低风险，达到自身效用最大化，作为经营主体的农民往往被迫选择以前的传统农业生产模式。因此，建立一个有效的分类风险保障体制对都市农业的发展十分重要，它可以降低农户风险，促使他们以都市农业模式作为自身最优选择。

2. 北京都市农业的发展趋势

结合新农村建设，至 2020 年时，北京农业综合生产能力和可持续发展能力将显著增强，全面实现现代化，基本具备都市型现代农业的主要特征。

（1）农业结构科学、合理。科技密集的种业，知识、文化密集的农业旅游业，信息技术密集的设施农业，实施清洁生产的畜禽养殖业，四者构成了北京都市型现代农业的支柱产业。在产业布局上，实现了自然资源和社会资源的优化配置，生产、生态、生活、社会、服务五大功能齐全、强大。

（2）生产功能完成了质的转变。"名、特、优、新、稀"为北京地产农产品的主体，且 80% 以上属于绿色或有机食品。农业生产的专业化、规模化、标准化、数字化、智能化，使北京品牌不但在全市、全国市场上享有盛誉，成为著名品牌，而且，在国际市场上亦有一定知名度，成为免检产品。

（3）区域农业一体化形成。北京的种业、农产品加工与制造业和农民教育培训，为环渤海经济区乃至全国的农业，起到有力的辐射、带动的服务作用。并与周边农业在市场、生产上合理分工，相互补充，相互促进，共同发展，达到共赢，实现区域农业一体化。

（4）人与自然和谐。清洁生产、循环经济的全面实施，使农业不但实现了资源低耗、高效、集约，而且使农村环境洁净、空气清新、流水清澈；山区生态足迹，由"赤字"转为基本平衡。林、灌、草、花和农作物呈马赛克式错落交融，形成恬静、幽雅、莺歌燕舞的优美乡村田园景观。

（5）农业的多功能性得到深入开发。农业旅游、休闲、娱乐项目丰富多彩，优雅的乡村田园景观，成为游客留连忘返的"乐土"，加上"沃土"（肥沃的土地）和"净土"（洁净的环境），"三土"成为都市人出游的首选地之一。通过合理利用农业资源，采取节水、增加植被等措施，使农业的生态功能得到更大的发挥；涉农二、三产业发达，吸纳了大批农村劳动力，使一产从业人员较目前减少一半以上。

（6）农业效益得到大幅度提高。充分的就业技能培训，使农村的剩余劳动力得到转移，劳动生产率大幅提高；通过创意农业的发展，提高农业的文化附加值、科技附加值、绿色附加值、服务附加值、加工附加值，使农业效益位居全国前列。

（7）城乡更加融合。城乡二元结构被彻底打破，农民越来越多地享有与城市居民相同的权益与福利；农民的体质、素质、素养得到全面的大幅度提高，收入增速快于城市居民，收入差距缩小到 1∶2.0 以内。从而，实现城乡统筹、山区与平原统筹、协调发展，构成和谐社会。

（8）农业高度组织化、系统化。出现一批跨区、跨省市的农业行业协会，其对内、对外职能不断健全、完善，有的还发育成策略联盟。以现代先进信息网络支撑的、强大的农产品物流配送体系，将物资流、信息流、经济流融为一体，并与农产品加工制造业构成了协会的中坚力量，共同打造农产品产、加、销一体化。它们与发达的种业一起，形成了"两头在内、中间在外"的哑铃形模式，在畜牧业、水产业率先得到巩固、完善，并逐渐扩展到条件成熟的其他产业。

（9）农业经营体制多元化。公有、私有、股份、外资、合资等各种类型的农业企业（公司）、合作社、家庭农场（专业农户）、兼业农户等并存。

第二节　都市农业文化

20 世纪 90 年代传入我国的都市型现代农业文化是一种崭新的文化形态。它兼有传统农耕文化的特质和西方商业文明的特质，是对传统农耕文化的传承和发展，是城市文化和乡村文化的结合。

一、都市农业与都市农业文化

（一）都市农业对都市农业文化的要求

都市农业的发展需要不断发挥都市农业文化的功能，以获得可持续发展的

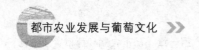
强有力的智力支持、精神动力和思想保证。

1. 都市农业发展要求发挥都市农业文化的信息功能

2007 年中央 1 号文件提出，"农业不仅具有食品保障功能，而且具有原料供给、就业增收、生态保护、观光旅游、文化传承功能"。都市农业文化是都市农业的"社会遗传密码"，实施着传递社会经验从而维持都市农业历史连续性的功能。人类社会优越于动物界的根本之点，在于实现了由生物遗传机制向社会遗传机制的飞跃。动物也有信息交流，蜜蜂可以用舞蹈的姿势和速度向其他蜜蜂指明方向和食物所在，鸟儿会用歌唱招呼同伴，海豚会发出吹笛一样的声波传送情况和命令，鲸每年都会改变自己唱歌的格调。但是，它们的信息交流都为生物遗传所决定，仅仅局限在第一信号系统的范围内。人则与动物不同，具有文化的武装，能够通过社会遗传而进化，因为文化具有人们社会约定的符号系统的功能，能起到固定、表达、储存、传递和加工社会信息的作用。都市农业文化不仅充当都市农业历史经验的记事本和储藏室，而且可以对它们进行复制和交流，使社会信息的传递突破时间和空间的限制，越出个人直接经验的范围，把都市农业的过去、现在和将来，把直接的经验和间接的经验都联结在一起。都市农业文化的这一信息功能，使都市农业经验一代又一代地传递，从而使都市农业历史的发展呈现出连续性的特点，把都市农业和人本身按一定的方式不断地创造出来。

2. 都市农业发展要求发挥都市农业文化的教化培育功能

都市农业文化通过知识体系、行为方式等规范人的行为，使人有效地适应社会环境和人际关系，成为社会的人。社会的生产发展和都市型现代农业文化发展培育造就每一代人，使每一代人继承着人类历史的一切成果。每一代人在继承历史的基础上，又以自己的实践和认识创造和丰富着都市农业文化的新的形式，推动着人类社会和人本身由低级向高级、由片面向全面发展。正因为这样，都市农业文化成为衡量社会和人的发展程度的重要标准。在理解都市农业文化的教化培育功能时，必须区别都市农业文化与非都市农业文化的不同教化培育功能。非都市农业文化实施着不同于都市农业文化的行为规范，体现出与都市农业文化或多或少背离的倾向。都市农业文化与非都市农业文化在大多数情况下可以协调并存，但有时二者会发生矛盾和冲突。这些矛盾和冲突推动都市型现代农业文化体系的发展和创新。

在中华文明发展的历史进程中，农业文化背景下形成的"礼治"是维系社会秩序的重要力量。费孝通曾指出乡土社会实质上是礼治的社会。"礼"是从长辈教化中养成个人的敬畏之感，并不靠外在的权力来推行。礼治社会的基础是长幼原则，即孝道伦理。从礼治文化衍生出的孝文化是中华传统文化的重要组成部分。在以孝文化为核心的传统伦理道德和礼教习俗的教化下，演变成尊老传统，实现老有所养，老有所依，老有所乐，也是今天构建社会主义和谐社会的内在要求之一。

3. 都市农业发展要求发挥都市农业文化的社会发展动力功能

都市农业文化活动模式使得人创造出改造外部世界的手段，并通过对外部世界的改造来满足自己的需要。例如：以"由文明创造的生产工具"和"现代高科技"为中介，就形成不同的活动模式和都市农业发展程度。在都市型农业历史发展中，都市农业文化特别是它的活动模式的每一次重大更新或优化，都在改变都市人满足需要的手段的同时，带来新的更高级的需要；这种新的更高级的需要，又促使人们创造新的满足需要的手段。都市农业就是在基本需要（初级需要）—都市农业文化活动模式—新的高级需要—新的都市型农业文化活动模式的不断循环中进步和发展的。没有都市农业文化，就不可能产生都市人的高级需要，也不可能有新的更高级的都市人与自然的中介形式以及新的活动模式的产生，不会有立足于高科学发展基础上的都市农业文化产业和都市农业文化创意产业的产生，就失去了人类社会进化和发展的动力。

都市农业丰富多彩的文化消费刺激了人们的消费需求。2010 年，我国人均 GDP 已突破 4 000 美元，北京则超过 10 000 美元。生活水平的提高，增强了人们的消费需求，基本上进入了物质消费与精神消费并重阶段，也使都市型现代农业的文化功能由隐型演变成显型。人们不仅可以有农产品供应的物质需要，还有享受轻松愉快、健康阳光的生活方式的非物质需求。都市型现代农业文化体系所涵盖的清新空气、开阔视野、优美环境、淳朴民风、绿色食品及有益身心的体力劳动的理念，吸引人们特别是城市居民享受到都市所没有的农业文化消费。不仅扩展了人们的消费领域，还引领着一种健康的生活方式，刺激农业资源的充分发挥，从而有利于缩小城乡差距，促进经济发展和生态环境建设，稳定社会，同时促进精神文明的建设。

4. 都市农业发展要求发挥都市农业文化促进各都市自我认识、自我意识的功能

从都市农业文化的角度看认识，认识总是反映各都市心态结构的认识。而各都市的自我认识，总是各都市之间都市农业文化交往的产物，只有在与其他各种都市农业文化形态的比较中，才深刻地唤醒都市的自我意识。马克思指出："人同自身的关系只有通过他同他人的关系，才成为对他说来是对象性的、现实的关系。"一个都市的自我认识，也只有在以其他都市作参照系的情况下，才能充分地意识到。一个都市的自我认识历经三个阶段，即由物质都市型农业文化到行为都市农业文化，再到以精神心态为核心的精神都市型农业文化。只是在经历了都市之间的各种冲突，包括物质都市型农业文化、制度都市农业文化和精神都市农业文化的激烈冲突后，一个都市才获得较全面的自我认识的升华。

5. 都市农业发展要求发挥都市农业文化扬弃中华民族传统农业文化的功能

传统是指由历史沿传下来的、体现人的共同体特殊本质的基本价值观念体系。它渗透在一定民族或区域的思想、道德、风俗、心态、审美、情趣、制度、行为方式、思维方式以及语言文字之中。传统是人们在漫长的历史活动中逐渐形成并积淀下来的东西，它具有相对的稳定性，深深地影响着现在和未来。不同的民族，不同的农业文化背景，有不同的传统；同一民族在不同的时代，对传统的理解也不一样。对传统的解释与认同，总是同人们对历史的具体把握和所处时代的特点相联系的。传统农业文化是从历史上沿传下来的民族农业文化。相对于外来农业文化来说，传统农业文化是指母农业文化或本土农业文化，即民族农业文化；相对于现代都市农业文化来说，传统农业文化是指历史上流传的农业文化。中国传统农业文化，是指以汉族为主体、多民族共同组成的中华民族在漫长的历史发展过程中创造的特殊农业文化体系。中国传统农业文化，是唯一延续到现代而没有中断的农业文化系统，是具有极强内聚力的内向心理结构的农业文化，是具有中华民族特色和封建主义时代特点的农业文化体系，是建立在宗法制度基础上的血缘农业文化，是以人生为基本主题的一种修养农业文化。传统农业文化的精华塑造了我们的民族精神，如坚韧不拔、自强不息的主体精神；崇尚和谐统一的价值取向；重义轻利、顾全大局的行为规范，等等。传统农业文化的弱点造就了我们的"国民劣根性"，如传统农业文化对血缘关系的推崇，逆来顺受，轻视个性，忽视人的物质需求，等等。都市农业文化在分析批判传统农业文化的基础上，吸收其精华，剔除其糟粕，使中国都市型现代农业文化充满生机和活力。

（二）都市农业文化对都市农业的作用

都市农业文化推动都市农业的发展和创新，一般是通过以下三方面的途径实现的。

1. 都市型现代农业文化不断为都市型农业提供强有力的智力支持

都市型现代农业文化能培养都市农业所需要的各方面的人才，提高劳动者的科学文化素质，开发人的智力资源，使蕴藏在人民群众中无穷无尽的创造力迸发出来。如果我们忽视都市型农业文化建设，到处是文盲、科盲，就不可能有物质文明的高度发展和社会物质财富的巨大增长，就谈不上实现社会主义现代化。加强都市型现代农业文化建设，一方面在都市型农业的发展和创新中把教育作为具有先导性和全局性的事业，摆在优先发展的战略地位，全面推进素质教育，以造就数以亿计的高素质劳动者、数以万计的专门人才和一大批拔尖创新人才，为都市型现代农业提供强有力的智力支持。同时，用都市型现代农业文化的"雨露甘泉"催生新时期的知识化农民，使广大农民群众从体力型向技能型、创业型转变，从习惯于小生产方式向发展集约型现代化大农业转变，从固守田园靠天吃饭向积极创业转变，真正成为新农村建设的主体。另一方面，通过制定科学技术长远发展规划，改造和提升传统产业的技术水平，提高劳动生产率，改变经济增长的方式。同时，高度重视弘扬科学精神，普及科学知识，树立科学观念，倡导科学方法，以此提高人民群众的科学素质，在全社会形成崇尚科学、鼓励创新、反对迷信和伪科学的良好氛围，开发蕴藏在人民群众中无穷无尽的创造潜能。

2. 都市型现代农业文化不断为都市农业的发展和创新提供精神动力

一个国家、一个民族要兴旺发达，自立于世界民族之林，必须有强大的民族凝聚力和精神动力。都市型现代农业文化建设的一项重要历史使命是弘扬民族精神与增强民族凝聚力，为都市型农业的发展和创新提供精神动力。改革开放以来的实践也充分证明，体现中华民族凝聚力的爱国主义、集体主义、社会主义的主旋律越鲜明、越有力，我们的思想就越统一，人民就越团结，社会就越稳定，改革就越顺利，经济建设的持续发展就越有保证。在现阶段，我们要顺利推进都市农业的发展和创新，就必须结合新的实践和时代的要求，坚持中国先进文化的前进方向，大力发展都市型现代农业文化，建设社会主义精神文明，把亿万人民紧紧吸引在中国特色社会主义的伟大旗帜下，把全国各族人民的意志和力量凝聚起来，把精神和士气振奋起来，形成万众一心的凝聚力。

3. 都市型现代农业文化不断为都市农业的发展和创新提供有力的思想保证

都市型现代农业文化是坚持中国先进文化前进方向的都市农业文化，是使社会主义社会和谐的都市农业文化，是以社会主义核心价值体系为根本的都市农业文化。都市型现代农业文化是一个都市的根、一个都市的魂，其力量深深熔铸在都市人的生命力、创造力和凝聚力之中，影响着都市人的发展道路和前进方向。都市型现代农业文化坚持马克思列宁主义、毛泽东思想、邓小平理论和"三个代表"重要思想在意识形态领域的指导地位，坚持以科学发展观为统领，坚持为人民服务、为社会主义服务的方向，能够从思想上保证都市农业文化建设沿着社会主义的方向前进。我们如果不重视都市农业文化建设，不加强对落后文化的改造和对腐朽文化的抵制，听任封建主义残余思想侵蚀，听任资本主义腐朽思想泛滥，人们就有可能陷入思想混乱和精神危机之中，都市型现代农业也就不可能沿着中国特色社会主义的道路健康发展。当前我国正处在一个黄金发展期和矛盾凸显期相互交织的关键阶段，迫切需要以主导价值观统一思想、明确方向。在这样的背景下，必须用社会主义核心价值体系引领和整合多样化的思想意识和社会思潮，使先进文化得到发展，健康文化得到支持，落后文化得到改造，腐朽文化得到抵制，实现都市型现代农业文化自身的和谐。在化解诸多社会矛盾的过程中，要通过建设社会主义核心价值体系，凝聚人心、激发活力；要充分发挥优秀精神产品对人们思想的引领和启迪作用，对人们精神的抚慰和激励作用，对社会矛盾的疏导和缓解作用。都市型现代农业文化如水，是柔性的力量，滋润万物而又悄然无声，在潜移默化、润物无声中发挥着不可替代的重要作用。

二、都市农业文化的内涵

（一）都市农业文化的界定

据不完全统计，不同角度的文化定义已有 200 多个。《辞海》给文化下的定义是：文化"从广义的角度来说，指人类社会历史实践过程中所创造的物质财富和精神财富的总和"。美国文化学家克罗伯和克拉克洪的《文化·概念和定义的批评考察》，对西方自 1871 年至 1951 年期间关于文化的 160 多种定义做了清理与评析，并在此基础上给文化下了一个综合的定义：文化由外显的和内隐的行为模式构成，这种行为模式通过象征符号而获致和传递。文化代表了人类群体的显著成就，包括它们在人造器物上的体现；文化的核心部分是传统观念，尤其是它们所带来的价值观；文化体系一方面可以看作是活动的产物，另一方面则是进一步活动的决定因素。这一文化的综合定义受到普遍的认同。恩格斯在《劳动在从猿到人转变过程中的作用》中指出，文化作为意识形态，借助于意识和语言而存在，文化是人类特有的现象和符号系统，起源于人类劳动。我们认为，恩格斯给文化下的定义最为科学。文化是人化，是人类所创造的"人工世界"及其人化形式的这一部分。

到目前为止，人们一般在"广义"和"狭义"两个意义上使用文化概念。广义的文化即"人化"，它映现的是历史发展过程中人类的物质和精神力量所达到的程度和方式。狭义的文化特指人类社会历史生活中精神创造活动及其结果，即以社会意识形态为主要内容的观念体系，是政治思想、道德、艺术、宗教、哲学等意识形态所构成的领域。

这里我们从广义的"大文化"概念，认同农业是一种文化的理解，并从"自然的人化"的视角来探析都市型现代农业这一独特的文化形态。实质上，农业和文化有着不可分割的必然联系。中国的传统文化是农耕文化，它是建立在传统的农耕经济基础之上的。中国传统文化带有多方面的农耕文化的特征。"在中国占主导地位的传统文化，无论是物质的还是精神的，都是建立在农业生产的基础上的，它们形成于农业区，也随着农业区的扩大而传播。"在拉丁文中，文化 Culture 含有耕种、居住的意义。与拉丁文同属印欧语系的英文、法文，也用 Culture 来表示栽培、种植之意，并由此引申为对人的性情的陶冶、品德的教养，与中国古代"文化"一词的"文治教养"内涵比较接近。这种用法今天仍然在农业（Agriculture）和园艺（Horticulture）两个词中保留着。英文"农业"一词 Agriculture，就是由前缀 Agri 和 Culture（文化）合成而来的，充分地表达了农业与文化之间不可分割的联系。

我们认为，以马克思主义为指导，吸收中外学者对都市农业文化的研究成果，我们可以这样表述都市农业文化的定义：都市农业文化是都市人在改造自然、社会和人的思维的对象性活动中所展现出来的体现都市人的本质、力量、尺度的方面及其成果。

（二）都市农业文化的实质

马克思主义主张把都市型现代农业文化的实质与人的发展作统一的理解。都市型现代农业文化的实质即人化，是人类在改造自然、社会和人本身的历史发展过程中，赋予物质产品、精神产品和人的行为方式以人化形式的特殊活动，是指都市人所创造的"人工世界"及其人化形式的这一部分。虽然，都市型现代农业文化包括物质产品和精神产品自身，但是无论哪一民族的都市型现代农业文化，它更主要展现的是都市人的智力、能力、品格以及需要、趣味和爱好，是都市人的尺度和都市人的发展的程度。

从"都市型现代农业文化"与"都市型农业"的各自的地位和作用上看，一方面，都市型现代农业是都市型现代农业文化的母体。都市型现代农业文化是人为的，也是为人的。"人为"的都市型现代农业文化必须源于都市型农业，"为人"的都市型现代农业文化必须更好地造福都市型农业。没有都市型现代农业的哺乳，都市型现代农业文化的创新和发展难免营养不良，乃至枯萎败亡。另一方面，开发和善用都市型现代农业文化特质，必然带来无穷的都市型农业产业的经济效益。没有都市型现代农业文化的参与，都市型农业只是一种农产品，一种饮料，市场交易也只能是初级交易。有了都市型现代农业文化的参与，才能形成完整的都市型农业的经济贸易，才能提升和发展都市型农业。

三、都市农业文化的分类

（一）都市农业文化的发展类型

从都市农业文化的基础理论可以看出，都市农业文化是一个有机的系统，它由外向内包括物态文化、行为文化和心态文化诸层次。都市农业文化分为都市农业物质文化、都市农业行为文化、都市农业精神文化几个类型。

都市农业物质文化是人们改造自然界以满足人类物质需要为主的那部分文化产物，具有双重的性质。一方面，物质文化的组成部分保留了自然物的特性，受制于有关的自然规律；另一方面，这些组成部分又被包括在社会系统之中，受制于有关的社会规律。因此，都市型现代农业物质文化是穿着物的外衣的文化，是人在创造物质财富中使自己的知识、经验、理想等等客体化的过程。都市型现代农业物质文化随着生产力的时代性的转变，还不断地改变着人类生存的自然界的文化景观。如农艺景观和工艺景观。目前，都市型现代农业物质文化类型主要有生态农业文化、设施农业文化、观光休闲农业文化、高科技农业文化、加工创汇农业文化。

都市农业行为文化是人类处理个体与他人、个体与群体之间关系的文化产物，包括个人对社会事务的参与方式、人们的行为方式，以及作为行为方式的固定化、程式化的社会经济制度、政治法律制度，等等。在都市型现代农业行为文化中，保存和复制着一个都市的民族风貌，实行着一种特殊的社会机制，即在相互交往中实现着人的社会化。都市型现代农业行为文化主要由都市型现代农业的功能体现。都市型现代农业的功能，因各地社会经济情况不同，所显示的重点亦不相同。但总体上看，都市型农业具有生产功能、环保功能、休闲功能、研发扩散功能、社会公益性服务功能。

都市农业精神文化是从事都市型现代农业人们的文化心态及其在观念形态上的对象化，包括他们的文化心理和社会意识诸形式。社会意识通过理论化、系统化的形式，即政治法律思想、道德、艺术、宗教、科学、哲学等表现出来，形成了都市型现代农业精神文化中最有理论色彩的部分，体现他们对世界、社会以及人自身的基本观点，反映他们对外部世界认识和改造的广度和深度。文化心态是历史形成的民族情感、意志、风俗习惯、道德风尚、审美情趣等所规范的社会的某种意向、时尚和趣味，即一个都市的价值观念、价值取向和心态结构。文化心态结构是都市型现代农业文化的深层结构，是在历史发展中积淀下来的隐型文化结构。相比于文化心态的深层结构，可以把都市型现代农业物质文化称为显型结构。不同文化形态之间的差异，主要是由该文化的文化心理层所规定的。在这一意义上说，文化心理及其所具有的价值观念是该文化的核心。

（二）都市农业文化的发展模式

1. 都市观光旅游农业文化

都市观光旅游农业文化是指都市型现代观光旅游农业的"文化特质"，即都市型现代观光旅游农业的"人化形式"。它是以农业生产活动为基础，农业和旅游业相结合的一种新型产业文化。观光旅游农业文化是利用农业资源、农业景观、农业生产活动，为游客提供观光、休闲、旅游的一种参与性、趣味性和文化性很强的农业文化。观光旅游农业文化概念是由日本、美国、荷兰、新加坡等国家最早提出的。这些国家设计和开发了一些观光旅游农业游览园区和基地项目，主要面向城市市民、学生和其他游客开放。20世纪80年代后期，我国观光旅游农业文化发展迅速，成为新型的旅游休闲方式，集田园风光和高科技农艺于一体，建立观光农园、观光果园、观光菜园、观光花园、水面垂钓园、郊野森林公园、野生动物园、药用植物园、休闲农庄、休闲农场、生态农业园、体验农业园、高科技农业园等多种模式。观光旅游农业文化是广大农村一种新兴的特色文化产业，它具有以旅游带农业，以农业促旅游，农业和旅游业互补利用的特点，是调整农业结构，扩大就业，实现农业增效，农民增收的一种重要途径。发展好观光旅游农业文化必须坚持因地制宜，突出特色；旅游业与农业相结合；充分考虑区位和客源市场；搞好农村基础设施建设；加强农业部门和旅游部门的合作；加强管理，提高素质；加大宣传力度，提高知名度。

2. 都市生态农业文化

党的十七大报告第一次提出"建设生态文明"。这一重大命题的提出，标志着我们党发展理念的升华，对发展与环境关系认识的飞跃，具有划时代的意义。

生态农业文化包括：①有机农业文化。即不用人工合成的肥料、农药、生长调节剂、除草剂和家畜饲料添加剂等的一种自然农业生产体系，为城市提供纯天然、无污染的有机食品，满足人们的需要。②环保农业文化，又称循环农业文化。它是一种新兴的农业生产模式，运用生态经济的观点和环境保护的观点指导农业生产，严格控制化肥、农药的使用，充分利用太阳能、生物固氮和其他生物技术实现农业经济和环境的协调发展。③绿色农业文化。它是指以水、土为中心，以太阳光为直接能源，利用绿色植物，通过光合作用生产人类食物、动物饲料的一种新型农业文化。④健康型农业文化。它是指农业生产的产品有利于人们身心健康，生产的环境有益于人们健康长寿的新兴产业。

从世界视角看，农业领域进入了生态农业文化时代。在严重的生态、环境挑战面前，当务之急是避免重蹈发达国家"先污染、后治理"的覆辙，跳出"怪圈"，加紧建设生态文化和生态农业文化，走生态文明的道路。这样才能体现人类生存和发展追求的目标，代表时代前进的方向，反映都市型现代农业强大生命力。

3. 都市加工创汇农业文化

都市加工创汇农业文化是指都市型现代加工创汇农业的"文化特质"，包括都市型现代加工农业文化和都市型现代创汇农业文化。都市加工农业文化指对大田作物、果木和畜产品等农业原材料进行再加工形成产品中的"人化形式"这一部分。它包括农产品初、精、深等不同形式的加工理念，使花色、形态、味道等方面不断改进与提高，涉及食品、饲料、皮革、毛纺、医药、化工和纸等诸多工业行业。都市型现代加工农业文化的主要功能是通过对农产品深层次加工增值，满足都市人们对日用品、工业品和增加收入的需求。都市创汇农业文化是以出口优质农副产品为主，通过满足国际市场需求换取外汇的一种农业行为文化。"创汇"是使农副产品出口的外汇净收入多于外汇支出。我国创汇农业文化的发展刚刚起步，并且主要集中于东部农业较为发达的区域。创汇农业文化是多学科、多技术综合应用的系统工程。在农产品出口种类上，不应片面理解创汇农业文化就是发展种养业产品的出口，而应当把乡镇企业产品、农业手工艺品、文化创意产业等列入农业贸易之列，制定总体发展规划。

都市型现代加工农业文化是都市型现代农业发展的必然趋势，有利于提高农产品附加值，增加农民收入。京郊都市型现代创汇农业文化能够大大提高自身经济实力，加快农业现代化进程，促进农业经济增长方式的根本转变，对我国广大农村地区发展具有重要的示范作用。

4. 都市设施农业文化

都市设施农业文化是指都市型现代设施农业的"文化特质"，即都市型现代设施农业的"人化形式"的那一部分。都市型现代设施农业文化利用先进的工程技术设施，利用营养液、传送带、流水线、组织培养等现代技术，改变农业自然环境，建设人工生产环境，获得最适宜植物生长的环境条件，以增加作物的产量、改良作物的品质、延长生长季节、提高作物对光能的利用，可日日播种、天天收获、缩短生长周期，生产出无污染、安全、优质、富营养的绿色农产品。同时，都市型现代设施农业文化主要在塑料温棚、节能日光温室、大型现代化温室三个层次上，建设调温通风设备、营养液配置设备、工厂化播种育苗成套设备、土壤消毒设备，实现专用农机具等设备的产业化，并在建设集约化设施农业技术和设备示范工程上，从品种选择、栽培管理到采收、加工、包装等全部采用计算机控制技术。因此，都市型现代设施农业文化从根本上克服了自然经济农业文化的弱质性，较大地提高了水土资源利用率，大大提高了生产效益。

都市型现代设施农业文化的结构和规模虽不尽相同，但都市型现代设施农业文化的主要类型可归纳为日光温室、大棚、改良阳畦、小拱棚四大类型。①日光温室。京郊的日光温室按其所用材料、结构或功效的差异，主要有砖钢结构日光温室、土钢或土竹结构日光温室、新型复合材料日光温室、四位一体日光温室。②大棚，大棚主要有两种：钢架大棚和竹木大棚。③改良阳畦，是介于日光温室和大棚之间的一种设施。④小拱棚，北京的小拱棚主要分布在大兴区，用于栽培西甜瓜。

5. 都市农业文化创意产业

目前，国内外对于文化创意产业的界定尚有争议。本书所界定的文化创意产业的内涵和外延是从哲学的视角做出的，并试图寻找与相关学科交叉的最佳结合点。

"创意"（Creative）意为"有创造力的、创造性的、产生的、引起的"等，包含了人类生活的物质的、精神的全部具有创造性的行为和意识。创意的特征表现为：高文化和高科技相结合、以人为本、抽象性、改变发展方式等。文化创意产业是一种附加价值高、资源节约型、环境友好型的新型产业。它实现了由有限的自然资源破坏性使用向开发附加价值高的智能资源的转变。

文化包含在整个创意之中，文化是创意的灵魂，创意是文化传承的动力之源。文化创意产业是文化创意的表现形式和最高成果。文化创意产业既有产业的属性，也有文化的属性。产业是以利润最大化为目标，以经济效益为最终目的；文化则有一定的社会价值，甚至是意识形态价值，是以社会效益为根本所在。因此，文化创意产业是集经济效益和社会效益于一身的新型产业，附着于产业而又具有很强的附加价值和渗透性的产业。

世界各国对于文化创意新经济的战略定位和发展视角不尽相同，各国根据本国条件和历史，纷纷确立发展重点。例如：英国、新西兰、新加坡等国家把文化创意新经济定位为创意产业，美国、加拿大、澳大利亚等国家把文化创意新经济定位于版权产业，法国、德国倾向于把文化创意新经济定位为文化产业，而日本、韩国把文化创意新经济定位在内容产业。中国把文化创意新经济产业定名为文化创意产业。国家统计局界定的文化创意产业主要包括文化艺术、新闻出版、广播电影电视、软件和网络及计算机服务、广告、会展、艺术品交易、设计服务、旅游和休闲娱乐、其他辅助服务。

近年来，我国文化创意产业也有很大发展。上海、深圳、杭州、北京等城市积极推动文化创意产业的发展，正在建立一批具有开创意义的文化创意产业基地。

6. 都市沟域文化

沟域文化是沟域经济中的"人化"部分，包括沟域物质文化、沟域行为文化和沟域精神文化。北京沟域文化以山区沟域为单元，以其范围内的自然景观、文化历史遗迹和产业资源为基础，以都市型现代农业为基本产业，以特色生态、休闲、旅游为主导，以市场为导向，坚持文化创意同优势资源、科技、金融资本相结合，在开发 164 条沟域的基础上已建设成功 25 条各具特色的使农户广泛受益的有竞争力和可持续的沟域文化精品。

沟域文化的特点表现为：①人化性。沟域文化是人们在活动过程中，通过社会历史形成的人的智力、能力、品格等而赋予物的那种特殊的人的结构。沟域文化的文化产品、活动方式和文化观念是构成沟域文化系统的三个基本要素。②生态性。实现生态文明是开发沟域文化的基本目标，也是沟域文化的重要功能。③科技性。北京沟域文化的开发充分利用了首都科学技术力量集中的优势，实现了创新和突破。④生活性。沟域文化的生活功能是指围绕山区特点，通过农业与三产对接、产业互动的产业功能开发活动，为消费者提供生活所需的物质和精神消费品这一功能。⑤开放性。突破行政区划的约束，在更大的区域内进行资源配置，获取竞争优势。

开发沟域文化对于转变经济发展方式，建设生态文化，产业融合与互动发展，建设城乡一体化都具有重要意义。北京山区沟域文化的发展模式，是各区县以资源沟域为基础，以产业创新为手段，以科技、人才、文化为支撑，在开发山区沟域的探索与实践过程中形成的，是对现有不同沟域文化的归纳和总结。沟域文化 按照主导产业的不同，可分为特色种养殖模式、绿色生态农业模式、乡村休闲旅游模式与农业文化创意产业模式；按照依托方式的不同，可分为自然资源利用模式、科技依托模式、文化开发模式与资本注入模式。

7. 高科技现代农业文化

高科技现代农业是农业先进技术、尖端技术，以农业科学最新成就为基础，处于当代农业科学前沿的、建立在综合科学研究基础上的技术，是农业领域中高层次的、核心的、前沿的技术。高科技农业文化包括：精准农业文化、数字农业文化、智能化农业文化、三维农业文化，等等。①精准农业文化是建立在电脑、全球卫星定位系统和遥感遥测等高新技术基础上的现代高精技术农业系统工程，包括精准播种、施肥、灌溉、估产、作业等项技术。②数字农业文化是指在地学空间和信息技术支持下的集约化和信息化的农业技术，是以大田耕作为基础，从耕作、播种、灌溉、施肥、中耕、田间管理、植物保护、产量预测到收获、保存、管理的全过程实现数字化、网络化和智能化。③智能化农业文化是指利用智能化农业信息技术来指导农业生产的一种农业系统模式，是以农业专家系统为代表，向农民提供各种农业问题决策咨询服务和实用软件系统。④三维农业文化是指三维网络结构的农业文化，即生物生产结构、资源开发结构、经济增值运转结构。高科技现代农业涵盖农业生物技术、设施农业技术、农业信息技术、核农业技术或农业辐射技术、多色农业技术、配套集成化的农业技术群等，以及与之相关的技术咨询服务、专家系统和软科学技术。

高科技现代农业企业在文化理念上坚持"科技先导、服务至上、合作共赢"的经营理念，并建立了适合企业发展的人才梯队和具有一定市场竞争力的激励机制，实施先人一步的开发战略，自主创新与合作开发相结合，并做到"实施一代，开发一代，研究一代"，每年制定科研开发计划，并进行研发投入核算，完成创新型开发项目和改进型开发项目。尊重知识，勇于创新，绿色环保，共建和谐，服务"三农"，以创新型模式，自主技术和品牌担当社会责任。顽强拼搏，多方位服务于人类健康，促进社会进步，报效国家。

四、都市农业文化开发

(一) 都市农业文化发展管理

都市农业文化的特点与有文化意义的都市农业体系的特点是一致的。因此，都市农业的特点就是都市型现代农业文化的内涵，是都市农业文化发展管理的目标。

1. 城乡一体

都市型农业的发展与大都市的经济、社会、文化发展是相互交融，相互依托，相互促进的。都市农业的产业结构布局、农业生产体系组成及其产业链中的环节都能主动服从和服务于大都市发展的需要，并在服务城市的同时，不断提升农业自身的产业层次，改善农业生产条件，提高农村生活水平，逐步缩小乃至消灭城乡差别，实现城乡一体和协调发展。

2. 多功能

都市农业呈现出功能的多样性。都市型农业不仅具有作为一个产业所具备的经济功能，为城市提供农副产品，同时还有为城市居民提供旅游、休闲、观光、娱乐的服务；为其他地区输出先进农业科技、管理和人才的辐射功能；为城市改善空气、水源、景观等生态质量的生态功能；凭借现代工业文明和高新技术及聚集的科技人才，创造新的农产品加工成品、新的农业生产模式和形态乃至新的物种的功能；依托先进的农产品加工业和开放型农业的创汇功能。

3. 技术密集

都市型农业是技术密集型农业。由于都市型农业位于城市周边，可以及早而广泛有效地利用大都市提供的科技成果及现代化设备，大力发展设施农业、工程农业、生物农业、加工农业、生态农业、园艺农业以及休闲观光和体验农业，在生产过程中较多较早地渗透高科技和新技术，产品技术含量高，呈现技术密集型。

4. 可持续发展

都市型农业是一种可持续发展的农业。其生产发展不仅要在经济方面，而且要在生态、资源利用、社会进步等方面都能实现可持续发展。都市型现代农业既重视提高农业经济效益，增加农民收入，也重视农业生产与生态的良性互动，强调合理利用、永续利用，千方百计保护和改善自然资源，千方百计保护和创造有益于人类生存的生态和生活环境。

5. 人文特色

文化是一座城市的灵魂。城市不仅要有硬件设施等反映城市面貌的"形"，而且要有反映城市文化底蕴的"魂"。一座城市的文化，是一种独特的精神气质，代表着城市的独特竞争力，决定着整个城市在全国乃至世界城市体系中的地位。在新时期，城市建设从追求 GDP 到追求绿色 GDP，从打造"经济名片"到打造"文化名片"，是科学发展观带来的发展理念的新变化。在迈向现代化的进程中，新型城镇化是一种必然选择。随着新型城镇化战略的实施，各地的城市化规模快速扩大。面对城市建设的新高潮，要把突出城市的文化个性和特色作为重要任务，确立城市文化品牌，对城市文化建设进行综合设计，进一步挖掘地域文化的独有内涵，维护好历史传承，留住城市的文化命脉。

6. 人的全面发展

都市型现代农业文化应该是生动活泼的、充盈着创造性的文化，是有利于社会进步和人的全面发展的文化。都市型现代农业文化把人放在首要地位，旨在促进人的全面发展。人民群众是历史的创造者，要倡导理解人、尊重人、爱护人。都市型现代农业文化，不是没有矛盾的文化，但这种矛盾不是根本利益相互冲突的矛盾；不是没有斗争的文化，但这种斗争应该有利于正确认识的形成并为大多数人所接纳，有利于维护广大人民群众根本利益，有利于推动社会的全面进步。马克思主义所追求的"人的全面发展"，既是人的个性、能力和知识的协调发展，也是人的自然素质、社会素质和精神素质的共同提高，同时还是人的政治权利、经济权利和其他社会权利充分实现。都市型现代农业文化是民主的文化，它要求坚持以人为本的执政理念，发展社会主义民主政治，尊重社会成员的主体地位，完善利益表达机制，协调各社会阶层的利益；都市型现代农业文化是宽容的文化，要求引导人们用正确的立场、观点和方法去观察社会，培养人们用宽容的态度看待和处理各种问题，避免思想认识上的片面性和极端化，求同存异，共同发展；都市型现代农业文化是进步的文化，既满足人们日益增长的物质文化需要，把人们的切身利益实现好、维护好、发展好，又要提高人们的智能、技能、潜能，使人们始终保持健康积极、乐观向上的精神状态，促进人的各种潜能得到全面而合理的发挥。

7. 以社会主义核心价值体系为根本

一个社会的核心价值体系，反映社会意识的本质，决定社会意识的性质，涵盖社会发展的指导思想、价值取向，影响人们的思想观念、思维方式、行为规范，是引领社会前进的精神旗帜。社会主义核心价值体系是社会主义制度的内在精神和生命之魂，它决定着社会主义的发展模式、制度体制和目标任务，在所有社会主义价值目标中处于统摄和支配地位。都市型现代农业文化必须有社会主义核心价值体系的引领和主导。

(二)都市农业文化可持续发展

1. 都市农业文化可持续发展的涵义

1981年，美国农业科学家莱斯特·布朗系统地阐述了可持续发展观，奠定了可持续发展的理论基础。《我们共同的未来》中定义可持续发展为："既满足当代人的需求，又不对后代人满足其自身需求的能力构成危害的发展"。即人类要发展，要通过发展来满足人类的物质和精神需求，但发展过程中不能损害自然界支持当代人和后代人的生存能力，而且绝不包含侵犯国家主权的含义。

可持续农业是可持续发展思想在农业领域的具体体现。这一理论概念最早产生于20世纪80年代末期，1987年7月，世界环境与发展委员会在挪威提出"2000年粮食：转向可持续农业的全球政策"，1989年联合国粮农组织（FAO）通过了有关可持续农业发展的正式决议，1991年在荷兰召开的国际农业与环境会议上，联合国粮农组织把农业可持续发展确定为"采取某种使用和维护自然资源的方式，实行技术变革和体制改革，以确保当代人类及其后代对农产品的需求得到满足，这种可持续的农业能永续利用土地、水和动植物的遗传资源，是一种环境永不退化、技术上应用恰当、经济上能维持下去、社会能够接受的农业。"此后，可持续农业发展的思想影响日益深入和广泛，受到了世界各国政府的高度重视和积极响应。1996年，联合国粮农组织在罗马世界粮食首脑会议上，提出了发展中国家可持续农业的技术和要点。1994年，我国政府批准颁布《中国21世纪议程》对中国农业可持续发展进一步明确为：保持农业生产率稳定增长，提高食物生产和保障食物安全，发展农村经济，增加农民收入，改变农村贫困落后状况，保护和改善农业生态环境，合理、永续地利用自然资源，特别是生物资源和可再生资源，以满足逐年增长的国民经济发展和人民生活的需要。从农业资源角度来理解，农业可持续发展就是充分开发、合理利用一切农业资源（包括农业自然资源和农业社会资源），合理地协调农业资源承载力和经济发展的关系，提高资源转化率，使农业资源在时间和空间上优化配置达到农业资源永续利用，使农产品能够不断满足当代人和后代人的需求。

都市农业文化可持续发展是可持续农业思想在文化领域的具体体现。强调在生态环境、经济及社会的发展中要主张人与自然、人与社会、人与人之间的和谐，把发展农业生产和建设生态环境、和谐社会结合起来，创造优美的农村景观，在生态文明意义上实现资源循环、再生、增值。它不仅重视环境保护，生态平衡，也强调生产和经济的稳步发展，强调对农业资源、乡村空间和农村人文资源的优化组合，从而实现资源的永续利用和生产的良性循环，以及人类自身的和谐发展。

2. 都市农业文化可持续发展的主要特征

都市农业文化的可持续发展要求树立和落实科学发展观，实现人与自然和谐、发展与环境双赢的理念。生态农业文化正是人与自然和谐、发展与环境双赢、经济社会发展成果人人共享、公众幸福指数升高的文化。其主要特征如下：

（1）发展的整体性。现代生态文化，则既保持了工业文化的优点、长处，又克服了它的弱点、短处。生态文化理念所强调的是，坚持以大自然生态圈整体运行规律的宏观视角，全面审视人类社会的发展问题。即人类的一切活动都必须放在自然界的大格局中考量，按自然生态规律行事。强调发展必须坚持自然生态优先原则，即索取适度、回报相当，而不可急功近利、竭泽而渔，与自然规律、生态法则撞车。

（2）调控的综合性。现代生态文化科学集生态学、经济学、社会学和其他自然、人文学科融为一体的边缘学科。这种联结和组合，追求生态系统、经济系统和社会发展内在规律的有机统一，综合研究、分析、解决传统工业文化向现代生态文化和生态农业文化转变中的重大问题。这种立足于大自然与人类发展全局的综合性研究，能够准确观察、判断总体结构及其运行状况，提出恰当的调整优化对策。例如：长期以来，推进工业化总跳不出"先污染、后治理"的怪圈，而在北欧、爱尔兰、瑞士、加拿大、澳大利亚等国家和地区的新型工业化中，其经济实现了高度现代化，生态、人居环境又一直保持良好。在我国威海、珠海、厦门、三亚等一批城市，改革开放以来，其经济发展速度都高于全国平均水平，但生态质量也一直良好，做到了"生态立市、环境优先、发展与环境双赢"。

（3）物质的循环性。能量转化、物质循环、信息传递，是全球所有生态系统最基本的功能和构成要素。实践证明，发展循环型生态经济和清洁生产，使经济活动变成为"资源—产品—废弃物—再生资源—无废弃物"的循环过程，是生态文化理念的重要体现，也是有效消除传统工业化"资源—产品—废弃物"这种简单直线生产方式弊病的有效举措。循环型生态经济既可以大幅度提高经济增长质量、效益，培育新的经济增长点，又能从根本上节能降耗减排，做到"资源消耗最小化、环境损害最低化、经济效益最大化"。这种生产方式在工业上可行，农业上可行，环保、商贸、服务业等也都是可行的。近些年来，我国已经涌现出一批发展循环经济的企业、行业、工业园区和城市，效果之显著令人瞩目。

（4）发展的知识性。生态农业文化时代的经济发展，则主要靠智力开发、科学知识和技术进步。知识经济时代科学技术真正变为"第一生产力"，人才资源成为"第一资源"，并转化为人力资本。人才、智力在生产力构成中的重要性在不断升级，在农业经济时代是"加数效应"，在工业经济时代是"倍数效应"，在生态文化时代是"指数效应"。科学研究表明：随着科学技术向生产力的转化，体能、技能、智能对社会财富的贡献分别为 1∶10∶100，即一个仅具有体能而无技能、智能的人，与一个既有体能又有技能的人对社会贡献率的差距为 10 倍；与一个体能、技能、智能兼备的人相比，对社会贡献率的差距为 100 倍。据世界银行测算，投资于物质资本，其回报率为 110%；投资于金融资本，其回报率为 120%；投资于人才开发，其回报率为 1 500%。目前世界发达国家的知识经济在国民经济中所占的比重已经超过 50%。可见，由工业文化向生态文化和生态农业文化转变，不仅是理念转换和更新，更是现代知识、技术和智力资本的转换。

（三）北京都市农业文化开发路径

1. 更新思想观念

思想是行动先导，观念决定成败。尽管我国的生态文化建设有了可喜的进展，但是相当多的人，包括某些领导者和公职人员的思想观念仍然停留在传统工业文化时代。重经济轻环境、重速度轻效益、重局部轻整体、重当前轻长远、重利益轻民生等非理性的发展观、政绩观、价值观仍旧存在。只有破除因循传统工业文化的旧观念、旧思路、旧办法，对生态文化建设和生态农业文化建设的认识产生飞跃，坚持和落实科学发展观，以生态文化和生态农业文化理念指导发展，才能使生态文化建设和生态农业文化建设真正变成各行各业和全民族的自觉行动，大步跨入生态文化和生态农业文化新时代。

2. 提高生态道德文化素质

我国生态环境恶化迟迟不能根本好转，这与人们的生态道德文化缺失有直接的关系。近些年来，我国城乡人民的生态意识、环保观念日益增强，但是，生态道德文化尚未普遍植根于人民大众。据《中国青年报》2006 年 11 月 13 日报道：某省环保局日前公布的一项问卷调查显示，在接受调查的人群中，

93.31％的群众认为，环境保护应与经济建设同步发展，然而却有高达91.95％的市长（厅局长）认为加大环保力度会影响经济增长。生态道德文化缺失还表现在消费领域追求奢华、过度消费、甚至挥霍浪费等方面。事实说明，在广大人民群众、尤其是在公职人员中间，强化生态道德文化教育十分迫切。建设生态文化和生态农业文化，不仅需要法律的约束，更需要道德的感悟。应当通过生态道德文化建设，提高全社会的生态道德文化水准。为此，必须在广大城乡居民中广泛、深入、持久地开展生态道德文化宣传教育，普及生态道德文化知识；特别要重视提高各级领导干部的生态道德文化水准；大力推进生态文化企业建设；加强生态道德立法，规范人们的生态道德行为；转变消费观念，倡导适合国情的合理适度消费；还要实行城乡居民生态自治，充分发挥民间环保组织的作用，并把生态道德文化教育与生态文化和生态农业文化建设密切结合起来，以达到相互促进之效。

3. 转变经济发展方式

党的十七大强调指出，要转变经济发展方式。应当说，我国的经济发展基本上沿用了传统工业文化的方式，在经济持续高速增长的二十几年间，西方工业化初期出现的环境污染、生态退化，以及种种社会、民生问题便集中显现出来。实践证明，由工业文化向生态文化和生态农业文化转变，关键在于转变经济发展方式。从我国现实情况出发，当前最紧要的是调整优化产业结构，做到强化第一产业，加快发展第三产业，适当调控第二产业（重化工），改变"二产比重高、三产比例低、一产发展滞后"的不协调现状；实现由主要靠物质投入向主要靠知识、智力开发和技术进步加快发展的转变；调整优化经济区域布局，按照不同生态功能区确立发展方向、重点；坚持经济、社会、环境、资源、民生统筹兼顾，全面协调发展。

4. 偿还生态欠债

长期以来，我们在环境保护上投入不足，欠债过多，留下了巨额生态赤字。据世界自然基金会《2006年地球生态报告》称：2006年中国人均生态足迹量（自然资源消耗量）为1.6地球公顷，生态赤字为0.8地球公顷，比世界平均指数高近一倍。生态赤字带来的后果，就是气候变暖、环境恶化、灾害加重、发展不可持续。要根本扭转上述种种恶化趋势，实现人与自然和谐，建设生态文化就必须偿还生态欠债，做到"多还旧债，不欠新债"。偿还生态欠债，必须全国上下、社会各界和全体公民共同行动。虽然政府、企业、社会、个人所承担的责任、义务大小各有不同，但是为偿还生态欠债做出贡献，则是不可推卸的。以生态环境优先为主，构建功能更多元化，产品更丰富，经济效益更高，与城市联系更紧密的都市农业。同时，应平衡都市农业发展与城市化用地之间的关系，改善生态环境，缩小城乡差距，加快生态型城乡一体化发展。

5. 以农业节庆、传统农具、科教园区等为载体

依托农业节庆，我国传统节日之产生乃至传承发展的根源在于千年的农耕文明，它们与农业生产、农民生活息息相关。这种传统节日具有民俗文化传承性的重要特点，一旦形成，便有一种相对独立性和稳定性而世世代代传承下去，而且大多数节日流传至今，都形成有代表性的饮食习惯或庆祝活动。如正月舞龙、闹元宵，清明踏青，端午赛龙舟，中秋吃月饼，重阳登高，除夕接灶、守岁等。随着一年四季的变化和农作物安排的需要，逐渐形成了一系列丰富多彩的节俗活动，表现了鲜明的农业文化特色。利用传统节日开发乡村旅游是保护传统农业文化的重要方式。利用这些节日开发乡村旅游，要按照节日本身的传统，挖掘其文化内涵、庆祝方式和饮食习惯，在此基础上与本地实际情况和时代特点相结合，从节日名称、主题活动和旅游产品开发等多个方面创新推动乡村旅游的发展。除传统节日外，随着北京都市农业发展，许多新的农业节也正在蓬勃兴起。农业节具有区域性（某地）、连续性（年年）、固定性（某天或某几天）、专业性（某一品种）、社会性（政府主办、社会参与）等特点。现代农业节多以农为媒，在突出某一品种农品促销的同时，还开展多方位的贸易洽谈，进行旅游活动，宣传推介区域形象。农业节已成为农民增收、农产品促销、发展当地经济、树立地区形象的有力举措。

依托传统农具，传统农耕工具是传承农业生产文化的物质载体，在一定历史阶段，既满足了农业生产的需要，又推动了人类社会文明的向前发展。传统农耕工具主要包括以下几类：一是耕作播种有的生产工具，如铁铲、铁锄、木犁、木耙、木耧等；二是场上作业用的生产工作，如石碌、扇车、木锨、木杈、铡刀、纺车等；三是加工用的生产工具，如石碾、石磨、石臼等；四是农用运输工具，如木轮车、铁轮车、独轮车、扁担、箩头；五是其他农用生产工具，如木桶、水车等。随着农业生产方式的不断变革，现代化的农业机械已经成为现代农业生产的主力军，传统农耕工具即将退出历史舞台，并逐渐被时间所淹没。为及时抢救传统农耕文化遗产，应通过观光体验、教育展示等方式开办各种类型的农具展馆，将传统农耕工具以实物的形式进行保护，以传承农具文化。

依托科教园区，科教型观光农业是智能型农业生产文化产的一种类型。农业科教观光园集高新技术研究、示范和产业孵化于一体，是都市农业经济发展中涌现出的一种科技与农业相结合的经济组织形式，是用高新技术改造传统农业的根本途径之一，是农业经济发展的必然趋势。

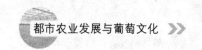

6. 建立信息网络、建立和完善农民专业性合作经济组织

加快农业信息网络基础设施建设，整合信息资源，建立起资源丰富、信息面广、辐射力强的农业信息应用系统。建立一支高素质的农业信息队伍，提高信息服务水平。尽快建立健全市、区农业信息服务中心，将网络向乡镇、龙头企业、专业协会延伸，并与全省、全国联网，尽快形成遍布全市、外联全国的农业信息网络。农民专业性合作经济组织是由农民组建的自己的中介服务组织，它不以营利为目标，它能向广大农民提供市场信息、技术推广和生产生活资料的社会化服务，解决资金和贷款难的问题，能独立地帮助农民进行市场开拓、填补空白，也有利于实施产、供、销垂直一体化，从而降低成本、减少风险等。世界上一些先进国家如日本、韩国的发展实践证明，农民合作经济组织是实现小生产与大市场、小群体大规模融合一体的最佳方式，它是农业现代化的必由之路。通过政府政策引导建立的农民合作经济组织，应该成为农民与市场的桥梁和纽带。

7. 改革完善政绩考评标准

实行以 GDP 为经济社会发展的主要考核标准和办法，对促进经济快速发展起到了重要作用。但是，这种不顾及资源、环境成本的政绩考评标准和制度，也助长了种种非理性的发展理念和行为。例如：以 GDP 论英雄，盲目追求、互相攀比经济增长速度，拼资源、拼环境，追求高速发展，等等。这同科学发展观和生态文化、生态农业文化的要求是相矛盾的。解决发展理念和指导思想问题，关键在于改革、完善经济核算和政绩评价制度体系。近些年来，国家有关部门设计、试行的"绿色 GDP"为主要内容的新的核算评价体系，把资源、环境、民生等纳入了核算考核内容，有效弥补了原有单纯以 GDP 作为考评主要标准的缺陷。目前，全国已有若干省（自治区、直辖市）试行，效果非常好，使各级干部由原来主要关心经济增长速度变为全面关心经济、资源、环境、气候、社会、民生的协调持续发展。

8. 加强领导

建设生态文化和生态农业文化是一场深刻的革命，也是一项宏大的系统工程，牵动改革、发展全局。目前在不少人有认识误区，认为生态文化和生态农业文化只是一项具体任务，还没有把生态文化和生态农业文化建设提到时代的高度，作为人类社会发展的一次伟大的革命性转折来看待。这说明，要把生态文化和生态农业文化建设全面推开，卓见成效，必须加强党和政府的领导。应当作为一项战略性任务，列入重要议事日程，由主要领导同志亲自抓，定期检查，总结经验，具体指导。这是有决定意义的环节，也是有待突破的环节。

第三节 葡萄文化

一、葡萄文化的产生

葡萄文化是农业文化的重要组成部分，也是世界文化中的重要组成部分。人类栽培葡萄、酿造葡萄酒和创造葡萄文化的历史悠久。世界上最早种植葡萄和酿造葡萄酿酒的地区在黑海和地中海沿岸一带及中亚细亚地区。葡萄文化的传播也首先出现在地中海周围地区。大约五六千年以前，在今天的埃及、叙利亚、伊拉克、南高加索以及中亚地区已开始栽培葡萄和葡萄酒的酿制，后来向西传入意大利、英伦三岛、法国等西欧各国，南抵非洲西海岸，北到希腊半岛，向东传播到东亚、中国新疆。古代罗马帝国前期，爱琴海诸岛与希腊山区著名的葡萄园得到恢复，葡萄酒的生产成为地区经济的大产业。南部高卢和西班牙的葡萄种植发展迅速，所产美酒的声誉扬名当地。以葡萄为主体的一种文化氛围也随之形成，并沿着伊朗高原—中亚两河流域以及黑海北岸—伏尔加河下游—中亚两河流域两条线路向东传播，最后传到中国。

我国是世界上葡萄较早栽培地之一。"葡萄文化在地中海周围形成之后，开始沿丝绸之路向东传播，对沿途国家、民族的生活和文化施以影响，这种影响不是简单地被吸收而是以与本土文化相融合的方式表现出来。""唐代以前，葡萄酒、葡萄种植技术、葡萄纹饰已经与西方文化一起通过中亚、新疆、河西走廊传向中国内地。"[1]

先秦时期，葡萄种植和葡萄酒酿造已开始经西域在我国新疆地区传播，自西汉张骞出使西域，引进大宛葡萄品种，中原地区葡萄种植的范围开始扩大，葡萄酒的酿造也开始出现，葡萄及与葡萄酒有关的文化逐渐发展。因此，与此同时，来自伊兰语词音译的"蒲陶"一词，在先秦时期就已出现，并在西域的今新疆地区传播。关于"葡萄"一词之源流，司马相如《上林赋》中就出现"蒲陶"。[2] 秦代咸阳宫殿有葡萄壁画，汉初已有以葡萄纹作装饰花纹的丝织品。葡萄作为艺术纹样还出现在毛、棉织品及画像石、辇车上。葡萄文化也开始由中原返传入西域，西域的新疆地区已存在西方和中国内地两种风格的禽兽葡萄纹饰。葡萄和葡萄酒出现在文、史、经注中，成为文学家写诗作赋的一种题材。东汉洛阳的葡萄文化开始发展。葡萄的观念传播开来，当时史家甚至将它们与开疆拓土、中西交通联系起来。后来的史家又将东汉的葡萄与官运亨通联系起来。

---

① 李永平，《东罗马银盘·葡萄文化·丝绸之路》，《丝绸之路》，1994 年第 5 期。
② 张宗子，《葡萄何时引进我国》，《农业考古》，1984 年第 1 期。

魏晋南北朝时期，葡萄文化向河北和东南推进，领域扩大，尤其在宗教、文书档案方面。葡萄、葡萄酒作为诗赋创作的题材开始由内地传向西北、西域。葡萄纹饰的范围和地域拓展。六七世纪传入西域新疆的摩尼教，其窟寺有葡萄壁画。葡萄和葡萄酒作为文学家诗赋创作的题材明显增加。魏晋时，有关葡萄、葡萄酒的诗赋在都城洛阳风行。除史传外，葡萄和葡萄酒还出现在方志、佛寺记等及文书档案中。这一时期所修的史学名著如晋陈寿《三国志》、宋范晔《后汉书》、梁沈约《宋书》、梁萧子显《南齐书》、北齐魏收《魏书》等，都有葡萄、葡萄酒的记载。有关葡萄、葡萄酒的文书档案非常丰富。史书第一次明确记载内地用西域兄弟民族的方法酿造葡萄酒是《册府元龟》卷 970 载："及破高昌，收马乳蒲桃实于苑中，并得其酒法。帝自损益，造酒成，凡八色，芳辛酷烈，味兼堤盎。既颁赐群臣，京师始识其味。"葡萄、葡萄酒文书档案的大量出现，是葡萄、葡萄酒经济较为繁荣的反映。在西域的新疆吐鲁番地区的晋唐墓也出土不少有关葡萄园、葡萄、葡萄酒的文书。这一时期，葡萄文化与宗教紧密相关。佛教方面，有大同云冈石窟第 8 窟佛像间葡萄纹饰，《洛阳伽蓝记》所载洛阳白马寺葡萄的种植，及摩尼教窟寺葡萄壁画。道教宫观也种植葡萄。[①]

据吐鲁番出土文书记载，唐西州葡萄名称有蒲陶、蒲桃、桃、陶，是高昌郡和高昌国时期葡萄名称的继承和发展，又西向东渐，影响关内。唐代诗歌、史籍中，"蒲陶""蒲桃""蒲萄""葡萄"互用，与吐鲁番和敦煌文书中"蒲陶""蒲桃"并用互为印证，表明"蒲陶""蒲桃"是唐时葡萄称谓的通常写法。就唐诗所见，唐人"蒲萄""葡萄"名称在关内的使用已成主要趋势了，这表明"葡萄"称谓在唐代内地已确定和流行使用，标志着葡萄物质文化在唐代的成熟和丰富。

葡萄作为从西域传入的植物之一，具有特殊的中西历史交流地位和人文价值。葡萄文化的渗入，对中国古代农业栽培技术、酒文化、绘画、雕刻、器皿、诗赋、民风民俗等都有影响，也促进了民族大融合。经过长期发展，我国葡萄文化博大精深、源远流长。

二、葡萄文化的涵义

当今世界，加强文化软实力建设，已经被提升到国家发展战略的高度。党的十八大报告明确指出："文化是民族的血脉，是人民的精神家园。""文化实力和竞争力是国家富强、民族振兴的重要标志。""我们一定要坚持社会主义先

---

① 陈习刚，《先秦至魏晋南北朝时期的葡萄文化》，《许昌学院学报》，2007 年第 4 期。

进文化前进方向，树立高度的文化自觉和文化自信，向着建设社会主义文化强国宏伟目标阔步前进。"对现代农业而言，农业文化可以创造生产力、提高竞争力、增强吸引力、形成凝聚力，是农业发展的灵魂。注重农业文化，增强农业经济可持续发展的活力。

葡萄，是希腊文 batrus 的译音，[①] 中国史书《史记》《汉书》中均称之为"蒲陶"，《后汉书》中称之为"蒲萄"，后来的史籍中才逐渐使用"葡萄"这一名称。葡萄因其色香味俱佳，营养丰富，保健价值高成为人们普遍喜爱的果品，是人们生活不可缺少的消费品之一。葡萄和葡萄酒以其具有的特殊功能，不仅改善并满足了各个时代人们的物质生活需求，而且以其特有的美丽形象形成的观赏性，给人们的精神世界带来愉悦，形成了一种葡萄文化。

广义上说，葡萄文化作为农业文化的一种独特形式，涵盖物态文化、制度文化、行为文化和心态文化四大层面，涉及政治、经济、社会、文化等领域。具体地说，主要包括葡萄的种植和葡萄产品的加工（如葡萄酒的生产）及其技术、葡萄酒经济贸易、葡萄酒相关的精神文明层面的文化（如纹饰、民俗、观念等）等。狭义意义上的概念，主要是关于葡萄、葡萄酒及相关的行为文化和心态文化，或者说主要指精神文明层面的葡萄文化。具体来说，又主要指语言、文献、文学、艺术、宗教信仰、社会生活、医学、考古等领域所反映的葡萄树、葡萄、葡萄酒的形象、价值观念、影响等，如以葡萄、葡萄酒为题材的文学艺术作品、工艺品，葡萄酒在饮食结构、礼仪、生态环境等中的地位，等等。葡萄文化，无论是从广义上说还是从狭义上讲，虽然主要是指以栽培葡萄这种植物及其产品为主体的文化，也包括野生葡萄。野生葡萄是栽培葡萄的渊源，与栽培葡萄紧密相关，其相关的文化也是葡萄文化的不可或缺的组成部分。本章所讨论的葡萄文化主要指广义意义上的概念。[②]

三、以葡萄文化促进葡萄产业发展

2007 年中央 1 号文件指出："农业不仅具有食品保障功能，而且具有原料供给、就业增收、生态保护、观光休闲、文化传承等功能。建设现代农业，必须注重开发农业的多种功能"，要"适应人们日益多样化的物质文化需求，因地制宜地发展特而专、新而奇、精而美的各种物质产品和产业，特别要重视发展园艺业、特种养殖业和乡村旅游业"。2010 年中央 1 号文件指出："积极发展休闲农业、乡村旅游、森林旅游和农村服务业，拓展农村非农就业空间。"

---

① 张星，《中西交通史料汇编》（第四册），中华书局，1978 年。

② 陈习刚，《中国古代的葡萄种植与葡萄文化拾零》，《农业考古》，2012 年第 4 期。

站在新的历史起点，推进葡萄产业发展，其中一个重要的内容就是要注重葡萄产业发展的文化表达，融合文化元素，充分发挥文化功能，发展创意葡萄农业、休闲葡萄农业，为葡萄农业经济发展，农村社会和谐，农民持续增收做出不懈努力。

凸显葡萄文化的乡土性、休闲性、生态性、保健性、寓教于乐性、体验性等文化特质，促进葡萄产业与文化产业的融合发展，是推进葡萄产业现代化、提升葡萄产业整体发展水平的必由之路。发挥文化内涵是彰显地方独特个性、提升品牌知名度与市场竞争力的切入点，向文化要效益是葡萄产业发展的重要途径。

（一）葡萄文化领航葡萄产业创收使农民富起来

葡萄文化是一种新兴的特色文化产业，是新世纪的朝阳产业，使文化发挥出巨大的效益。丰富葡萄产业的内容，增强葡萄产业的吸引力，展现地方文化旅游的特色与亮点，进一步拉动地方的经济发展，创收使农民富起来。

（二）葡萄文化领航葡萄产业让村庄美起来

葡萄文化主张在发展中坚持开发与保护并重，合理开发，利用资源，使生态、生产和市场相融合，使自然景观、人文景观与农业园林景观得以和谐统一，保持良好的生态环境。通过在农村利用优良的自然与生态资源建设休闲景点，建立起人与自然、城市与农村高度统一和谐的生态环境，为城乡居民创造优美的居住旅游环境，

（三）葡萄文化领航葡萄产业促城乡和谐发展

葡萄文化舒畅人们身心，让市民在葡萄园休闲游玩的同时感受葡萄栽培技术、葡萄营养保健知识、葡萄酒酿造、葡萄民俗等文化熏陶，使市民在视觉、听觉、味觉、嗅觉、触觉等全方位体验休闲农业的乐趣，在体验中培养人们对大自然及农业的热爱之情，重新确认身份和文化认同，抚慰人的心灵。促进了人与自然、人与社会、人与人、人自身身心的不断和谐发展。

第二章

葡萄历史及文化寓文学艺术中

第一节　葡萄历史

一、葡萄的起源

葡萄，也称草龙珠、蒲桃、山葫芦等，与苹果、柑橘、香蕉并称"世界四大水果"，是人们普遍喜爱的果品。葡萄属于落叶藤本植物，为葡萄科，是地球上最古老的植物之一，也是人类最早栽培的果树之一。毫无疑问，世界上所栽培的所有果树都起源于野生种，葡萄也是如此，在漫长的历史长河中，通过人类的收集、整理、栽培、驯化而成为栽培种，即人为的活动和选择使野生种逐渐成为栽培种。

考古研究发现，在距今 6 700 万年至 1.3 亿年的中生代白垩纪地质层中发现了葡萄科植物。这表明，早在新生代第三纪乃至更早的年代，地球上已经存在葡萄科植物。在新生代第三纪（距今约 6 500 万年）的化石中，考古学家发现了葡萄属植物的叶片和种子的化石。这一发现证实了早在新生代第三纪，葡萄属植物已经遍布欧亚大陆北部和格陵兰西部。1 万年前的新石器时代，在濒临黑海的外高加索地区，即现在的安纳托利亚（古称小亚细亚）、格鲁吉亚和亚美尼亚，都发现了积存的大量的葡萄种子化石。这表明，葡萄科植物早在 1 万年以前已经在地球上存在。

葡萄的远祖是生活于阳光充足地带上的灌木。随后，随着森林的扩张，为了获得对阳光的需求，在进化过程中葡萄的花序突变为卷须，并且获得了攀援习性。之后大陆的分离使得广阔的、连片的陆地被分割成几大块陆地，再加上第三纪上新世的冰河期中冰川的侵袭及长期以来生存不同生态环境条件下，葡萄逐渐由其原始祖先形成了许多种群。这些种群或由于难以适应环境的变化而灭亡，或逐渐适应环境而成为新的种群。例如，欧洲和中亚遭受冰川侵袭最严重，导致大部分葡萄种在欧洲绝迹，仅有在北欧南部的少量森林葡萄保存下来，成为后来普遍栽培的欧亚种葡萄的原始祖先，当地也因而成为欧洲葡萄的发源地。而东亚地区受冰川侵袭较轻，保存下来的葡萄种较多，约 40 余种，其中绝大多数原产于中国（贺普超等，1999）。目前，第三纪保留下来的东亚种群的葡萄野生种，适应了冰川的严寒而保存下来，有些在当地居民的无意识和有意识选择下形成了一些比较原始的栽培类型，是葡萄属中最大的东亚种群，这一种群在抗病、抗逆性方面具有较大的优势。北美洲受冰川的侵袭程度较轻，因而保存下来近 30 个葡萄种（贺普超，1995），因长期生存在不同的环境下，逐渐形成了许多种，由于北美洲东南部是葡萄根瘤蚜、霜霉病、白粉病等病害的发源地，因而美洲葡萄种群在长期的进化过程中多具有较强的抗病性。

综上所述，葡萄的起源地为北半球的温带和亚热带地区，即北美、欧洲中南部和亚洲北部，欧洲种葡萄是世界上人工驯化栽培最早的果树种类之一。全世界所有葡萄种都来源于同一祖先，但由于大陆分离和冰川的影响，使其分隔在不同的地区，进而经过长期的自然选择，葡萄种之间存在明显的区别，形成了欧亚种群、美洲种群和东亚种群。

二、我国内地葡萄的引种与栽培始于西汉

对中外考古资料的研究证实了葡萄传布和演化的过程与结果。据德·康多尔（AP. de Candolle）和瓦维洛夫（Н. И. Вавилов）的考察资料，大约 5 000～7 000 年以前，葡萄就广泛地栽培在高加索、中亚细亚、叙利亚、美索不达米亚和埃及。约 3 000 年以前，葡萄栽培业在希腊已相当兴盛，以后它向北沿地中海传播至欧洲各地，向东沿古丝绸之路传至新疆和中国内地，再传到东亚各国。因此，公认的说法是葡萄原产地中海和黑海地区，汉武帝时从西域引入我国。

我国有关葡萄的最早文字记载见于《诗经》。《诗·王风·葛藟》记载到："绵绵葛藟，在河之浒。终远兄弟，谓他人父。谓他人父，亦莫我顾"。此外，《诗·豳风·七月》记载到："六月食郁及薁，七月亨葵及菽。八月剥枣，十月获稻，为此春酒，以介眉寿"。表明早在殷商时代，我国劳动人民已经知道采集并食用各种野葡萄了，并认为葡萄是延年益寿的珍品，也从侧面反映早在殷商时代我国已存在野生葡萄。约 3 000 年以前的周朝，我国就存在了人工栽培的葡萄园。《周礼·地官司徒》中记载："场人，掌国人之场圃，而树之果、珍异之物，以时敛而藏之"。不过，那时葡萄的栽培还未普及，仅作为皇家果园的珍稀果品。

至于通西域的汉使张骞何时将葡萄种子引入内地，可从《史记·大宛列传》中对其通西域的经历中找出结论。张骞于公元前 138 年奉命带领百余人出使大月

氏，经陇西时被匈奴拘留 10 多年，后与随从逃走至大宛、康居，抵大月氏。公元前 128 年取道南山，欲经羌中（今青海）归国，中途又被匈奴扣留。公元前 126 年回到长安时仅剩 2 人。在这种情况下引种葡萄、苜蓿的可能性不大。公元前 119 年张骞奉命第二次出使西域，并派汉使抵大宛等国，这时从大宛引入葡萄是可能的。因此，我国内地葡萄引种栽培起始时间应不早于公元前 119 年。张骞出使西域，不仅将中国的丝绸带入西方，使中国的丝绸成为西方贵族的身份象征，而且将西域的葡萄栽培及葡萄酒酿造技术引进中原，极大地促进了中原地区葡萄栽培和葡萄酒酿造技术的发展。从此以后，西方的葡萄酒文化也随之在华夏大地上广泛传播。因而，史上有"葡萄自西域而来"之说。北魏贾思勰《齐民要术·种桃柰第三十四》说："汉武帝使张骞至大宛，取蒲陶（葡萄）实於离宫别馆尽种之"[1]。明代李时珍《本草纲目》卷三十三："汉书言，张骞使西域还，始得此种。"[2] 近代的学者也都是如此认为的。梁家勉《中国农业科学技术史稿》说："葡萄原产于地中海和黑海地区，是张骞通西域后才引入中原的。"[3] 杜若然等主编的《中国科学技术史稿》说："使通西域，带回蒲陶（葡萄）、苜蓿。"[4] 中国农学会遗传资源学会《中国作物遗传资源》也说："公元前 138—公元前 126 年，汉武帝派遣张骞出使西域，他从大宛国取蒲陶（葡萄）实，于离宫别馆尽种之。从此，我国内地开始栽培欧洲葡萄。"[5] 葡萄是当今世界上人们喜食的第二大果品，在全世界的果品生产中，葡萄的产量及栽培面积一直居于首位。我国栽培欧洲种葡萄最早的地方是新疆塔里木盆地西、南缘区域。李时珍在《本草纲目》上说："葡萄，汉书作蒲桃，可以造酒入醅，饮人则陶然而醉，故有是名。其圆者名草龙珠，长者名马乳葡萄，白者名水晶葡萄，黑者名紫葡萄。汉书言张骞使西域还，始得此种。而《神农本草经》已有葡萄，则汉前陇西旧有，但未入关耳。"由此得知我国栽培葡萄甚古，品种也多。据近代文献指出葡萄多分布于温带至亚热带地区，葡萄属植物全世界约 60 种，我国约 25 种，其果实除作为鲜食用外，主要用于酿酒，还可制成葡萄汁、葡萄干和罐头等食品。世界栽培品系有欧洲品系（European grape）及美洲品系（Fox grape）两大系统，两系杂交，育种后品种愈多，品质愈优良，其中又分食用品系和酿酒品系。全世界葡萄产量的 80% 以上用于酿酒，其余除了鲜食，还可以制作葡萄干、葡萄汁和罐头等食品。

---

① 缪启愉，《齐民要术校释》，农业出版社，1982 年，第 191 页。

② 李时珍，《本草纲目》，人民卫生出版社，1989 年，第 1885 页。

③ 梁家勉，《中国农业科学技术史稿》，农业出版社，1989 年，第 213 页。

④ 杜若然等，《中国科学技术史稿》上册，科学出版社，1982 年，第 162 页。

⑤ 中国农学会遗传资源学会，《中国作物遗传资源》，中国农业出版社，1994 年，第 880 页。

三、我国栽培欧洲种葡萄最早的地方是新疆塔里木盆地西、南缘区域

英籍匈牙利人马克·奥里尔·斯坦因在对今新疆和田地区民丰县以北古精绝国遗址——尼雅古城的发掘中发现，公元 1 - 3 世纪民居内有多处果园和葡萄园的遗址。在其《西域考古图记》一书中第四十九图展示了"尼雅废址之古代葡萄园"情景，并有记述："对于此地所起大变动的证据是在离小桥不远……一片低地之中，找到一所很大而保存很好的果园遗址。各种果树同葡萄架的行列都很整齐，虽已死去 16 个世纪，犹罗罗清，可以考见"。另书中还记述了对尼雅遗址中一处废宅的考察发现："其外面、院子或果园的防护篱笆以内，遗留着卷绕的葡萄枝，它们无疑曾蔓生于此"，并绘制了房址平面图，标出葡萄园在该遗址的东北与西南两处位置。以上考证说明葡萄在当时已不止是在庭院内种植，而是在成片果园内栽培并有一定的规模。我国考古工作者的考古结果也进一步证实了这一地区葡萄栽培历史的久远。1959 年新疆维吾尔自治区博物馆南疆考察队也对尼雅遗址进行了考察[①]，在编号为 59MN0010 房舍内，出土毛织品三种残片，其中一种是人兽葡萄纹彩，图案中有深目高鼻人像、虎、鹿等动物头形，有成串的葡萄、叶藤和小花丛纹饰，出土时图案清晰、色泽艳丽。在另一座 59MNM001 号东汉初期夫妻合葬墓中出土的女式绮纹长棉袄的领、袖口以及两肩垂腰处均镶有图案为葡萄、花树、人鸽、骆驼、雄狮、鹿（或牛）等人兽花鸟。在同一墓室内的一件腊缬棉布单左侧，绘有半身供养人像一躯，供养人裸体露胸，颈和臂间满佩璎珞，头后有背光，双手捧着一件尖长状容器，内盛葡萄供品，侧身向右。另在一件黑陶瓶肩部也刻有葡萄纹图案。在 1988 - 1996 年中日合作尼雅遗址考察中，于 1995 年发掘的一号墓地中发现："极度干燥的环境不仅使墓地内人身完好，锦被衣物如新，其他随殉文物也都似入土当年。木盆中无一例外均置羊腿，随插小铁刀，木碗内可见干缩了的葡萄、梨、糜谷饼"[②]。新疆维吾尔自治区博物馆 1983 - 1984 年发掘和田洛浦县山普拉古墓报告中记载：在 M01 墓坑出土织物上有葡萄图案，葡萄纹有条状变形的，也有独体的。考古人员参考 14C 测定年代和随葬器物年代，推算距今 2 295±75 至距今 2 000 年左右之间[③]。此古墓属古于阗地界，系古丝绸之路南道必经之地。综上所述，在公元 1 - 3 世纪，古精绝国已有相

① 新疆文物考古研究所，《新疆文物考古新收获》，新疆人民出版社，1995 年。
② 新疆文物考古研究所，《西域考察与研究续编》，新疆人民出版社，1998 年。
③ 新疆文物考古研究所，《新疆文物考古新收获》，新疆人民出版社，1995 年。

当规模的葡萄栽培，加上葡萄已在属于文化范畴的织物、随葬品中占有一定的位置，说明这一地区葡萄栽培的开始年代应早于当时。据王炳华对尼雅考古百年历史的资料进行综合考证认为："可以初步结论，尼雅遗址在西汉或西汉以前已经是一处有相当人口居住活动的小型绿洲"[①]。因此可以认定，最晚在西汉初期葡萄已引进尼雅及附近地区进行栽培。另据《史记·大宛列传》中记载："宛左右以蒲陶为酒，富人藏酒至万余石，久者数十岁不败。俗嗜酒，马嗜苜蓿"，这是汉武帝刘彻（前 140 年-前 87 年）派张骞（前 138 年）通西域见闻之记录，说明当时大宛（即今乌兹别克斯坦的费尔干纳盆地）左右地区葡萄栽培与酿酒已具相当规模。而同一书中对大宛左右的邻近国也有明确记述："其北则康居，西则大月氏，西南则大夏，东北则乌孙，东则于阗"。而于阗正是大宛东部古丝绸之路在新疆境内的重镇，因此，可推测，在古大宛时期葡萄已东传入新疆。公元前 3 世纪，古丝绸之路已畅通，又为葡萄栽培及酿酒东传提供了条件，说明我国新疆引进和栽培葡萄已有 2 300～2 400 年以上的历史。

四、我国内地葡萄栽培的演化历史

葡萄栽培及酿酒向东传入内地是从两个途径进行的：一是以官方为主的跨越式引入至陕西，二是以民间为主的渐进式东传。但二者均是进玉门关，过甘肃河西走廊，经陇坂高原传入陕西。汉魏之际的药物学著作《本草经》载："葡萄生五原、陇西、敦煌"。《剧谈录》载："汉时，凉州富人好酿酒，多至千余斛，积至十年不变"[②]。又据魏文帝（220－226 年）《凉州葡萄诏记》载："凉州葡萄味长汁多……酿以为酒，甘于米曲，善醉易醒"。可见早在汉代，葡萄东传已途经甘肃并在此地栽培发展。

葡萄从西域引入长安后，开始是在皇宫苑林中作为珍奇花果栽培。汉魏之际，逐向长安周边种扩栽并流入民间，成为一种经济作物。[③] 魏文帝曹丕在《示群臣诏》中载："中国珍果甚多，且复为葡萄，当其朱夏涉秋，尚有馀暑……"。这一时期，随汉王朝政治形势东迁，葡萄传入中原大地。据《洛阳伽蓝记》载：南北朝时，白马寺前"柰林葡萄异于余处，枝叶繁衍，子实甚大。柰林实重七斤，葡萄实伟于枣，味且殊美，冠于中京"。

山西、陕西两地一水之隔，据《山西清徐县志·林果业》载："汉朝时，

---

① 新疆文物考古研究所，《西域考察与研究续编》，新疆人民出版社，1998 年。

② 何永基，《甘肃武威的葡萄》，《中外葡萄与葡萄酒》（特刊），1999 年。

③ 仲高，《丝绸之路上的葡萄种植业》，《新疆大学学报》（哲学社会科学版），1999 年第 27 期。

马峪边山一带有一姓王的皮货商人，从大西北贩皮货，带回葡萄枝条在当地栽植成功后栽培渐广"。可见，汉通西域后，各地民间贸易直接与西域交流渐广，这已成为汉代葡萄东传入晋的途径之一。

《唐书》载："太原平阳皆作葡萄干，货之四方"。可见，唐代清徐已生产葡萄干并畅销内地。我国葡萄与葡萄酒发展在唐代达到鼎盛时期。据陈习刚考证："唐十道中种葡萄的达九道，只有岭南道未见葡萄种植的记载。唐时葡萄种植已分布于我国的西域、西北、北方、关中、河朔、西南（包括南诏）、吐番、甚至淮南地区，尤其是西域、河西、河东的太原地区以及长安、洛阳两京之地，在唐时已是葡萄的重要产地"。唐之前，内地消费的葡萄酒均来自西域，至"太宗破高昌，收马乳葡萄种于苑，并得酒法"①，此后中原地区开始推广酿造葡萄酒并很快形成可观的生产规模。也正是唐朝经济发达，国力强大，将西域稳定地控制在本土之内，西域的葡萄酒才能源源不断地流入内地，促进了中原地区葡萄及酿酒业的发展②。

元朝建立后，在仍然大量向西域索取葡萄酒的同时，在内地如山西安邑、大同，河北宣宁、燕京以及江南扬州诸处开坊酿制葡萄酒，使之不但成为上流社会中最流行的饮用酒，就是普通百姓亦能饮用。③《至正集》卷二一《和明初蒲萄酒韵》诗："汉家西域一朝开，万斛珠玑作酒材，真味不知辞曲蘖，历年无败冠尊。殊方尤物宜充赋，何处春江更泼醅"。忽思慧《饮膳政要》载："葡萄酒益气调中，耐饥强志。酒有数等，有西番者（葱岭以西），有哈剌火者（今吐鲁番），有平阳、太原者"。马可·波罗在《中国游记》中记载："太原府国的都城，其名也叫太原府……那里有好多葡萄，制造很多的葡萄酒……"。可见宋、元时期葡萄与葡萄酒的发展比唐朝更加兴盛。

由于欧洲葡萄不抗寒、不耐旱，所以向我国北方地区的扩栽需要相关技术与设施的支持，因此传入北方的时期较晚。传入东北大约在300～500年前④；传入内蒙古则只有300年历史⑤。另据林嘉兴考证：最早于清康熙十二年（1684年），台湾已引入欧洲种葡萄，光绪二十一年（1895年）引入美洲及欧美杂种。⑥明清时期，由于中原地区白酒的兴起和对西域控制力的减弱，以及西域地区主张禁酒的伊斯兰教的影响力扩大，葡萄酒生产及东输趋势缓退下

① 陈习刚，《唐代葡萄种植分布》，《湖北大学学报》（哲学社会科学版），2001年第28期。
② 钱易著，《南部新书》（丙卷）。
③ 王赛时，《古代西域的葡萄酒及其东传》，《新疆地方志》，1998年。
④ 贺普超、罗国光著，《葡萄学》，中国农业出版社，1994年。
⑤ 王丽雪，《内蒙古的葡萄栽培》，《中外葡萄与葡萄酒》（特刊），1999年。
⑥ 贺普超等著，《葡萄学》，中国农业出版社，1999年。

来，致使我国葡萄栽培及葡萄酒生产一直低于较低水平，直至近代。

第二节 文学中的葡萄文化

中国文学源远流长。在中国文学之源《诗经》的古老吟唱中，在南北朝时期诗人的慷慨悲歌中，在大唐的煌煌诗歌中，在大宋的洋洋词作中，再到后来元代、清代的文学篇章中，甚至到现当代作家的诗歌花园、散文苗圃中，我们都可以找到本书的主人公——葡萄的意象。

一、古代文学作品中的葡萄文化

（一）先秦时期文学作品中的葡萄元素

《诗经》中著名的农事诗《豳风·七月》云："六月食郁及薁"。《毛传》释曰："薁，蘡薁也。"蘡薁，读音为 yīng yù，是落叶藤本植物，枝条细长有棱角，叶掌状，有三到五个深裂，缘有钝锯齿，下面密生灰白色绒毛，果实黑紫色。俗称野葡萄、山葡萄、山㮏，可酿酒，亦可入药作滋补品。明代李时珍在《本草纲目·果五·蘡薁》中提到："蘡薁野生林墅间，亦可插植，蔓、叶、花、实，与葡萄无异。其实小而圆，色不甚紫也……其茎吹之，气出有汁，如通草也。"蘡薁，实质上是指我国特有的葡萄。由此可见，在张骞出使西域之前，我国葡萄栽培已经具有一定的规模和经验，只是品种不同而已。

（二）三国两晋南北朝时期文学作品中的葡萄元素

相传魏文帝曹丕曾特意诏群臣曰："蒲桃（葡萄）当夏未涉秋，尚有余暑，醉酒宿醒，掩露而食。其甘而不饴，酸而不酢，冷而不寒，叶长汁多，除烦止渴。又酿为酒，甘于曲糵，善醉而易醒。他方之果，宁有匹之者乎?"可见，这位三国时期的文人帝王，对葡萄的口味和功用都极度赞赏。

南北朝时期的著名诗人鲍照在其代表作《拟行路难》中有这样的诗句："奉君金卮之美酒，玳瑁玉匣之雕琴。七彩芙蓉之羽帐，九华葡萄之锦衾。红颜零落岁将暮，寒光宛转时欲沉。愿君裁悲且减思，听我抵节行路吟。不见柏梁铜雀上，宁闻古时清吹音。"其中，"七彩芙蓉之羽帐，九华葡萄之锦衾"一句，写到了葡萄。"七彩芙蓉"，是多种颜色的芙蓉花图案；"羽帐"，是用翠鸟的羽毛装饰的帐子；"九华葡萄"，是以许多葡萄组成花纹的图案；"锦衾"，则是用锦做成的被子。此二句加上首句的"美酒""雕琴"，都是写赠送给人的四件解忧之物。锦衾本已华美，加上葡萄的图案装饰，更是锦上添花，美感倍增。由此亦可见，在南北朝时期，葡萄就已经成为器物的图案纹样被人们所使用和喜爱。

（三）唐代文学中的葡萄元素

在唐代，葡萄出现在多位诗人的笔下。提到葡萄的古诗，最出名的，当首推唐代诗人王翰的《凉州词》："葡萄美酒夜光杯，欲饮琵琶马上催。醉卧沙场君莫笑，古来征战几人回？"其实，王翰的这首诗，和葡萄没有直接的关系，只是借葡萄美酒抒发感情：前两句读起来似乎优美浪漫，后两句却对战争无情发出无奈的喟叹。纵有葡萄美酒的鲜丽意象开篇，整首诗歌的调子依然是悲凉的。

唐代诗人沈佺期在《奉和春日幸望春宫应制》中写到："芳郊绿野散春晴，复道离宫烟雾生。杨柳千条花欲绽，葡萄百丈蔓初紫。林香酒气元相入，鸟啭歌声各自成。定是风光牵宿醉，来晨复得幸昆明。"此诗虽为奉和之作，但诗人笔下那如花似锦、生机益然的春天，也是写实之笔。"葡萄百丈蔓初紫"，写出了葡萄生机勃勃的情态，为美好的春光增色不少。

唐代李颀的《古从军行》非常有名："白日登山望烽火，黄昏饮马傍交河。行人刁斗风沙暗，公主琵琶幽怨多。野云万里无城郭，雨雪纷纷连大漠。胡雁哀鸣夜夜飞，胡儿眼泪双双落。闻道玉门犹被遮，应将性命逐轻车。年年战骨埋荒外，空见葡萄入汉家。"这篇以汉喻唐、充满反战思想的作品，以"葡萄"结句，说千军万马拼死作战的结果，却只换得葡萄种子归国，足见君王之草菅人命。诗作风格苍凉，结尾画龙点睛地揭示主题，充满讽刺力度，也从侧面印证了唐时葡萄引自西域的史实。

中唐时的诗人刘禹锡很喜欢葡萄，他亲自种植葡萄，并将自己辛勤栽种的葡萄酿成美酒。他有《葡萄歌》："野田生葡萄，缠绕一枝高。移来碧墀下，张王日日高。分岐浩繁缛，修蔓蟠诘曲。扬翘向庭柯，意思如有属。为之立长繂，布濩当轩绿。米液溉其根，理疏看渗漉。繁葩组绶结，悬实珠玑蹙。马乳带轻霜，龙鳞曜初旭。有客汾阴至，临堂瞪双目。自言我晋人，种此如种玉。酿之成美酒，令人饮不足。为君持一斗，往取凉州牧。"诗中记述：作者将生在野外的葡萄移栽到庭院台阶下，葡萄生长得一天比一天旺盛。葡萄长藤分枝很多，盘曲伏卧，有的枝条还伸向庭中的树枝，好像要寄托在上面。于是就搭设长架让它攀援，碧绿的叶子在窗前披散。用米泔水来浇灌葡萄的根部，还要疏松土壤让它输送营养。葡萄很快就开出许多花，结出累累像珠玑一样的果实。葡萄长得像带着轻霜的马乳，在旭日照耀下像是龙鳞一般闪烁光亮。从山西来的客人看了也瞪目结舌，说是用这样的葡萄酿成美酒，送上一斗给当权者，就可捞个凉州刺史的官职来当一当。诗的结尾，是借用东汉时代的典故——有个叫孟佗的人送了一斛葡萄酒给当时的宠臣张让，就捞了一个凉州刺史的官职，具有政治讽喻的意味。而前面十六句，描写移栽葡萄的整个过程，从移栽、搭架、浇灌、管理到收获后的用处以及葡萄生长各阶段的情况，都写得很生动、具体，体现出作者对葡萄的偏爱，也可以看出，这位唐朝诗人对葡萄栽培也是比较在行的。刘禹锡还有一首《和令狐相公谢太原李侍中寄蒲桃》："珍果出西域，移根到北方。昔年随汉使，今日寄梁王。上相芳缄至，行台绮席张。鱼鳞含宿润，马乳带残霜。染指铅粉腻，满喉甘露香。酝成十日酒，味敌五云浆。咀嚼停金盏，称嗟响画堂。惭非末至客，不得一枝尝"。在这首诗中，刘禹锡简单提及葡萄栽种的历史，浓墨重彩地描绘葡萄的形态（"鱼鳞含宿润，马乳带残霜"）和美味（"满喉甘露香。酝成十日酒，味敌五云浆"）。作者觉得，要是拿这葡萄酝酿成美酒，一定会比名酒五云浆更好喝。作者甚至写到：待到赴宴的最后一位客人到来时，葡萄已经一串也不剩了，以致于早到的客人都觉得难为情。这样运用了夸张手法的结尾，更体现出葡萄在当时颇受欢迎、"热捧"的程度。

中唐的诗坛领袖韩愈，也有一首专门描绘葡萄的诗《题张十一旅舍三咏·蒲萄》："新茎未偏半犹枯，高架支离倒复扶。若欲满盘堆马乳，莫辞添竹引龙须。"诗的大意是：当春新生的嫩茎已经长出，但还不是全部，葡萄藤还显露着大半枯枝。高高的葡萄架年久失修、支离败坏，已经倾倒过，主人只是随手又把它撑了起来，并没做什么修葺。主人要想让葡萄多多地结实，收获时节有堆满果盘的马奶子葡萄，就不要怕辛苦，再搭些竹架，让这葡萄凭着卷须攀援过去，使其有足够的生长空间。此诗形象写出葡萄生长的意态，细细品味，又蕴含着深意。此诗作于韩愈被贬、政治失意之时，因此托物言志，通过描绘葡萄生长之态，表达自己仕途困顿、渴望有人援引的心情，算是托物言志之作了。

唐彦谦有一首诗，标题即为《葡萄》："金谷风露凉，绿珠醉初醒。珠帐夜不收，月明堕清影。"此诗通篇用典：绿珠，是西晋时贵族石崇的爱妾，艳丽多才，最后坠楼殉情，香消玉殒；金谷园，即石崇的豪华别墅，位于洛阳市。诗人消减历史故事的悲剧色彩，只以金风飒飒中的古代美女来比喻葡萄，别具情趣。唐彦谦还在另一首《咏葡萄》中运用比喻来描绘葡萄的形态，也很生动："满架高撑紫络索，一枝斜亸金琅珰"。"紫络索"，写出了紫色葡萄果实累累的形态；"金琅珰"，是金属制的铃铎，即旧时悬挂于殿、塔四角或屋檐下的风铃，古代诗文中也喻指葡萄。

（四）宋元文学作品中的葡萄元素

宋代赵文在《苏幕遮·春情》一词中写到："绿秧平，烟树远，村燕声喧，凫雁归来晚。自倚阑干舒困眼。一架葡萄，青得池塘满……"词中写出人的慵懒闲情，"一架葡萄，青得池塘满"的"青"字用得尤其好，写出葡萄的颜色，池边的葡萄与池塘中的倒影青色相连，春意盎然。

由于葡萄及葡萄酒颜色美丽，不少文学家都在诗文中将其作为重要喻体，来比拟湖水、江水青碧的颜色、旖旎的美景。北宋大文豪苏轼在词《满江红》中提及葡萄："江汉西来，高楼下、葡萄深碧"。这里的"葡萄"，也是指葡萄酒。因为酒色深绿，苏轼就用以比喻高楼之下江水的澄清。与苏轼并称"苏辛"的南宋著名词人辛弃疾在《贺新郎》中写到："千里潇湘葡萄涨"，意思与前边刚刚提到的《满江红》一样，也是用葡萄酒来比喻潇湘江水之碧绿，引人遐思。宋末词人刘辰翁的《宝鼎现·春月》共有三阙，其中第二阙是这样写的："父老犹记宣和事，抱铜仙、清泪如水。还转盼沙河多丽。滉漾明光连邸第，帘影动、散红光成绮。月浸葡萄十里。看往来神仙才子，肯把菱花扑碎?"其中的"月浸葡萄十里"是说，月光泻在十里西湖上，湖面现出葡萄般的深绿色。月光、葡萄、西湖，美好的意象叠加，一幅月下西湖的美景已经浮现在我们面前。

苏辙则在《赋园中所有十首》里直接赞美葡萄："春来乘盛阳，覆架青绫被。龙髯乱无数，马乳垂至地。初如早梅酸，晚作醍酪味。谁能酿为酒，为尔架前醉。""龙髯""马乳"写葡萄的形态；"早梅酸""醍酪味"写葡萄成熟前后截然不同的味道——未成熟时的酸涩与成熟后的甜美形成对照，尤其突出了后者的美味诱人；最后，还写出对葡萄美酒的渴念。

元代诗人杨维桢在酒席中和人联句，以葡萄开篇："新泼葡萄琥珀浓，酒逢知己量千钟"，与知己畅饮葡萄美酒、畅叙人生况味，是怎么的一种惬意。元代才女郑允端也曾专门写过一首饶有韵味的《葡萄》："满筐圆实骊珠滑，入口甘香冰玉寒。若使文园知此味，露华不应乞金盘。"诗中，葡萄的形态被比喻成美丽圆润的"骊珠"，即宝珠，传说出自骊龙颔下，故名；葡萄的口感甚佳，甘甜又清凉。"文园"是汉文帝的陵园，后亦泛指陵园或园林。汉代皇帝用金盘承接所谓的"仙露"饮用，以期长生不老。元代女诗人借用此典，意思是说，如果西汉的皇帝知道葡萄的口味如同仙品，他又何必舍近求远、祈求仙露呢？这是极度夸赞葡萄的味道之美。

（五）清代文学作品中的葡萄元素

清代著名诗人吴伟业也写过《葡萄》："百斛明珠富，清阴翠幕张。晓悬愁欲坠，露摘爱先尝。色映金盘果，香流玉碗浆。不劳葱岭使，常得进君王。"他也一样运用了比喻来赞美葡萄外形之美，葡萄果实如同"明珠"，葡萄枝叶舒展，宛如"翠幕"。葡萄颜色之艳、味道之佳，与"金盘""玉碗"等精美餐具相映成趣，给人极强的美感。

二、现当代中国文学中的葡萄文化

翻开现当代文学史，外形美、味道佳的葡萄也是作家、诗人们的宠儿，常常被他们用文学之笔来描摹和赞美。

现代著名诗人闻捷在新疆工作期间，写下了反映新疆风貌和民族生活的大量诗篇，后来结集为《天山牧歌》。诗集当中的一组爱情诗《吐鲁番情歌》中的一首《葡萄成熟了》，就写到了吐鲁番的明星水果——葡萄：

马奶子葡萄成熟了，坠在碧绿的枝叶间，小伙子们从田里回来了，姑娘们还劳作在葡萄园。

小伙子们并排站在路边，三弦琴挑逗姑娘心弦，嘴唇都唱得发干了，连颗葡萄子也没尝到。

小伙子们伤心又生气，扭转身又舍不得离去："悭吝的姑娘啊！你们的葡萄准是酸的。"

姑娘们会心地笑了，摘下几串没有熟的葡萄，放在那排伸长的手掌里，看看小伙们怎么挑剔……

小伙子们咬着酸葡萄，心眼里头笑眯眯："多情的葡萄！她比什么糖果都甜蜜。"

闻捷的这首《葡萄成熟了》，以葡萄园这个生产劳动地点为背景，以葡萄为核心意象，写出青年男女对爱情的表达和追求，更让吐鲁番的葡萄誉满大江南北。之后，越来越多的人关注吐鲁番的葡萄，关注吐鲁番这片土地。

闻捷的诗歌唱响了吐鲁番的葡萄，当代著名作家石英也有一篇散文《葡萄沟写意》。在文章中，作者先赞美了葡萄沟甜美的马奶子葡萄和葡萄沟那生机勃勃的景象，随后笔锋一转，提出文章的核心问题："我所'少见多怪'的是，在葡萄沟，以及它附近与它格局相仿的地貌，山峰与山脊都是灰秃秃的，没有一点生命的颜色，说土不像土，说石头不像石头，好像在某种转化过程中，突然间被强行终止了，与沟底的鲜活颜色恰恰成为截然不同的对照！"之后，作者先用铁扇公主遗落芭蕉扇、唐僧取经归来遗落舍利子等穿越古今的美丽想象，尝试着诠释自己的疑问，最后得出理性分析的结论："由于葡萄甘在沟底为人间酿蜜，便得到总往低处流的水的充足滋养；而那爱钻营的山头由于高踞沿之上，从而脱离了水源，日久天长，被戈壁的热风灼去了满头青丝，变成了灰不溜秋毫无生气的摆设。任何的美也都不属于它，因为它已不能容纳任何鲜活的生命，生命也便远离开它"。其实，作者对葡萄的思考又何尝不是对人生的思考呢？作家运用了古今文学常用的托物言志之法，对葡萄甘美的探究，已经转为对葡萄精神的赞美：这，是对一种奉献精神的赞美。

现代著名作家汪曾祺写有散文《葡萄月令》。散文用"一月，下大雪""二月里刮春风""三月，葡萄上架""四月，浇水""五月，浇水、喷药、打梢、掐须""六月，浇水、喷药、打条、掐须""七月，葡萄'膨大'了""八月，葡萄'著色'""九月的果园像一个生过孩子的少妇，宁静、幸福、而慵懒""十月，我们有别的农活。我们要去割稻子。葡萄，你愿意怎么长，就怎么长着吧""十一月，葡萄下架""十一月下旬，十二月上旬，葡萄入窖"连缀全篇。以十二月份为基本框架，以葡萄的生长为基本线索，来组织文字。12个月的笔墨并非平均分配，而是有详写、有略写，错落有致。作者的语言有时接近通俗亲切的口语，并运用了拟人、比喻等多种修辞手法，他笔下的葡萄，既像可爱的孩童——比如"葡萄喝起水来是惊人的。它真是在喝哎！……浇了水，不大一会，它就从根直吸到梢，简直是小孩嘬奶似的拼命往上嘬"，又似美丽的精灵——比如"下过大雨，你来看看葡萄园吧，那叫好看！白的像白玛瑙，红的像红宝石，紫的像紫水晶，黑的像黑玉。一串一串，饱满、磁棒、挺括，璀璨琳琅。你就把《说文解字》里的玉字偏旁的字都搬了来吧，那也不够用呀！"读者从这样一篇看似自然平实、实则严谨有度的文章里，可以了解葡萄的生长规律，读出葡萄的生命轨迹，更能感受到葡萄那鲜活的生命力。

在网络上，我们还可以读到与葡萄有关的当代诗歌、散文。这些作品或借葡萄表达真挚爱情的心声，或借葡萄寄予人生哲理的思考，饶有兴味。比如作者为涂湘奇、刊登于短文学网（www. duanwenxue. com）的《葡萄情歌》，诗中写到："葡萄青青绿了，绿不过我心中姑娘波光。在青青日子，我遇见了葡萄姑娘。葡萄姑娘绯红脸颊，闪动动人波光。青青葡萄没有成熟，我心中姑娘看了看我，丢下我跑向她的闺房。我心中的葡萄姑娘"。作者直接将心中的姑娘称为"葡萄姑娘"，以葡萄青绿的色彩美来描摹姑娘眼波流盼的神韵美，引人遐思。我们读者可以相信，葡萄成熟的时候，也是"葡萄姑娘"和"我"爱情成熟的时候。又如作者笔名为"听花落的声音"、刊登于散文网（www. sanwen. net）的散文《野葡萄》：作者描绘了不同季节的野葡萄——春天，"野葡萄不是横向推进，而是纵向就地向上攀登。它身边树的树干上都烙有它的足迹"；夏日，野葡萄不是在高大乔木树枝缝隙间施舍下来的阳光里忍气吞声，而是"奋起抵抗"，"虽然它是柔软的，也没有实实在在的骨架，但它有它的坚韧意志，它有它的不屈精神。它不在乎那些高高在上的乔木。它一步一步坚实而有力。始终抬着它的头。无情的风雨再大，也乱不了它的身形"；秋季，野葡萄没有因结满果实而骄矜自得，而是"静静的把它的果实奉献给那些即将迁徙的鸟儿们"，看到"鸟儿笑了"，野葡萄"平静的沉睡了。直到来年春天"。也是以物喻人，也是托物言志，作者笔下的野葡萄蕴含着坚韧不屈、默默奉献的美好品质，闪烁着超越自我的精神光辉。

第三节　美术中的葡萄文化

在绘画、雕塑等美术领域，葡萄也是艺术家们的宠儿。从古至今的画家们，为葡萄腕底生花，泼洒丹青。年画、雕塑中的葡萄，寄予着人们对吉庆好运的期待，对如意生活的希冀。至于葡萄作为器物纹样来装点生活、预示吉祥，则更是古已有之，至少从 1 000 多年前的唐代就已流行。

一、绘画

在中国古今的画家中，有不少擅长画葡萄的大师。例如——

明代著名才子徐渭（1521—1593），字文长。他的泼墨写意花鸟画，别开生面、自成一家。其花鸟画兼收各家之长而不为所限，大胆变革，极具创造力。其写意画，无论是花卉还是鸟类，皆一挥而就，一切尽在似与不似之间。他的水墨葡萄，串串果实倒挂枝头，鲜嫩欲滴，形象生动；茂盛的叶子以大块水墨点成，风格疏放，重神似而不求形似，代表了大写意花卉的风格。徐渭曾有一首《题葡萄图》："半生落魄已成翁，独立书斋啸晚风。笔底明珠无处卖，闲抛闲掷野藤中。"关于此诗，颇有渊源。

明嘉靖年间，官居别驾的雷鸣阳在净众寺后的南山上，由下至顶建造了三座十分精致的山亭，史称"鸣阳三亭"。亭子建好后，还没有为亭子题名立匾。雷鸣阳想请一位博学多才的名士依山景转换之状，题写三座亭名，他想到了当时的著名才子徐渭。

徐渭不负厚望，上山观景拟名，劳累一天，为鸣阳三亭题写了"滴翠亭""怡心亭""观潮亭"三块匾额。题后，见晚霞吐彩、日色已晚，就借宿在净众寺中。闲来无事，徐渭想与方丈对弈一局。刚踏进方丈室，迎面墙上挂着的一幅《葡萄图》吸引了他。他仔细观赏，精心揣摩，觉得此图神形皆备、栩栩如生，非高手难以绘就。只是如此精美之图，为何没有题字落款呢？徐渭感到十分纳闷，就向方丈请教。方丈解释道："这是先朝敝寺祖师智渊大师遗作。因他一生喜爱自己栽种的野藤葡萄，又擅长绘画，故留下此图，成为本寺历代传世之宝。至于没有题字落款，先祖师曾有遗言，凡能看得中此画的人，必是饱学之士，务请题字落款；平庸之辈，不可与之涂鸦，免得污了此图。因此多少年来，无人敢为此图题字落款。""噢，原来如此！"徐渭释然道。方丈又道："施主乃大明才子，贫僧早有耳闻。今日有缘光临敝寺，实在是三生有幸，恳请施主为先祖师遗图增色。题诗既为敝寺增光，亦为先祖师遗图，请施主幸勿推却。"徐渭见方丈一片至诚，难以推诿，只得从命。他凝视着葡萄图，思虑良久，心想："智渊大师能从山间野藤葡萄中寻觅良种栽培，以其扬名；而我满腹文才，却似明珠覆土、无人识得，只落得仕途失意、一生坎坷，如今年已五旬，还颠沛流离……"想到这里，不由悲从中来，于是提笔在图上写下了这首《题葡萄图》。他叹息"明珠"一样的葡萄无人赏爱，只能被"闲抛闲掷"。其实，这首葡萄画作的题诗，正是徐渭对自己怀才不遇、身世飘零的悲愤感叹。

我们将目光转向现代画坛，更能找到多位善画葡萄的艺术家。比如现代国画大师齐白石。齐白石有不少以葡萄作为创作题材的画作，如《紫藤葡萄》《松鼠葡萄》《葡萄蚱蜢》等，都很精彩。以《松鼠葡萄》为例：画面中粗壮的松树下，葡萄藤缠蔓绕，果实累累。墨笔画出几片巨大的葡萄叶，蓬勃的葡萄叶间，龙蛇般穿插的是蜿蜒曲折的葡萄藤，或浓或淡，藤叶以书法入画，如行草般纵横挥洒、酣畅淋漓。一大串成熟饱满的紫色葡萄，以没骨法圈出，从叶子后直直垂下，笔致写意却又晶莹如生。葡萄架下两只可爱的松鼠，正翘着蓬松的尾巴，各自低头抱着一颗葡萄，大啖不止。松鼠姿势神态极为生动，而淋漓的色墨更使得这幅作品给人以气势两旺的视觉享受。而松鼠、葡萄加上长寿的松树，题材寓意多子多福、生生不息，可谓白石老人大写意的精品佳构。

原西南师范学院教授、重庆国画院副院长苏葆桢。苏葆桢所画水墨、彩墨葡萄，莹然鲜活，明润典雅，独具一格。因其葡萄画声名远扬，在国画爱好者和收藏者心中有"苏葡萄""中华葡萄第一人"等雅号。苏葆桢的葡萄画，着重表现那粒粒饱满晶莹的浅紫色或深墨色的葡萄串，展示其丰盈充实之美。他利用水墨和生宣中棉料净皮纸的性能，采用"圈写法"，用精简的两笔完成葡萄的形状，利用墨色的淡浓和中间留出的高光，画出水分饱满的葡萄，并将葡萄组成一球球富有立体感的葡萄串，表现枝头葡萄的空间感。他不只使用水墨画葡萄，还运用花青、曙红、胭脂、藤黄相调配，画出紫色葡萄和绿色葡萄，并将紫、墨、绿三色画出不同颜色的葡萄串，配以篮子、盘子或各色花卉，表现不同情景下的葡萄。1989年10月，在四川人民美术出版社出版的《苏葆桢画彩墨葡萄》一书中，他对葡萄的叶、藤的画法，水墨葡萄、彩色葡萄的绘制程序等都有详尽讲解。

重庆西南大学美术学院教授方凤富。方凤富从艺半个多世纪，画得最多、用功最勤、影响最大的就数葡萄了。他爱葡萄、种葡萄、吃葡萄、画葡萄，经年累月，乐此不疲，多有心得与感悟。多年来，他潜心写生、创作、教学与研究，其笔下，画了上万张写生稿和葡萄画，如水墨葡萄、彩色葡萄、藤子葡萄、架子葡萄、盆栽葡萄、盘子葡萄、巴蜀葡萄、新疆葡萄，乃自罗马尼亚白葡萄和法国葡萄。工者细致入微，放者狂笔挥扫。总之，他的葡萄画常以大幅画面撼人心魄，且形式多样，画留余香。

出生于山东邹平的画家张以军。现为中国美协、书协山东分会会员、济南市艺术研究院特约研究员、济南大有书画院院长、羲之书画院顾问。他在写意花鸟画方面达到较高水平，特别在葡萄画方面技有独创。他以近年新品"红提"葡萄为创作依据，以红色为亮点，辅以多种色彩重墨渲染，红绿相映，纵横开阖，大胆突破了以浅淡素雅和紫色为主调的传统画法，使画面丰厚亮丽、新艳明快，更有视觉冲击力，更具时代感，也形成了个人的独特风格，因而得到专家的认可、群众的喜爱、市场的青睐。妇孺皆称赞张以军画的葡萄"逼真、透明、好看、想吃"。著名国画大家张登堂先生欣然为其挥笔题写"葡萄张"，遂以"葡萄张"雅号享誉齐鲁画坛。

年画，是民间艺术百花园中一朵娇美的花。色彩鲜丽、寓意吉祥的年画中，也少不了葡萄的身影。

天津杨柳青雕版年画历史悠久，远近驰名。民国以后，由于印刷技术的发展，杨柳青年画逐渐为石印及胶印年画所取代。年画题材多样，如娃娃画、风俗画、动物画、风景画，等等，都寓意吉祥。比如年画《富贵花开》，画面中的瓶子，取"平安"之意，瓶中插着的牡丹花、菊花和百合花，象征着富贵吉祥、夫妻和美；花瓶旁边的果盘里，有寿桃、佛手、葡萄和切开的西瓜，表示长寿多福、多子多孙等美好祝愿。中国人讲究人丁兴旺，又白又胖的娃娃受到人们的宠爱，娃娃画自然也受到人们的欢迎。娃娃画的主角，都是梳髻的古代娃娃，有的短衣短裤，有的系一兜肚，十分天真烂漫；娃娃画中的重要配角，则由很多预示吉祥如意的动物、植物充当。比如年画《水果丰收》，画面就是三个胖娃娃围在水果旁，水果有葡萄、石榴和佛手。画作中的葡萄、石榴、佛手，象征着"多子、多福、多寿"的含义，表达了人们对美好生活的期盼。

年画中也有"老鼠吃葡萄"的图样。2010年，一幅罕见的《老鼠吃葡萄》木刻年画印模现身于陕西省商洛市丹凤县棣花镇。该木刻版图长61厘米、宽26厘米，上面形象地刻有两条葡萄藤，在密叶交织中结了四串葡萄，三只小老鼠正在偷偷地啃噬葡萄。印模雕刻精致，画面情景真实、惟妙惟肖。该印模的材质是核桃木，这类木刻年画在明清时期比较多，近年来基本绝迹，因此很有收藏价值。

二、雕塑

葡萄果实堆叠，密集又多子，符合中国传统文化中多子多孙多福的理念，旨在祈子，寓意深远。青翠的葡萄叶、苍劲的葡萄藤、纯净晶莹的葡萄果实，以及发达深邃的葡萄根系、攀缘坚守的葡萄藤蔓，都是葡萄强大生命力的象征。人们将葡萄作为重要的吉祥植物，视其为吉祥文化的载体，也就不难理解了。葡萄作为中国吉祥文化的典范载体，在很多雕塑作品中也可以找到例证。例如比较常见的"松鼠葡萄图案"——葡萄意在多子，松鼠实质上是老鼠的变通，鼠在中国传统的十二生肖中又居首，对应地支中的"子"位，故有"鼠为子神"之说。子神与多籽的葡萄相结合，强化了繁衍求嗣的功能，隐喻着多子多福、人丁兴旺的愿望。例如一些高门府第建筑中雕刻的古藤葡萄图案，古朴典雅，象征府第主人情趣高雅、节操坚定，也隐含事业发达、子孙兴旺的美好意愿。

三、器物图样

在上文谈到南北朝时期鲍照的《拟行路难》中，已经出现了以葡萄作为图案纹样的锦被。到唐代，葡萄已经是锦缎、壁画、铜镜等物品上经常使用的图样。由葡萄、牡丹、莲花、石榴等花果组合构成的卷草图案，也称"唐草"，是唐代具有代表性的图案纹样之一。隋唐时，更多葡萄纹饰的丝织品经丝绸之路进入了西域。1915 年，在吐鲁番阿斯塔拉墓葬中发现了一批以"萨珊式"织锦所作的覆面，其中有萨珊式联珠葡萄鹿纹锦覆面，这说明中国内地在丝织品上编织葡萄图案的做法已为伊朗萨珊王朝所仿效。而这种萨珊式织锦又经西域传入中国内地，为唐人所仿效。这种葡萄对鹿纹还见于其他器物上。中国社会科学院考古研究所藏有陕西西安大明宫三清殿遗址出土的盛唐葡萄奔鹿纹残方砖。1995 年，敦煌佛爷庙湾发掘的 30 余座唐墓中，墓室和甬道均铺以模印花纹砖，有缠枝葡萄、莲花、缠枝莲花、玄武、神兽等纹样。其中的一块葡萄纹花砖属首次出土，砖的正面模制凸起的葡萄纹，立体感很强，制作得十分形象逼真，为国家一级文物。1965 年吐鲁番阿斯塔拉出土有唐时白地葡萄纹印花罗，1972 年又出土有唐时褐地葡萄叶纹印花绢。唐时葡萄纹样的丝织品，在当时诗里亦有大量反映：如盛唐诗人岑参的《胡歌》："葡萄宫锦醉缠头"，盛唐诗人施肩吾的《古曲五首第三》："朝织蒲桃绫"，中唐诗人李端的《胡腾儿（一作歌）》："葡萄长带一边垂"，中唐诗人白居易的《和梦游春一百韵并序》："带襦紫蒲萄"，晚唐诗人曹松的《白角簟》："蒲桃锦是潇湘底"，等等。[1] 其中，"蒲桃""蒲萄"都是葡萄在当时的别称。

唐代葡萄镜，尤其是瑞兽葡萄镜，种类繁多，影响深远，在唐高宗和武则

---

[1] 陈习刚，《隋唐时期的葡萄文化》，《中华文化论坛》，2007 年第 1 期。

天统治时期尤为流行。唐代铜镜具有流畅华丽、清新优雅的风格，纹饰流行团花、瑞兽、瑞兽葡萄、瑞兽鸾鸟等，其中"串枝葡萄鸟兽蜂蝶图案"是唐代较为流行的铜镜纹饰之一。例如在陕西省西乡县出土的唐代瑞兽葡萄纹镜中，葡萄花纹就占了很重要的地位。该铜镜直径 29.6 厘米，镜内区中，在盘绕的葡萄藤蔓之间，有 8 只形状似狮非狮、憨态可掬的动物在奔跑嬉戏；外区以密集的葡萄纹及两两相隔的禽鸟和瑞兽作装饰，边缘饰以流云。葡萄柔长的枝条、舒展的叶片、丰硕的果实与生动活泼的瑞兽、纷飞的禽鸟构成了一幅妙趣横生的画面，繁花锦簇，装饰满密，风格十分特殊。唐人认为葡萄能益气强志，使人延年益寿。另外，葡萄藤叶茂盛、翠绿喜人，其果实繁密晶莹、令人喜爱，这些都是使葡萄成为装饰题材的重要因素。唐朝工匠在以葡萄为装饰的艺术品中又对它赋予了新的含义：比如，长长的藤叶象征着长寿，而一串串的果实象征着多子和富贵。总之，美丽的造型和吉祥的寓意都让葡萄成为艺术品中常见的图案和纹饰。

第四节　民间葡萄文化

一、民间工艺

葡萄作为器物纹样，历史悠久；葡萄作为寓意吉祥的图案，也屡屡经过画家、雕刻家之手，留下永恒的美丽。其实，葡萄也备受中国民间艺术家的青睐，在剪纸、雕刻、面塑、玻璃工艺等诸多民间艺术领域，葡萄造型也一样大放异彩。

（一）剪纸和雕刻

在民间剪纸艺术中，也常常能看到葡萄的优美造型，而且，葡萄在剪纸中也常常与老鼠组合在一起，形成"老鼠吃葡萄"的图样。这种图案也是借老鼠繁殖能力强、葡萄多籽的自然现象，来表达人们对子孙繁衍不息的祈望，是生殖崇拜的一种反映。核桃雕刻艺术中，也有"松鼠葡萄"的纹样；民间的石雕作品中，也不难发现葡萄的图案。例如浙江青田石雕的名艺人张仕宽（1895—1960），就最擅长雕刻葡萄，有几十年的创作经验。1952 年 2 月，他参加鹤城镇石刻小组，创作了石雕《葡萄山》。作品《葡萄山》布局新颖，取色奇巧俏丽，整个画面由山石、葡萄、松鼠等组成：小松鼠玲珑可爱，葡萄枝叶繁茂、果实累累，雕工精细，令人叹服。《葡萄山》在 1953 年全国民间工艺品展览会、浙江省民间美术工艺品展览会以及国外多次展出，获得国内外各界的一致好评。

（二）面塑

面塑，俗称面花、礼馍、花馍等。它以糯米面为主料，调成不同色彩，用手和简单工具，塑造出各种栩栩如生的形象。捏面人真正始自何时已不可考，但从新疆吐鲁番阿斯塔那唐墓出土的面制人俑来推断，距今至少已有一千多年了。南宋《东京梦华录》中对捏面人也有记载："以油面糖蜜造如笑靥儿。"那时的面人都是能吃的，谓之为"果食"。而民间对捏面人还有一个传说：相传三国时诸葛亮征伐南方，在渡泸水时忽遇狂风，机智的孔明随即以面料制成人头与牲礼模样来祭拜江神。说也奇怪，队伍竟安然渡江，从此凡执此业者均供奉诸葛亮为祖师爷。如今，面塑在中国，特别是在中国的面食大省——山西，仍焕发着活力。葡萄，在面塑中也同样被人赋予吉祥涵义，受人青睐。例如在山西霍州，春节来临前，农家妇女用家庭自磨的精粉按当地习俗捏成小猫、小狗、玉兔等动物造型和葡萄、石榴、佛手等水果造型的面塑制品，以象征和睦友爱、多子多福、长寿吉祥，祝愿万事如意。在平阳，孩子过生日及男婚女嫁时，姥姥家皆要制作直径尺余的"箍拦"，即一个圆形面圈，上面塑着各种花卉动物、十二属相，如"麒麟送子""鱼儿钻莲""龙凤呈祥"等，取其吉利。其中，也包括我们上文多次提到的"松鼠吃葡萄"的经典造型。总之，葡萄的吉祥涵义可谓深入民心。

（三）玻璃葡萄

北京传统工艺中，玻璃葡萄曾名噪一时。其创始人——蒙古族正蓝旗韩其哈日布的妻子被慈禧封为"常在"，韩其哈日布为示感恩而改名为常在，因此这一工艺被称为"葡萄常"。"葡萄常"的传统工艺是：先把玻璃烧成液状，然后用一根金属管粘到上面，吹成空心的葡萄珠。再经过贯活、蘸青、攒活、揉霜等一系列工艺流程，最后烧制出水灵的玻璃葡萄。由于种种原因，这一工艺曾销声匿迹。直到1978年，北京市有关部门和崇文区政府联合寻访到了"葡萄常"传人，结合1978年举办首届全国工艺美术展览会的大背景，街道成立了"葡萄常联社"，并招募待业青年前来学习制作，"葡萄常"才重返人间。随着时代的变迁，曾经的制作工艺已不能满足现代人的审美要求。"葡萄常"的传人不断创新，增加了葡萄的颜色，由原来单一的紫色，变成了青色、深紫、紫中带青等等更加逼真的颜色。最后一道工序——揉霜也更为讲究。2005年，"葡萄常"加入北京百工坊；2007年，"葡萄常"成为北京市非物质文化遗产。

实际上，现代艺术品中，以葡萄元素为主题的工艺品种类繁多——例如玉石葡萄摆件：葡萄果实和叶子都取自天然玉石，保持了玉石本身自然的纹理和颜色，很值得珍藏。还有一些造价不高、但做工精巧的小饰品——毛线制成的葡萄挂件、形象逼真的串珠葡萄项链、细致精巧的葡萄十字绣品、充满田园气息的葡萄桌布，等等。

(四) 盆景

盆景艺术也是中国的传统艺术。盆栽果树和果树盆景具有很强的美化效果，可以在大型宾馆、饭店做装饰品，也可以建成空中果园、微型果园。葡萄、苹果、海棠、山楂、梨等果树，均可盆栽，成为别具一格的艺术盆景。果树盆景因其特有的魅力和情趣，被园林专家赞誉为将"新、奇、妙"融为一体的活体艺术。葡萄盆景形态各异、粒粒玲珑，有生意兴隆之美好寓意；叶片淡绿鲜嫩，叶色美观，果穗似露非露，成串下垂，又能给观赏者以清心悦目之感。

制作葡萄盆景，有很多注意事项：制作时，应该选择高大粗壮的桩基培植，造型空间大，容易发挥想象力；选择质地坚硬、排水透气良好、体积稍大的花盆，以保证葡萄根部有足够的空间，这样才能使其全身营养畅通；选配土壤时，要选择 1/3 沙土和 2/3 黑土，配一些木屑或煤渣，拌匀培紧，以保证盆中根部的松紧度适中，有较好的透气性。从观赏性和实用性综合考虑，制作盆景的葡萄，应选择果粒大、果形及穗形美观、色泽艳丽、观赏期长的优良品种。例如果粒深紫红色、有浓郁的玫瑰香味的"玫瑰香"，果粒紫黑色、有甘甜草莓香味的"巨峰"，果皮紫红色、果肉硬脆的"晚红果"等等。从葡萄的形态上来说，适宜选择高大粗壮的葡萄桩基，利于修整成中高型盆景；枝条以舒张飘逸、荡漾婆娑为宜；叶片在萌发生长期要尽量多留，而到"圆果累累挂枝头"时，叶片则应多去、少取、精留，以衬托青紫溜圆的葡萄果；养果要注意疏密搭配，可以运用夸张手法，以突出"观果"的主题。一件理想的葡萄盆景作品至多两年就可成型。葡萄盆景以观果为主，秋后叶落，群果毕现。这时可移到屋内养护，经常在果上喷洒雾水以保鲜。盆土以土表不裂缝为宜，一周移入屋外无风处晒阳两次。这样可以保持鲜嫩青紫的葡萄果在枝头挂至深冬，雪天观葡萄，则别有一番韵味。

二、音乐及歌舞

说到关于葡萄的歌曲，我们首先会想起那首曾风靡一时的《吐鲁番的葡萄熟了》。这首由瞿琮作词、施光南作曲的歌，用婉转悠扬的旋律与真挚动人的歌词向人们讲述了一个名叫阿娜尔罕的维吾尔族姑娘和驻守边防哨卡的战士克里木的爱情故事，传递出了爱国热情与纯洁爱情交织成的浓浓深情，于 1980 年被评为优秀群众歌曲。

这首把对祖国、对生活的爱和对情人的爱融合在一起的优美歌曲，经过罗天婵、关牧村等歌唱家的演绎，更充满了感人的深情。据说，著名女中音歌唱家关牧村演唱《吐鲁番的葡萄熟了》后不久，突然收到了一位陌生的新疆姑娘的来信，信上说要感谢关牧村挽救了她的爱情。原来，那真是一位名叫阿娜尔罕的维吾尔族姑娘发来的。她说，自己的情形和歌里唱的很相像，原来的男朋友恰巧就是叫克里木，也是一位边防的战士。因为克里木一心驻守边防哨卡，老是回不了家，两人无法见面，阿娜尔罕一气之下就写信与克里木断绝了关系。后来，听了《吐鲁番的葡萄熟了》，被歌里忠于爱情的阿娜尔罕感动了，于是就主动写信给克里木，支持他驻守边疆。姑娘在信中感激地说，是《吐鲁番的葡萄熟了》这首歌让她主动写信给克里木和好如初的。看来，这首以葡萄为主人公的歌曲功劳不小！

在英国和美国，都曾流行过一种舞蹈形式——葡萄酒舞（Vintage Dance），原本是在葡萄采收时，庆祝丰收的一种舞。其历史悠久，是属于休闲性质的团体舞蹈。葡萄酒舞曾在下列特定时期盛行过：英国摄政时期（1795—1820 年）、美国内战时期和维多利亚时期，等等。

在我国，著名的维吾尔族舞蹈家阿依吐拉以舞蹈《摘葡萄》而闻名。阿依吐拉生于 1940 年。1959 年，她带着《摘葡萄》这个舞蹈参加了第七届世界青年学生和平与友谊联欢节并一举荣获金奖，为祖国争得了荣誉。该舞蹈一开始，就通过节奏独特的鼓点与舞者稳重、挺拔的横晃、绕腕点步等动作，把观众带进那素有"葡萄之乡"美誉的新疆。舞蹈中的亮点之一，就是编导撷取维吾尔族典型的、富有代表性的劳动"摘葡萄"为素材，成功地把切身的生活感受转化为具有浓郁生活气息的舞蹈艺术作品。

二胡，号称中国民乐之王。有一支著名的二胡曲，就与我们现在谈论的主人公——葡萄有关：《葡萄熟了》是周维先生根据新疆维吾尔族音乐主题创作的一首脍炙人口的二胡独奏曲，它生动地描写了新疆人民在葡萄收获季节载歌载舞、欢庆丰收的动人场面。作品结构严谨、曲式鲜明，曲调清新优美，风格浓郁独特，节奏清新明快，情绪热烈奔放，是不可多得的、表现我国少数民族音乐风格特征的精品。此曲成为各大音乐院校的教材，也是二胡考级的指定曲目之一。

以委婉抒情见长的古筝，也有与葡萄相关的曲子，叫做《葡萄架》。此曲最早为"河南曲子"曲牌，后来发展成"板头曲"。主要表现了葡萄成熟时，人们在葡萄架下进行采摘时的欢乐情景。乐曲旋律明快、活泼，节奏富于跳跃感。

三、民间故事

无论是在我们的日常生活里，还是在中外俗谚故事中，葡萄的形象都屡见不鲜。与之相关的民俗，寄托了人们对美好生活的殷殷憧憬；与之有关的儿歌童谣，以活泼有趣的形式"寓教于乐"；与之相关的俗谚，寄予深邃的人生哲理；与之相关的民间故事，或阐明深刻的道理，发人深省，或简介葡萄作为地方特产的发展历史和相关传说，也饶有一番兴味。

（一）故事和谚语

著名的《伊索寓言》是一部寓言故事集，相传伊索是公元前 6 世纪的古希腊人，善于讲动物故事。现存的《伊索寓言》，是古希腊时代流传下来的故事，经后人汇集，统归在伊索名下。其中，有一则故事名为《狐狸吃不着葡萄说葡萄酸》，就与葡萄有关。故事如下：

在一个炎热的夏日，一只狐狸走过一个果园，它停在了一大串熟透而多汁的葡萄前。它从早上到现在一点儿东西也没吃呢！狐狸想："我正口渴呢。"于是他后退了几步，向前一冲，跳起来，却无法够到葡萄。狐狸后退了几步继续试着够葡萄。一次、两次、三次，但是都没有得到葡萄。狐狸试了又试，都没有成功。最后，它决定放弃，它昂起头，边走边说："我敢肯定它是酸的。"正要摘葡萄的孔雀说："既然是酸的，那就不吃了。"孔雀又告诉了准备摘葡萄的长颈鹿。长颈鹿没有摘，而是告诉了树上的猴子。猴子说："我才不信呢，我种的葡萄我不知道吗？肯定是甜的。"猴子说着便摘了一串吃了起来，吃得非常香甜。

借狐狸吃葡萄的故事，这则寓言告诉人们：在经历了许多尝试而不能获得成功的时候，有些人往往故意轻视成功，欺骗别人和自己，以此来寻求心理安慰。这种想法并不可取，甚至可笑。这个著名的寓言故事还产生了一个我们熟知的俗语，即：吃不到葡萄，反说葡萄酸。

还有著名的吃葡萄的故事，其实也蕴含了人生哲理：两个人吃葡萄：一个光吃最好的，一个光吃最坏的。一个想的是：我剩下的永远是最坏的；一个想的是：我剩下的永远是最好的。我们现在把这两种思想归结为"先甜后苦"和"先苦后甜"。

"先甜后苦"的吃葡萄方法：将一串葡萄拿起来先观察，然后下手摘取最好的那颗喂到嘴里，每次吃的那一颗都是剩下的葡萄中最好的葡萄。可吃着吃着，吃葡萄的人就吃不下去了，因为一颗比一颗差，越来越酸或苦，结果一串葡萄没有吃完，自己就觉得没有意思了。

第二种吃葡萄的方法是"先苦后甜法"：他将每串葡萄中差的先吃掉，每次吃的都是较差的，这样每次吃的葡萄都比前一颗甜，而且是越来越甜，他充满希望地越吃越有信心，感叹道葡萄真是一种美味的水果，太惹人喜爱了。

不同的人，面对一串葡萄，会有不同的吃法，体现出不同的思想性格和人生取向，颇令人深思。

说到有关葡萄的俗语、歇后语，其实很多。有的风趣诙谐，比如：不熟的葡萄——酸得很，冬天吃葡萄——寒酸，发了霉的葡萄——一肚子坏水；有的富含积极向上的哲理，比如维吾尔族谚语：自己的双手寻来的果实，哪怕是酸的，吃起来也像葡萄；比如英文谚语：The sweetest grapes hang the highest（最甜的葡萄挂在最高的地方）。

除了新疆吐鲁番和山西清徐，河北宣化的牛奶葡萄也很有名。宣化的牛奶葡萄皮薄肉厚，剥了皮也不流汤，还能切片做拔丝葡萄。说到它的来历，也有一段与历史相关的动人故事。

西汉时期，汉武帝派张骞出使西域。张骞来到大宛国地界，品尝了美味的葡萄，并打听明白葡萄栽培的方法。回朝时，为了把西域的葡萄移进中原，他历经辛苦带回了三根葡萄条。回到汉朝复命完毕，张骞又走出京城，四处寻找适合栽种葡萄的地方。一天，他走出雁门关，来到朔方九联村地面（即现在宣化县境内）。但见那里山川明秀、风景宜人，黄色的沙土下覆盖着一层肥实的黑土，是块种葡萄的好地方。张骞十分高兴，决定把葡萄条留给一个可靠的人栽种。可方圆百里只有九联村一个村庄，村里只有十几户人家，多靠打猎为生，张骞不禁作难起来。这时，一个白须长髯的老汉走到街上，张骞看他举止稳健、老实憨厚，忙上前施礼，说明来意。老汉满口答应。张骞从百宝箱中取出珍藏多日的葡萄条，郑重地交给老汉。临走，张骞嘱咐道："望你好生培育，赐福后人。"

老汉收下葡萄条，生怕被风沙打坏，就在院内挖上坑，把三根葡萄条栽种在一个背风向阳地方。经过老汉的精心掇弄，葡萄条发了芽、扎了根，长得枝繁叶茂。

可是好景不长，偏偏遇上个大旱年，直旱得井枯河干、人畜难保，葡萄眼看就要枯死。老汉见此情景，如同万箭穿心，想起张骞的嘱托，不由放声大哭起来。嗓子哭哑了，泪水哭干了，眼里滴滴嗒嗒流出血来，滴在葡萄坑里。霎时，电闪雷鸣下了一场大雨。雨过后，三架葡萄又绿葱葱地返活了，藤上结满了葡萄球。

自此，宣化便有了甜酸甜酸的白牛奶葡萄。当葡萄熟得黄白透亮时，会现出一缕缕细细的红丝，那就是当年种葡萄的老汉流在上面的血泪。[①]

---

① 张家口林业局网站，http://www.zjk.gov.cn/article/20111102/000472147 — 2011 — 01069.html.

还有关于山葡萄的传说——

大唐贞观年间，正值葡萄成熟的时节。大泽山下，一条蜿蜒的山路上走来一位美丽的姑娘，她正挎着一篮刚刚采摘到的葡萄要回家，远远看见一队人马在路旁歇息。姑娘揣测着：战马上的将士也许需要甘甜的葡萄滋润一下疲惫的身心吧？

纯朴的姑娘没有犹豫，慷慨地把满满一篮子葡萄献上去。那位战马上的帝王自认为尝遍人间美味，却没有想到这山妹子送的葡萄这样甘美，尝一颗便甜醉了心。他美得合不拢嘴，忙问这葡萄的名字，姑娘脱口而出："龙眼葡萄！"可她哪里知道，这战马上的王就是"龙"啊！"龙"没有恼火，反而很高兴，只是笑笑说："我要重新赐它一个名字，就叫'狮子眼'吧！"这"龙"不是别人，就是唐太宗李世民。

唐太宗李世民为大泽山葡萄赐名的这一天是农历七月二十二日，山民们为自己培育出甜美的葡萄而骄傲，葡萄是他们的财富，大山给了他们富足。由于山里出产的葡萄受到了皇帝的青睐，山神得以重生，于是大家决定把这一天定为山神的生日。从此，每到这一天，山里人都会大张旗鼓地庆祝丰收，给山神过节，给葡萄过节。①

上面这个传说中的"山葡萄"，即野葡萄，果实为圆球形浆果，黑紫色带蓝白色果霜。山葡萄喜生于针阔混交林缘及杂木林缘，在长白山海拔 200～1 300米间经常可见，主要分布于安图、抚松、长白等长白山区各县。果熟季节，串串圆润晶莹的紫葡萄掩映在红艳可爱的秋叶之中，甚为迷人。山葡萄含有丰富的蛋白质、碳水化合物、矿物质和多种维生素，味道酸甜可口、富含浆汁，是美味的山间野果。当然，民间传说不一，有时也不免矛盾之处。还有一种传说是：唐代突厥人在中秋节时把葡萄进贡给唐太宗李世民，葡萄粒粒紫红浑圆，大如李、甘如蜜、香沁脾。太宗赞不绝口，遂问其名称，群臣答不出。正在此时，唐太宗突然发现宫殿玉柱上金龙的眼睛与葡萄相似，遂脱口而出："比如龙眼也。"从此，这种葡萄就以"龙眼"名之。但无论是大唐皇帝为葡萄赐名为"龙眼"，还是为避讳而将"龙眼"改名为"狮子眼"，都说明葡萄的美味可以征服封建时代的皇帝，引发龙心大悦。

葡萄的形象也出现在外国民间故事中。例如：传说古代有一位波斯国王，爱吃葡萄，曾将葡萄压紧保藏在一个大陶罐里，标着"有毒"，防人偷吃。等

---

① 仲景健康网，"看伏牛风光，嗅百草药香"山葡萄，http：//www.zjjk365.com/News/20121025/30167.html.

到数天以后，国王妻妾群中有一个妃子对生活发生了厌倦，擅自饮用了标明"有毒"的陶罐内的葡萄酿成的饮料。那饮料滋味非常美好，妃子非但没有结束自己的生命，反而异常兴奋，又对生活充满了信心。她盛了一杯专门呈送给国王，国王饮后也十分欣赏。自此以后，国王颁布了命令，专门收藏成熟的葡萄，压紧盛在容器内进行发酵，以便得到葡萄酒。这个传说，从葡萄讲到了葡萄酒的来源。传说的真伪，我们不必考证。至少，我们从这个传说中可以感受到葡萄的非凡美味和葡萄酒给人带来的身心愉悦吧。

（二）谜语和儿歌

关于葡萄的谜语也为数不少，谜面都是抓住形态、颜色等方面的特征来进行生动描述，谜底都是我们的主人公——葡萄。例如以下谜语：

（1）冬天龙盘卧，夏天枝叶多。龙须往上长，珍珠往下落。

（2）青藤长长绕树转，挂着珍珠一串串。紫的紫来绿的绿，熟的甜来生的酸。

（3）远看玛瑙紫溜溜，近看珍珠圆溜溜。掐它一把水溜溜，咬它一口酸溜溜。

（4）青幔子，绿棚子，滴里嗒拉挂珠子。

有葡萄参与的儿歌，也活泼有趣，例如：

数 葡 萄

葡萄蔓儿牵着藤，葡萄架儿搭凉棚，

弟弟坐在凉棚下，数数葡萄数星星。

葡萄和星星一样多，数来数去数不清，

数不清，数不清，急得弟弟眨眼睛。

葡　　萄

一串串葡萄真好，

扒开绿叶对人笑。

滴溜圆，水灵灵，

像珍珠，像玛瑙。

摘一粒，吃一口，

蜜汁满嘴角。

营养价值高，

香甜味道好。

小朋友，要知道，

葡萄籽，别扔掉，

它可是宝中宝。

细细嚼，进肠道，

保养身体功效高。

保血管，护大脑，

提高免疫力，

防止你衰老。

葡萄就是金元宝。

前一首充满童趣，后一首则寓教于乐，在歌谣中把葡萄的营养价值和食用须知以生动的形式告知儿童，让孩子在诵读儿歌时接受了日常生活中关于葡萄的科普知识。

（三）中国农历七月初七的"情人节"

葡萄文化也体现在民风民俗上。在中国家喻户晓的牛郎织女的故事，就与葡萄有关。人们赞美牛郎织女纯真的爱情，戏称农历七月初七是中国的"情人节"。据说在夜阑更静的七夕之夜，只要悄悄地跑到古井边或者葡萄架下屏息凝神静听，就能听见这一对有情人在鹊桥相会时说的绵绵情话。据说，织女在七夕流下的泪珠都变成了一串串晶莹剔透的葡萄，所以葡萄的味道是甜中又带酸的。

四、宗教中的葡萄文化

在佛教、基督教等宗教文化中，我们也能发现葡萄的身影。比如，葡萄的佛教文化色彩就很浓厚。唐时，佛教文献是葡萄文化的重要载体。如《大唐西域记》卷1记载：笈赤建国"花果繁殖，多葡萄"；《大慈恩寺三藏法师传》卷2记载：三藏法师至素叶城，突厥叶护可汗"索蒲萄浆奉法师……具有饼饭、酥乳、石蜜、刺蜜、蒲萄等。食讫，更行蒲萄浆"。沙州敦煌还出现了葡萄神。9世纪中叶，高昌回鹘王国的摩尼教寺院中，僧尼用饭有以水代葡萄酒的习俗。葡萄、葡萄酒不仅广泛供应于各种赛神仪式中，还反映在8－14世纪敦煌地区千手千眼观音信仰中。伽梵达摩《大悲心陀罗尼经》密教经轨中，千手千眼观音造像流行40大手，40大手具名中第40大手就称为葡萄。葡萄穿枝纹样也出现在雕塑佛弟子的袍服之上。道教中的葡萄文化也较丰富。《西阳杂俎》前集卷18《木篇》记载："贝丘之南有蒲萄谷，谷中蒲萄，可就其所食之。或有取归者，即实道，世言王母蒲萄也。"《清异录》卷下《酒浆门》"太平君子"条载唐穆宗饮西凉州葡萄酒时说："饮此，顿觉四体融和，真太平君子也。"意思是，饮用葡萄美酒的感觉真是赛如神仙。

在基督教中，葡萄的含义更为丰富，甚至影响到了西方小说的创作。基督

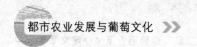

教有一首歌，名曰《葡萄一生的事》：

一

我们现在默思 葡萄一生的事：其路并不容易，其境也不安逸；生长不像野地野花，随地随意自由吐华；生成曲径迷堂，生成款式百样。

二

反之，葡萄开花，非常渺小无华；人几不能辨省，它竟也曾有英；花尚未曾开得一日，即已迅速结为果实；不得成为骄葩，自感丰姿可令。

三

它是拴在桩上，不能随意生长；它如伸肢展臂，也是架上被系；它就如此从了砾土，吸取它的养生食物；不能自由拣选，不能遇难思迁。

四

是的，绿衣秀美，春地披上明媚；因着生命丰裕，自然生长有余；直至满身嫩枝细苗，开始四向飘浮盘绕；在于青蓝空中，尝其甘美无穷。

五

但是园主、园工，对它并不放松；带来刈剪、修刀，要剥它的骄傲；毫不顾惜它的细嫩，将它割得又深又准，所有多余美穗，尽都断折破碎。

六

在它损失期间，它并不敢自怜，乃是反将自己，更为完全彻底   交付给那剥夺所有、使它成为虚空的手；它不浪费生活，一切都为结果。

七

那些流血的枝，渐变坚硬木质；那些存留的穗，也渐结果累累；太阳又来迫它枯干，它叶开始败落四散；使它果子盛紫，直至收成之日。

八

它因负重过甚，以致无枝不沉；这是长期努力，受尽琢磨来的；现今果实已经全美，自然它可欣喜自慰；但是收成就到，欣慰日子何少！

九

有手要来摘下，有脚要来践踏，葡萄所有宝藏，在于酒醡之上，直到丰富、血红的酒，浩荡有如长江大流，终日涌溢不息，喜乐充满大地。

十

但是葡萄形状，乃是剥光凄凉：已经给了一切，又将进入黑夜，却无谁人向它偿还，它所给人酣醉之欢，反而将它再砍，使成无枝秃干。

十一

然而全冬之间，它酒却赐甘甜，给那寒冷之中，忧郁愁苦之众；但是葡萄却在外面，孤独经历雪地冰天，坚定忍受一切，一切可疑、难解！

十二

直到寒冬已过，它又预备结果，重新萌芽生枝，再来放绿成姿；不因已往所受磨难，心中有了埋怨不甘；不因所失无限，而欲减少奉献。

十三

它的所有呼吸，尽是高天清气，并不半点沾染 不洁属地情感；面向牺牲，依然含笑，再来接受爱的剥削，有如从未遇过损失、痛苦、折磨。

十四

葡萄从它肢枝，流酒、流血、流汁，是否因已舍尽，它就变为更贫？世上醉人、人间浪者，从它畅饮，因它作乐，是否因了享福，他们就变更富？

十五

估量生命原则，以失不是以得；不视酒饮几多，乃视酒倾几何；因为爱的最大能力，乃是在于爱的舍弃，谁苦受得最深，最有，可以给人。

十六

谁待自己最苛，最易为神选择；谁伤自己最狠，最能擦人泪痕；谁不熟练损失、剥夺，谁就仅是响钹、鸣锣；谁能拯救自己，谁就不能乐极。

　　这首诗歌还有另一个题目，叫《门徒》。诗歌借葡萄的意象和葡萄的生长、结果之路，非常深刻地启示了：这样一条充满苦难牺牲、坚韧奉献的道路，就是十字架的道路。

　　西方的文学作品是渗透着基督教影响的。《愤怒的葡萄》是美国现代小说家约翰·斯坦贝克（1902—1968）的作品，发表于1939年。这部作品描写美国20世纪30年代经济恐慌期间大批农民破产、逃荒的故事，反映了惊心动魄的社会斗争图景。小说饱含美国农民的血泪、愤慨和斗争，可以说是美国现代农民的史诗，也是美国现代文学的一部名著。小说的篇名及其象征手法，都深受《圣经》影响，耐人寻味。"愤怒的葡萄"一词出自《新约全书·启示录》："那天使就把镰刀扔在地上，收取了地上的葡萄，丢在上帝的大酒瓮中。"由于"葡萄"在《圣经》中象征着富饶与希望，斯坦贝克在《愤怒的葡萄》中，用异曲同工的手法表达了相同的意义：作品中的佃农们不愿离开家乡，不愿踏上流浪之路。佃主说，到加利福尼亚可以采摘橙子和葡萄等水果，暗示加利福尼亚是希望与富饶之地。作品中的人物有这样的语言："就让我去加利福尼亚吧，在那儿只要我想要橙子或葡萄伸手就能摘"，"我可是饿了，等到了加利福尼亚，我来一大串葡萄不撒手，什么时候想吃就来它一口，绝了！"在小说后边的章节中，作者又写到饥民眼中积聚着愤怒，他们心中，愤怒的葡萄在成长，长成沉甸甸的果实。葡萄从最初希望、富足的美好象征，转变为失败和愤怒的象征。导致这一转变的，正是当时社会的黑暗和人性中的自私与贪婪。

五、美食中的葡萄文化

中国是五千年的文化古国，对于"吃"的讲究也同样积淀深厚。吃，既要讲究美味之求，又要讲究养生之道。当然，吃葡萄也就不是简单的品味舌尖上的脆甜口感了，"吃葡萄不吐葡萄皮"早已成为当今广为流传的养生训言。如今摆在餐桌上的葡萄，不仅仅是入口的香甜水果，而且还包含着医食同源、科学养生的美食观念。小小葡萄，文化无边。

（一）中医药理之葡萄

在果品中，葡萄的资历最老，据古生物学家考证；在新生代第三地层内就发现了葡萄叶和种子的化石，证明距今 650 多万年前就已经有了葡萄。要说人类吃葡萄的历史，已经超过 7 000 年。最早葡萄自西汉传入我国。李时珍在《本草纲目》中记载："葡萄，汉书做蒲桃，可以造酒入醋，饮人则陶然而醉，故有是名。其圆者名草龙珠，长者名马乳葡萄，白者名水晶葡萄，黑者名紫葡萄"。

我国最古老的药物学著作《神农本草经》中关于葡萄的记载如下；葡萄，味甘、平、无毒。治筋骨湿痹，益气，倍力，强志，令人肥健，耐饥，忍风寒。久食轻身，不老，延年。可作酒。逐水，利小便。生山谷。由此可见，我国 2 000 多年前葡萄已经被引入我国种植食用，并且已经有了中药学的食材记载，这也一定意义上透视出中国人古老而朴素的养生意识。

尽管中医古书经典清楚记载了葡萄的"强志益气，延年益寿"的功效，当就当时的种植条件也只能是少数士大夫才能享用到珍稀果品。据说魏文帝曹丕在世时甚喜爱葡萄一物，《与吴质书》《诏群医》中有记："三世长者知被服，五世长者知饮食。此言被服饮食，非长者不别也……中国珍果甚多，且复为说蒲萄。当其朱夏涉秋，尚有余暑，醉酒宿醒，掩露而食。甘而不，酸而不脆，冷而不寒，味长汁多，除烦解渴。又酿以为酒，甘于鞠蘖，善醉而易醒。道之固已流涎咽唾，况亲食之邪。他方之果，宁有匹之者"。魏文帝在其诏书中也曾记："南方有龙眼荔枝，宁比西国葡萄石蜜乎？"作为帝王，在给群医的诏书中，不仅谈吃饭穿衣，更大谈自己对葡萄和葡萄酒的喜爱，并说只要提起葡萄酒这个名，就足以让人垂涎了，更不用说亲自喝上一口，这恐怕也是空前绝后的。《三国志·魏书·魏文帝记》是这样评价魏文帝的："文帝天资文藻，下笔成章，博闻疆识，才艺兼该。"话说正是有了魏文帝的提倡和身体力行，使得在后来的晋朝及南北朝时期，葡萄的种植也更为广泛，葡萄酒文化日渐兴起，葡萄的养生与药疗功效也逐渐的被推行开来。

汉代的《名医别录》中记载：逐水，利小便。

唐代的《新修本草》中记载：葡萄，味甘平，无毒，主筋骨湿痹，益气，令人肥健，耐饥，忍风寒，久食轻身，不老延逐水利小便，生陇西、五原、煌山谷。《药性论》中："除肠间水，调中治淋。"

宋朝的《本草图经》中记载："时气痘疮不出，食之，或研酒饮，甚效。"

元朝的《饮膳服食谱》上记载："葡萄酒运气行滞使百脉流畅"。

明朝的本草书籍《滇南本草》中记载："大补血气，舒筋活络。总之，葡萄能滋养强壮，补血气，壮筋骨，利小便。用治气血虚弱，心悸盗汗，肺虚咳嗽，风湿痹痛，小便不利，水肿，淋症。"

清朝的《随息居饮食谱》和《陆川本草》上说它："补气，滋阴液，益肝阴，养胃耐饥，御风寒，强筋骨，通淋逐水，止渴安胎。""治呕吐、恶阻、肿胀。"

现代的中药经典也对葡萄专有论述：《四川中药志》记载："除风湿、消胀、利水、治瘫痪麻木、吐血、口渴。"《中药大辞典》中记载："治水肿、小便不利、目赤、痈痛。"

现代药理学研究表明，葡萄中的有机酸类和果胶能抑制肠道细菌繁殖，并对肠道有收敛作用。葡萄还可以用来治疗胃炎，以及心性、肾性、营养不良性水肿、慢性病毒性肝炎、肠炎、痢疾、痘疮、疱疹等疾病，是一种补气益血、延长寿命的良药。

（二）营养保健之葡萄

中医经典对葡萄的营养、药用和保健价值均有论述，葡萄被广泛的应用于中医药理保健之中，成为中医文化宝库中的不可或缺的中药素材，葡萄的营养保健功效也日益被开发和重视。

在西方，葡萄也同样广受赞誉，葡萄被誉为"水果之神"，据说葡萄是善良通达的 Osiris 神带给人类的天堂美食。现代药理进一步佐证了葡萄的营养成分和保健功效。

葡萄的营养成分：每 100 克可食部分中含有热量 180 千焦、水分 88.7 克、蛋白质 0.5 克、脂肪 0.2 克、膳食纤维 0.4 克、糖类 9.9 克、维生素 A0.4 微克、维生素 B_1 0.04 毫克、维生素 B_2 0.02 毫克、维生素 C25 毫克、钙 5 毫克、磷 13 毫克、铁 0.4 毫克、锌 0.18 毫克、硒 0.2 微克，还含有胡萝卜素 50 微克、尼克酸 0.2 毫克，以及有机酸、卵磷脂、氨基酸、果胶等成分。

其中维生素 C 可防治夜盲症，维生素 B_2 能防治口角溃疡、白内障等。硒是人体生命之源，素称生命元素。硒元素不仅具有抗衰老、抗辐射、抗病毒和消除人体过氧化物及重金属的功能，还具有防治癌症，维护心血管系统正常功能，以及提高肌体免疫力等功效。铬是人体必需的微量元素之一，有助于生长发育，能使胰岛素促进葡萄糖进入细胞内的速度，对糖尿病患者有重要作用。葡萄中的糖主要是葡萄糖，能很快的被人体吸收。当人体出现低血糖时，若及时饮用葡萄汁，可很快使症状缓解。

法国科学家研究发现，葡萄能比阿司匹林更好地阻止血栓形成，并且能降低人体血清胆固醇水平，降低血小板的凝聚力，对预防心脑血管病有一定作用。葡萄中含的类黄酮是一种强力抗氧化剂，可抗衰老，并可清除体内自由基。葡萄中含有一种抗癌微量元素（白藜芦醇），可以防止健康细胞癌变，阻止癌细胞扩散。葡萄汁可以帮助器官植手术患者减少排异反应，促进早日康复。葡萄是水果中含复合铁元素最多的水果，是贫血患者的营养食品。常食葡萄对神经衰弱者和过度疲劳者均有益处。葡萄制干后，糖和铁的含量均相对增加，是儿童、妇女和体虚贫血者的滋补佳品。现代药理学研究表明，葡萄中的有机酸类和果胶能抑制肠道细菌繁殖，并对肠道有收敛作用。葡萄还可以用来治疗胃炎，以及心性、肾性、营养不良性水肿、慢性病毒性肝炎、肠炎、痢疾、痘疮、疱疹等疾病，是一种补气益血、延长寿命的良药。

葡萄中所含的多酚类物质是天然的自由基清除剂，具有很强的抗氧化活性，可以有效地调整肝脏细胞的功能，抵御或减少自由基的伤害；葡萄所含的微元素硼可助更年期妇女维持血浆中雌激素，有利于钙质吸收和预防骨质疏松；其所含天然聚合苯酚能与病毒或细菌的蛋白质化合，使其失去传染疾病的能力；葡萄所含的鞣花酸、白藜芦醇均具有较强的抗癌作用；每天酌量饮葡萄酒，以色红者为优，可减少冠心病的死亡，这是因为葡萄酒在增加血浆中高密度脂蛋白的同时，能减少低密度脂蛋白的含量，减少动脉硬化脆裂而保持弹性。此外，它还具有抗炎作用，能与细菌、病毒中的蛋白质结合，使它们失去致病能力。

国外的研究证明，新鲜的葡萄、葡萄叶、葡萄干都具有抵抗病毒的能力。葡萄中含有丰富的葡萄糖及多种维生素，对保护肝脏、减轻腹水和下肢浮肿的效果非常明显，还能提高血浆白蛋白，降低转氨酶。葡萄中的葡萄糖、有机酸、氨基酸、维生素对大脑神经有兴奋作用，对肝炎伴有的神经衰弱和疲劳症状有改善效果。葡萄中的果酸还能帮助消化、增进食欲，预防肝炎后脂肪肝的发生。葡萄干是肝炎患者补充铁的重要来源。葡萄根含黄酮类化合物、鞣质、胶质、糖类、酶等。常用于治疗风湿痹痛、腰脚疼痛、关节痛、小便不利、肝炎、黄疸。

葡萄可以净化血液。有学者认为，癌症是血液污染而引起的疾病。从神经痛到风湿病，葡萄都能起到洁净血液的作用。将停滞在关节之间，内脏中的滞留物化开，可通过轻微腹泻将带有脂肪的物质排出。用已稀释的葡萄汁敷疗或按压在关节处可以减轻关节松动和关节疼痛。

印度的研究人员发现葡萄等水果可以治疗不育。他们发现，在不育男性的体内，番茄红素的含量偏低。葡萄中含有的番茄红素可以增加不育男性的精子数量。印度全国医学会的研究人员对30名年龄在23～45岁的患不育症的男性志愿者做了实验。这30位接受调查者连续3个月，每日分别口服2毫克番茄红素两次。结果发现，在番茄红素指数和不育症之间存在直接联系。在口服番茄红素3个月以后，医生发现67%病人的精子状况有了显著改善。73%病人的精子活动更加活跃，63%病人的精子结构有了改善。

（三）葡萄皮和葡萄籽的保健功能

当今，"全食物"的概念越来越被人们所接受，同样，"吃葡萄不吐葡萄皮"这句顺口溜也就顺理成章了。那么到底葡萄皮和葡萄籽的营养保健功效来自哪里呢？

关于葡萄皮。葡萄皮的奥妙其中有的非常特别的营养元素，就是白藜芦醇和黄酮类物质。白藜芦醇在花生等70多种人类食用的植物中多少不等地存在，而葡萄皮中的含量最高，达到50～100微克/克，白藜芦醇具有防癌抗癌和延缓衰老的特别功效。美国芝加哥伊利诺伊学院的科研人员通过对这种物质进行反复试验，发现并确定了该物质具有极高的抗癌功效。他们对患有癌的实验鼠投喂了18周这种物质，然后与患有皮肤癌而未投喂这种物质的实验鼠进行比较，结果发现，吃了这种物质的实验鼠的癌细胞减少了68%～98%。一般来说，癌的发生大致分为3个阶段：一是正常细胞的DNA受到损伤；二是细胞分裂加快，进入癌化过程；三是肿瘤恶化，开始转移。白藜芦醇对这3个阶段的癌症均有高效抑制作用。

无独有偶，意大利的科学家给一种原产于津巴布韦的小鱼喂食不同剂量的白藜芦醇，结果显示：低剂量的摄入对鱼的寿命没有产生改变，中等剂量的白藜芦醇让鱼的寿命延长了1/3，而摄入高剂量白藜芦醇的鱼的寿命则延长了50%以上。且其他的研究也发现，白藜芦醇能够显著延长低等生物的寿命。白藜芦醇主要是通过保护细胞线粒体中的DNA免遭损害而发挥延缓衰老功效，我们有理由期望它在人类身上也能发挥同样的功效。值得一提的是，白藜芦醇是在女性护肤保湿补水方面难得的天然佳品，它可以在短时间内补充肌肤水分，不仅能延缓衰老，还能减少黑色素的形成。

另外，来自巴西里约热内卢联邦大学的科学家发现：葡萄皮，特别是紫葡萄皮，含有一种能够降低血压的黄酮类物质。给两组老鼠吃富含盐的食物，同时一组喂葡萄皮，另一组喂葡萄果肉，结果发现，吃葡萄果肉的老鼠血压由120毫米汞柱升到了200毫米汞柱，吃葡萄皮的一组虽然血压上升，但没有超过150毫米汞柱。黄酮类物质还能促进血中的高密度脂蛋白升高，从而降低血液中有害胆固醇的含量，防止动脉粥样硬化，保护心脏。有研究称，葡萄皮的颜色越深，其中的黄酮类物质含量越高。

葡萄皮中还含有丰富的纤维素、果胶质和铁等，可以补足现代人饮食中缺乏的营养。现在已经有人着手研究利用葡萄皮残渣作为添加料加工食品，以利用葡萄皮中含有的丰富的白藜芦醇、纤维素、黄酮等物质，用以治疗胆固醇过高、糖尿病等病症。

葡萄皮中的紫色成分花青素在给植物穿上一层漂亮外衣的同时，花青素还扮演重要的强效抗氧化剂角色，能够保护人体免受自由基的损伤。能够增强血管弹性、松弛血管，增加全身血液循环，具有一定的降血压功效；能增强免疫系统能力，抑制炎症和过敏。

相对于葡萄皮，人们对于葡萄籽的功效作用的认知却逊色得多，葡萄籽一般被认为是葡萄酒厂的下脚料，经晒干后分离葡萄皮、葡萄梗后所得产物，谈到对葡萄籽的利用领域，人们尚为不知。其实葡萄籽的功效作用也同样不容小视。

葡萄籽因其含有丰富的氨基酸、维生素及矿物质等，因此具有美容和保健的功效。葡萄籽可以消除自由基、抗衰老、增强免疫力，保护人体器官和组织，防治心脏病、癌症、早衰、糖尿病、动脉硬化等 100 多种由自由基所引起的疾病。

葡萄籽具有降低血脂的重要作用。葡萄籽提取物富含 100 多种有效物质，其中不饱和脂肪酸——亚油酸（是一种人体必需但不能合成的）占 68%～76%居油料作物之首，它由不饱和到饱和状态要消耗 20%的胆固醇，能够有效的降低血脂。

葡萄籽 95%的成分为原青花素，其抗氧化的功效比维生素 C 高出 18 倍之多，比维生素 E 高出 50 倍，因此，葡萄籽可说是真正的抗氧化巨星。原青花素可以保护皮肤、美容养颜，有"皮肤维生素"和"口服化妆品"的美誉，葡萄籽被欧洲人称为"天然体内营养化妆品"。保护胶原蛋白，改善皮肤弹性与光泽、美白、保湿、祛斑、减少皱纹、保持皮肤的柔润光滑，清除痤疮、愈合疤痕。有皮肤维生素之称，具有脂溶性及水溶性的特质，具有超强的美白祛斑作用。

葡萄籽具有抗过敏功效。深入细胞从根本上抑制致敏因子"组胺"的释放，提高细胞对致敏源的耐受性；清除致敏自由基，抗炎、抗过敏，有效调节机体免疫力，彻底改善过敏体质。

葡萄籽可以保护血管。保护心脑血管，降低胆固醇，防止动脉硬化，预防脑溢血、中风、偏瘫等。维持毛细血管适度的渗透性，增加血管强度，减低毛细血管易脆性；降血脂、降血压，抑制血栓的形成，减少脂肪肝的发生；预防血管壁脆弱引起的浮肿、血。

葡萄籽具有抗辐射的功效。葡萄籽可以有效预防和减轻紫外线辐射对皮肤的损伤，抑制自由基引发的脂质过氧化。可以减少电脑、手机、电视等辐射对皮肤、内脏器官造成的伤害。

葡萄籽具有保护消化系统和视力功效：葡萄籽中的特殊化学物质可以保护胃粘膜，防治胃炎、胃溃疡及十二指肠溃疡。保护眼睛免受辐射损伤，防治红血丝。增强夜视力、减少视网膜症，阻止自由基对晶状体蛋白的氧化，预防白内障、视网膜炎。

由葡萄皮和葡萄籽的功效分析来看，吃葡萄当然要连皮带籽整颗入口，也就是吃葡萄不仅不吐葡萄皮，也不吐葡萄籽。听起来这种把整个食物吞下的吃法似乎可以尽享美味，还不失营养，而实际上，并非如此简单。吃，要讲求营养，但吃，也是享受美味。这种简单的入口咀嚼，既不是品味葡萄的最佳方式，也不是吸收营养的最佳选择。因为把葡萄皮和葡萄籽一起嚼咽口感晦涩，而且葡萄皮和葡萄籽中的单宁会凝固舌头、口腔和食道表面的蛋白质，产生强烈涩味，对消化道也有损害，而其中的有效成分仍然会穿肠而过，并不能被轻松吸收。葡萄皮中所含的白藜芦醇也好，聚合型原花青素也好，它们在水中很难溶解。据有关文献报道，白藜芦醇水溶性非常差，但在 10% 的酒精当中可达每升 40 毫克，而随着酒精含量以及温度的升高，溶解性还会继续上升。

获得葡萄皮和葡萄籽当中的好处较好的方法是自制葡萄酒。方法如下：准备一罐低价格的白酒，把玫瑰香等深色葡萄皮撕下来扔进去，葡萄籽用锤子砸碎扔进去。盖上盖子泡两周时间，再经常摇动摇动。葡萄皮的颜色逐渐变迁，酒的颜色日益发红。这时候把渣滓过滤掉就成为葡萄皮籽健康酒了。也可以用非常简单的方法把葡萄皮和葡萄籽放一起煮水，效果也不错。

（四）葡萄的品质鉴别与食用注意事项

葡萄作为一种美味营养的水果，一直受到人们的推崇和喜爱。尽管我国栽培葡萄的历史达两千年以上，但由于过去长期处于不发达状态，美味的葡萄在历史上往往很少为广大人民所享用。在新中国成立以后才开始积极发展葡萄生产，直到改革开放之后葡萄生产才兴盛发展起来，供应市场的葡萄明显增多，但仍远远不能满足需求。据统计，以全部葡萄年产量按人口平均，我国不到 0.3 千克，而一些欧洲国家达 70～80 千克甚至 100 千克以上，显然，我们应该吃到更多更好的葡萄才是潮流之举，养生之道。那么如何鉴别葡萄的品质呢？

由于葡萄是采收后经过一定时期贮藏或不经贮藏立即上市供消费者鲜食的，所以葡萄果穗的外观首先吸引人们的注意，其次是浆果的风味和香气，即是否鲜美可口。优良的鲜食葡萄可以通过感官的看、闻、尝等作以辨别。

首先，看外观形态。果穗外观新鲜，果粒大小均匀整齐，枝梗新鲜牢固，颗粒饱满，青籽和瘪籽较少，外有白霜者，品质为最佳。新鲜的葡萄用手轻轻提起时，颗粒牢固，落籽较少。如果葡萄纷纷脱落，则表明不够新鲜。枝梗干枯、霉锈，果面润湿，果皮呈青棕色或灰黑色，皮皱、脱粒者质次。

其次，看色泽。一般成熟度适中的葡萄，颜色较深、较鲜艳，如玫瑰香为黑紫色，龙眼为琥珀色、紫红色，巨峰为黑紫色，牛奶为黄白色等。

再次，品气味和滋味。品质好的葡萄，果汁多而浓，味甜，有香气；品质差的葡萄果汁少或者汁多而味淡，无香气，具有明显的酸味。

最后，尝葡萄。葡萄的品质与成熟度有关，而一串葡萄中最下面的一颗往往由于光照程度最差，成熟度不佳，故而在一般情况下，最下面那颗是最甜的。如果该颗葡萄很甜，就表示整串葡萄都很甜。

其实，葡萄的甜味来自于含糖量，不同品种、不同产地的葡萄含糖量是不同的，所以鉴别葡萄质量也不能仅仅靠甜度作以评价。对鲜食葡萄风味影响有重要意义的不仅仅是含糖量高低，而且还要看相应的含酸量，即要求适宜的糖酸比。在含糖 17%～19%，含酸 0.6%～0.9% 的情况下，鲜食葡萄一般具有最佳的风味。

需要提醒的是，葡萄有酿酒葡萄和鲜食葡萄之分，酿酒葡萄一般果粒比较小，颜色比较深，皮比较厚，有很高的含糖量和适当的含酸量。酿酒葡萄和鲜食葡萄有着很大的差异，如上所讲葡萄品质选购指的是鲜食葡萄，如玫瑰香、红提、巨峰等品种，这里提醒人们按需求购买。

另外，从营养方面考虑，葡萄"相貌"不同，营养也有异。白绿色葡萄也称为无色葡萄，未熟透时偏青绿，成熟后颜色发白。中医有"白入肺""肺主皮毛"之说，白葡萄可补肺气，有润肺功效，适合咳嗽、患呼吸系统疾病的人食用。绿葡萄则偏重于清热解毒。红色葡萄含逆转酶，可软化血管、活血化瘀，防止血栓形成，葡萄能比阿司匹林更好地阻止血栓形成，并且能降低人体血清胆固醇水平，降低血小板的凝聚力，对预防心脑血管病有一定作用。黑葡萄中的钾、镁、钙等矿物质的含量要高于其他颜色的葡萄，这些矿物质离子大多以有机酸盐形式存在，对维持人体的离子平衡有重要作用，可有效抗疲劳和延缓衰老，对视力保护也有很好的作用。

葡萄中含有丰富的葡萄糖、果糖、蛋白质、胡萝卜素、多种维生素，以及微量元素钙、磷、铁、钾等人体必需的营养物质。不过，吃葡萄如果犯了禁忌，不但会使葡萄中的营养成分大量流失，甚至可使人生病。

一是吃完葡萄不能立刻喝水。否则，不到一刻钟就会腹泻。原来，葡萄本身有通便润肠之功效，吃完葡萄立即喝水，胃还来不及消化吸收，水就将胃酸冲淡了，葡萄与水、胃酸急剧氧化、发酵、加速了肠道的蠕动，就产生了腹泻。不过，这种腹泻不是细菌引起的，泻完后会不治而愈。二是葡萄不能与牛奶同食。葡萄含有丰富的维生素 C，而牛奶中的某些成分会与维生素 C 发生化学反应，其反应产物会对胃肠道造成损害。因此，葡萄与牛奶同食也会引起腹泻，严重时会使人呕吐。三是葡萄不能与海鲜同食。葡萄与海鲜同食会使人出现呕吐、腹胀、腹痛、腹泻等症状。这是因为葡萄中含有较多的鞣酸，鞣酸遇到海鲜中的蛋白质和钙质就会凝固、沉淀成一种不易被胃肠消化的物质。四是食用葡萄后一定要漱口。葡萄中含有多种发酵的糖类物质，这些物质对牙齿有较强的腐蚀性。因此，食用葡萄后一定要漱口，否则口腔中的葡萄残渣会腐蚀牙齿。五是吃葡萄不宜过量。由于葡萄的含糖很高，所以糖尿病人应特别注意忌食葡萄。而孕妇在孕期要提防糖尿病，因此孕妇食用葡萄应适量。六是葡萄清洗要干净彻底。如果喜欢吃葡萄的孕妇，记得清洗葡萄一定要干净彻底，葡萄表皮可能会有残留的污物，而食用葡萄的过程中难免会接触到葡萄皮的，食用卫生千万别忘记。

在清洗葡萄时，一般我们都是把整串葡萄放在水龙头下冲洗，或者用果蔬清洗剂来洗，其实这两种方法都不是最卫生的。下面我们就一起来了解一下清洗葡萄的新方法：

洗葡萄的时候，先将腐烂的葡萄果粒去除，用剪刀在葡萄果蒂与果实交接处，小心剪开。不可剪破果皮，破皮后洗涤时容易污染到果肉，也不要留一小段果梗，留有小果梗的葡萄粒不易洗净，也容易刺伤其他的葡萄。葡萄全部剪下后，首先，用清水冲洗掉葡萄表面附着的杂质。再把葡萄装进容器里，加一小勺盐，两勺面粉。加上清水，用手轻轻搅匀，以打圈的方式搅动葡萄，然后静置 1～2 分钟。捞出葡萄，用清水洗掉残余的面粉，晾干即可。注意：千万不可将果粒从果穗上拔下，这样果梗会带出葡萄粒中的果刷，使果粒上留下一个洞，果肉容易腐烂。剪完的穗梗，可以看到与葡萄交接处平滑完整。整个洗涤过程要快（5 分钟以内），免得葡萄吸水胀破，容易烂掉。以上做法尽量保证葡萄在食用之前不要和过多的水接触，否则，葡萄极易裂果、腐烂，也会流失掉大部分的营养及有效成分。另外，葡萄要吃的时候再洗，因为洗过后不吃容易坏掉。洗了之后，即使放在冰箱冷藏，也只能放两三天。

葡萄的保存方法：用纸包好，放在冰箱暂时贮存，可保存一周左右。不要使用塑料袋，那样会使葡萄表面结霜（家用冰箱冷藏室变温较大），引起裂果和腐烂。

（五）几种典型的葡萄小食

葡萄可以鲜食，可以酿酒，也可以制作多种的葡萄小食，下面介绍几种方便好用的葡萄小食制作方法。

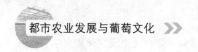
1. 葡萄干

葡萄干是成熟的葡萄阴干后制成。果皮有皱纹、味甜、粒整齐、无杂质为佳。以无核葡萄制成者最好。

晒制方法：一为在阳光下直接曝晒，制成褐色葡萄干；二为在荫房中晾制；三为近年来采用的快速制干法，先将葡萄经脱水剂处理，再放入荫房内晾干或以烘干机烘干，大大缩短制干时间。做葡萄干的果实必须是成熟的果实，葡萄干内的含水量只有 15％～25％，其果糖的含量高达 60％。因此它非常甜。葡萄干因此可以保存很久，时间长了后葡萄干里的果糖有可能结晶，但这并不影响其食用。葡萄干可以被作为点心直接食用或放在糕点中。

在新疆的吐鲁番，人们把成熟的并经过浸碱处理后葡萄挂在通风的室内阴干。吐鲁番气候炎热而干燥，用砖搭成的晾房四壁布满梅花孔，中间是木棍搭成的支架，将成熟的无核葡萄搭上，经过大约经过 40 天的干热风吹晾即成。这种阴干法制成的葡萄干，质量优良，呈半透明状，不变色。

2. 葡萄冰糖葫芦

冰糖葫芦是中国传统美食，它是将野果用竹签串成串后蘸上麦芽糖稀，糖稀遇风迅速变硬。制作方法：

材料：山楂、草莓、葡萄等新鲜水果。

辅料：白砂糖、冰糖、蜂蜜、水 200 克、竹签若干。

步骤：

（1）串果。将新鲜的葡萄洗净去蒂，用竹签串起来，每串大概十来个，也可以只串四五个，凭个人喜好。

（2）熬糖。按糖与水 2∶1 倒入锅中，用猛火熬 20 分钟左右，期间可以搅拌一下，注意 20 分钟之后水已经很少了，沸腾的非常厉害，并且，糖已经冒出了细小密集的泡沫，就像浅金黄色啤酒。可用筷子蘸一下糖浆，如果能微微拉出丝来，那就表示已经好了。若时间过长，颜色就会变成棕色，能明显地拉出丝就表示糖已经焦了，便失去了原本的甜味，味苦有点像双黄连。切记，在熬汤的时候尽量不要吹风，才能使糖色透亮。

（3）蘸糖。将锅子倾斜（这样就可以让葡萄全部都蘸到糖），将串好的葡萄贴着熬好的热糖泛起的泡沫上轻轻转动，裹上薄薄一层即可。糖要蘸上薄薄而均匀的一层，即算成功。

（4）冷却。将蘸好糖的葡萄串放到水板上冷却二三分钟即可享用。所谓水板，其实是光滑的木板，在清水里浸泡过较长时间，温度较低，同时木头具有吸水性，可以帮助糖葫芦冷却定型。在家里制作的时候，就可以用砧板代替，只要使用前将砧板放在清水里多浸泡即可。

温馨提示：成功的冰糖葫芦，出锅后外面的裹糖会迅速冷却，咬起来是咯嘣脆，完全不粘牙的。要达到这种效果，熬糖是最关键的。熬好的糖稀，肉眼可见糖浆浓稠，泛淡黄色，用筷子挑起可见拉丝，将筷子放入冷水中，糖稀可迅速凝固，咬一下，硬，即可。在糖稀有轻微拉丝时，就立刻关上火，将其浇在糖葫芦上即可。否则，糖稀就会变得又干又硬，无法继续制作。而且不能贪图方便把糖葫芦扔锅里，那样果子就酥了。

3. 葡萄罐头

制作方法：把葡萄洗好，然后一个个把皮扒下来，把水烧沸，水里最好放冰糖，白糖也行。等水沸后把葡萄放进去、等葡萄饱满后就可以拿出来，千万不要等水沸，否则葡萄就煮过了。然后放凉吃，夏天等凉后放到冰箱里。

4. 紫葡萄果酱

在做紫葡萄果酱前，先要准备紫葡萄 600 克、土三七 2 克、柠檬汁 15 克、麦芽糖 300 克。做法：先将葡萄洗净沥干水分，剥皮、去籽，皮保留备用；然后，将水放入锅中煮沸，加入甜菊、葡萄皮续煮至颜色变紫，水剩一半量；接着，捞除甜菊与葡萄皮，再加入麦芽糖拌煮至溶化；最后，加入葡萄果肉、柠檬汁用小火续煮至果肉软化变小，汁液变浓稠状，装瓶放凉后冷藏保存。

5. 糯米葡萄羹

在做糯米葡萄羹前，先要准备以下原料：葡萄 150 克、葡萄干 50 克、藕粉 10 克、糯米 50 克、白砂糖 100 克。做法：先将糯米洗净，加水蒸烂，待用；接着，鲜葡萄洗净，去皮籽，挤出葡萄汁，加入藕粉、白糖，煮成稠汁，再放入洗净的葡萄干；最后，将葡萄稠汁倒在蒸好的糯米团上即可食用。

6. 葡萄蜜饯

原料：葡萄 1 000 克（最好是马奶子品种，该品种含糖量高，水分少），糖 1 000 克，清水 300 克。制作：选粒大饱满的葡萄，洗净去梗。在锅中放进白糖、清水，文火煮沸后下入葡萄粒再煮，期间需用干净的筷子搅拌，以免糊锅。待水分快收干，加入糖，搅拌均匀，冷却后即成。

7. 醉葡萄

原料：葡萄，白酒。做法：选新鲜整齐的葡萄果粒，洗净晾干，放入干净的瓶子中。然后注入相当于瓶子容量的 1/3～1/2 的白酒，摇晃均匀后密封，每隔 3 天开盖放一次气，经过 10 天左右即可食用。为了防止葡萄变苦，可在放酒前加 2 匙白糖。这种葡萄酸甜可口，还带有浓郁的酒香。

8. 葡萄果冻

将成熟葡萄果粒洗净，放在一个较深的器皿内加水熬煮，直到全体果皮开

裂并流出果汁此后用细筛过滤。在 0.5 千克果汁内加入 0.5 千克白糖、250 克

9. 葡萄粳米粥

原料：葡萄干，粳米适量。做法：①粳米淘洗干净，葡萄干洗净。②在锅中倒入清水烧开，放入粳米和葡萄干煮至沸腾后改小火烧至粥黏稠，装碗食用。功效：补气血，强筋骨，利小便。

10. 葡萄补血膏

原料：鲜葡萄、蜂蜜适量。做法：将葡萄洗净，取葡萄粒放入榨汁机榨取原汁 1 000 毫升。用文火浓缩成稠汁后加入等量蜂蜜调匀，再煮沸片刻，关火。晾凉后倒入密闭容器。服法：每日两次，每次 1 匙，用开水调服。功效：补肾益精，滋肝养血。

（六）特色葡萄菜肴

葡萄不仅仅是水果，葡萄可以成为宴席上的佳肴，用新鲜葡萄制造的菜肴，也别具风味，有的充满异国风情。

1. 葡萄干南瓜肉

主料为带皮五花肉、糯米、葡萄干、南瓜。制作过程是：①肉切薄片，加盐、味精、酱油、海鲜酱、黄酒，腌制 20 分钟；②糯米洗净加味精、盐、海鲜酱拌匀；③南瓜洗净，改刀成五花肉同大小的厚片；④肉滚糯米，葡萄干放在南瓜片上，蒸熟。

2. 葡萄炒羊肉

配料：加州无籽葡萄、羊肉切成细丝、芹菜、大蒜、姜末、洋葱、青椒、植物油、番茄酱、糖、玉米淀粉、酱油。做法：①把羊肉加适量玉米淀粉、酱油、大蒜和姜末一起搅拌，放置一旁待用；②锅内放油，加芹菜、洋葱和胡椒炒香，加入葡萄用旺火煸炒 1 分钟离火待用；③用高火加热油，翻炒羊肉 2 分钟，加水、番茄酱、玉米淀粉、酱油和盐，再加入待用葡萄，翻炒至均匀。这道菜中，葡萄经煸炒后口感独特且多汁，并可大大减少羊肉膻味。

3. 墨西哥风味小食"芒果葡萄沙沙酱"

配料：两杯加州无籽葡萄，每颗均切成两半；两个芒果，去皮、去核、切成方块；洋葱切碎；新鲜芫荽切碎；新鲜橙汁、胡椒碎、盐少量。做法：将所有用料放在一个大碗内充分搅拌，用保鲜膜封好后放入冰箱待用。吃的时候可以加入玉米片，也可当作酱，与烤鸡、烤鱼或烤肉相佐，风味独具。

4. 越南风味小食"葡萄春卷"

配料：切成两半的加州无籽葡萄、越南春卷皮、芫荽叶、煮熟的鲜虾、胡萝卜丝、豆芽、水淀粉。做法：①将春卷皮展开，放入其他配料做成的馅料并包裹，封口处点上水淀粉，防止漏馅；②可以整条即食，亦可放入油锅内小火

慢煎，直至外皮变得金黄，与三色越南辣酱一同食用，味道更佳。

六、民间对葡萄精神的赞许

葡萄被誉为"水果之神"，西方传说中它是由乐善好施的神 Osiris 带到人间的，在果品中，葡萄的资历最老，据古生物学家考证距今 650 多万年前就已经有了葡萄。从葡萄的驯化、传播到葡萄的生长条件，这一自然选择的艰难过程体现着葡萄顽强的生命力，蕴藏着深厚的葡萄精神。提起葡萄的精神，确实值得人们去细细品味。

（一）葡萄的驯化过程体现了其不屈不挠的精神

考古学家告诉我们葡萄是由葡萄野生种驯化而来的，在漫长的选种、栽培、驯化过程中，葡萄遭遇了陆地板块的分割、冰河期冰川以及病虫害根瘤蚜、霜霉病等的侵袭，葡萄没有绝种，反而形成抗寒、抗病等品质，经受住严寒、疾病等恶劣的生存条件，以其不屈不挠的精神努力存活并顽强的繁育。葡萄的不屈不挠精神在其被驯化的过程中体现得淋漓尽致。

在葡萄被驯化之前的若干年，葡萄匍匐在地下，无所适从的想要生长，葡萄的祖先喜欢充足的阳光，可是不得不面对潮湿的环境和险恶的竞争。于是，葡萄发明出了一套高效的光合系统，把自己的花序变成了卷须，即便在荫蔽的情况下，也能利用有限的光源进行光合作用合成生长所需的碳水化合物。葡萄以不屈不挠的精神提高生存的技能。另外，为了摆脱地面的潮湿，葡萄选择了攀援的生活习性，卷须丛生，只为攀缘向上、抛下禁锢生命的枷锁，获取更充足的阳光。正所谓，条件险恶，我自不屈不挠。

（二）葡萄的生长过程充满活力与奉献精神

1 月份葡萄是埋在土里冬眠的，立春后，埋在土里的葡萄藤需要把土清理到周围，围成一个土坑儿，葡萄藤就在盘在土坑中，此时的葡萄藤梢头已经露出绽开的芽孢，指甲盖大小的苍白小叶吐出来，人们把葡萄藤拉出来，放在松松的湿地上，新一轮的生命冲出冬眠开始觉醒，当小叶儿的边开始变红，变绿，葡萄也要被抬到搭好的葡萄架上，这时要给葡萄上粪、浇水，整个葡萄园水气泱泱，沁人心脾，这是充满活力与创新的生命过程。

葡萄喝水是非常惊人的，这全靠葡萄藤的不离不弃和勇于奉献庇护着葡萄。葡萄藤的组织结构跟别的果树不一样，它里面是一根一根细小的导管。浇灌葡萄的水沿着葡萄藤从根直吸到梢，简直是小孩嗫奶似的拼命往上嗫。是什么力量让葡萄拼命的往上吸水呢？这是对生长的渴望让葡萄充满了活力，施了肥，浇了水，葡萄就使劲抽条、长叶子。原来是几根根枯藤，几天功夫，就变成青枝绿叶的一大片。葡萄抽条，丝毫不知节制，简直是疯长，用不了几天就抽出好长的一节新条。这样长法是不会结果实的，因此，必须过几天就得给它打一次条。葡萄打条，也用不着什么技巧，一个人就能干，拿起树剪，劈劈啦啦，把新抽出来的一截都给它剪了就得了。为了能收获果实，正在充满旺盛生命力的长着新叶的葡萄藤条就这样牺牲了自己，因此葡萄的生长充满了自我奉献与牺牲精神，没有葡萄藤的奉献精神，哪有葡萄的累累硕果。

葡萄的卷须在远古时代为了让葡萄获取充足的阳光发挥了重要的作用，而今，为了葡萄结更多的果实，减少养分的消耗，这些卷须刚刚一长出来就被剪掉了，刚刚一长出来就被剪掉了，像葡萄藤一样为了结果这一共同的目标，勇于奉献自己的生命。

葡萄花很小，颜色淡黄微绿，小的几乎不钻进葡萄架是看不到的，且花期很短，葡萄花短暂的生命一闪就变成了绿豆大的葡萄粒。它不想开出雪一样的苹果花，也不想开出月亮那样的梨花，因为它要快快的结果。一个月后，"下葡萄"了。它完成了创造的使命。

然而，葡萄的终极目标是为人类创造美好生活，让人们获得精神愉悦和物质享受，这种奉献精神，才是葡萄的最高追求。

收获了一茬又一茬果实，葡萄又要下架了。人们把葡萄架拆下来，检查一下，好的等来年再用，糟朽了的，只好烧火。立柱、横梁、小棍，分别堆垛起来。接下来就是剪葡萄条，除了老条，一概剪光，葡萄又成了一个大秃子。剪下的葡萄条，挑有三个芽眼的，剪成二尺多长的一截，捆起来，放在屋里，准备明春插条。其余的，连枝带叶，都用竹笤帚扫成一堆，装走了。葡萄园也变得光秃秃的了，葡萄又要开始冬眠了。

葡萄生长的过程就是一个生命的复苏、兴盛、发光发热、创造价值的过程。我们从这充满活力的生命历程中，领略到了自然之美，体味到了成就他人的奉献精神，感受到了怒放的生命活力。

（三）葡萄的生长形态孕育着葡萄齐心协力团结向心的精神

1. 葡萄根系发达储存丰富的营养

葡萄的根为肉质根，髓射线与辐射线特别发达，导管粗大，根中能够储存有大量的营养物质。其实生苗根系由主根与侧根组成，主根不多明显，侧根发达。葡萄营养苗的根是由茎蔓的中柱鞘内发出，称为不定根，无明显主侧之分，可由众多的不定根组成强大的根系。葡萄根系发达，适应性比较广，在肥沃疏松、又有水浇条件的砂壤土中，根系分布比较浅，集中于5～40厘米深的范围内，但其水平辐射范围比较广。在干旱少雨的山地其根系可深入土层100厘米以下，最深可达1 400厘米。葡萄根系有比较强的吸收能力，其细胞渗透压超过1.5个大气压，因此，葡萄的根系帮助葡萄在干旱山地和盐碱土地中能够获取足够的营养以保证正常地生长发育。

2. 葡萄茎新旧交替提升结果的能力

葡萄茎为蔓生，多匍匐生长而不能直立。按年龄及作用不同，分为主干、主蔓、多年生蔓、一年生蔓（结果母蔓）和当年新梢。前三者组成骨架，后二者可结果与扩大树冠。葡萄新梢由胚芽、冬芽、夏芽或隐芽萌发而成，新梢顶芽先是单轴生长，向前延长，以后顶芽转位生成卷须或花序，而侧生长点代替顶芽向前延长，成为合轴生长。这样交替进行的结果，形成了新梢的卷须有规律地分布。

葡萄新梢上有两种芽，即冬芽与夏芽。冬芽外被鳞片，是由一个主芽和数个预备芽组成一般主芽较预备芽发达，春季发芽时首先萌发，若主芽受损，预备芽可代替之。但也有许多品种主芽与预备芽 2～3 个同时萌发。主芽与预备芽都可带有花序，但预备芽上花序较少。冬芽当年多不能萌发，若受到重刺激后（如下剪过重）也可萌发。夏芽为裸芽，不具备鳞片，不能越冬，当年形成，在适宜的温湿条件下当年萌发成副梢。葡萄茎的结构特点为葡萄的枝繁叶茂奠定了生长的基础。

3. 葡萄叶进行光合作用的一生为葡萄遮风挡雨

葡萄的叶片源于冬芽或夏芽，一般冬芽内有 8～15 个叶原基。春季随着芽的萌发和新梢的生长，叶片相继展开，约经 2 周的生长，趋于缓慢的增大，直到叶片完全展开，约需 1 个月时间。同一植株上的叶片，由于形成的迟早和所处环境条件不同，其生长情况和寿命不一样。年生长初期形成的位于新梢基部的叶片，因早春气温低，叶片较小，寿命较短，叶龄为 140～150 天；新梢旺盛生长期形成的中部叶片最大，光合能力最强，叶龄为 160～170 天；生长末期新梢顶端形成的叶片，因气温下降，组织不充实，叶片较小，光合能力最弱，寿命最短，叶龄为 120～140 天。不同部位形成的叶片在生理功能上的差异，直接影响到芽的形成及芽体的充实程度，对第二年新梢生长和开花结实有直接的影响。叶片大小、厚薄及色泽的深浅能反映出葡萄的营养水平和光合能力的强弱，叶片的厚度随着叶龄增加而加厚，光合强度也随着叶片的扩大而增加。当叶片长至全大时，光合作用强度达到最高点，再往后则光合作用的效率逐渐降低，一直到叶片衰老。据测定，巨峰系品种叶龄在 3 个月以上时，叶片自身的消耗远远超过光合作用所制造的养分，所以适当摘除部分老叶对葡萄来说不但能改善架面通风透光条件，而且可以减少呼吸的消耗。

4. 葡萄的果实环绕穗轴而生展示着兄弟姐妹间的大团结

葡萄的果穗，由穗梗、穗轴和果粒组成，果穗中部有节，当果穗成熟后，节以上部分多木质化。大部分品种的果穗都带有副穗，即第一穗分枝特别明显。果穗因品种、营养状况、技术操作不同，其穗头大小差异显著，穗小者仅200克左右，穗大者可达2 000克以上。果粒为浆果，由子房发育而成，因品种不同其果粒形状、颜色、大小、着生紧密度、肉质软硬松脆、有无种子、种子多少等性状有所不同。无论果实的形状差别多大、颜色多么不同，葡萄的果实都或松散或紧密地围绕在一起，血脉相连。

（四）葡萄的一生鞠躬尽瘁让人类品味自己的价值

葡萄不仅味美可口，而且营养价值很高。成熟的葡萄果中含有15%～25%的葡萄糖，能很快地被人体吸收，当人体出现低血糖时，若及时饮用葡萄汁，可很快使症状缓解。葡萄中含有许多种对人体有益的矿物质、维生素、蛋白质、氨基酸、卵磷脂等多种营养成分，身体虚弱、营养不良的人，多吃些葡萄或葡萄干，有助于恢复健康。葡萄中含的类黄酮是一种强力抗氧化剂，可抗衰老，并可清除体内自由基。此外，葡萄中含有一种抗癌微量元素，可以防止健康细胞癌变，阻止癌细胞扩散。葡萄汁可以帮助器官移植手术患者减少排异反应，促进早日康复。

中国古代医学对葡萄药用也有记载。葡萄性味甘、酸、平，入肺、脾、肾经，能补益气血强筋骨、通经络、通淋消肿、利小便、滋肾益肝。葡萄根、叶也是中药材。葡萄易泄泻，不宜过食。医疗上能起到补肾、壮腰、滋神益血、降压、开胃的作用，尤其在预防和治疗神经衰弱、胃痛腹胀、心血管疾病等方面有较显著的疗效。《滇南本草》说"大补气血，舒筋活络"。《滇南本草图说》说治痘症毒，胎气上冲，煎汤饮之即下。《本草再新》说它"暖胃健脾"。《随息居饮食谱》认为它"补气，滋肾液，益肝阴，强筋骨，止渴，安胎"。《陆川本草》记载："滋养强壮，补血，强心利尿，治腰痛，胃痛，精神疲惫，血虚心跳。"葡萄含铁量较高，对缺铁性贫血者，食用葡萄干大有裨益，是治疗的辅助措施。

吃葡萄时，我们一般都把葡萄皮吐掉。殊不知，葡萄皮是一种良药。科学研究发现，葡萄皮中含有一种叫白藜芦醇的化学物质，可以防止正常细胞癌变，并对小鼠皮肤癌具有防治作用，说明这种物质具有良好的防癌、抗癌作用。此外，巴西有研究人员发现，葡萄皮中还含有一种可降低血压的成分，具有良好的降压和抗动脉粥样硬化作用。可见，葡萄的科学吃法应该是带皮吃，尤其是老年朋友，常食葡萄有益健康长寿。食用时宜洗净果皮，不妨也照着绕口令中所说的那样"吃葡萄不吐葡萄皮"吧。

无论葡萄籽、葡萄皮，还是葡萄果肉，从里到外，葡萄向人类倾尽自己的所有，这种精神让喜欢它的人们充满了感动。

第三章

葡萄品种及病虫害防控技术

第一节　葡萄起源和栽培历史

一、葡萄的起源与种群的形成

葡萄是古老的被子植物之一，起源于欧亚大陆和北美洲连片地区。主要栽培类型则起源于中亚细亚一带。远在白垩纪至新生代的第三纪前期的化石中，就发现了葡萄属的叶片和种子的化石，地质历史距今约8 000万年以上。到第三纪后期的中新世和上新世，葡萄属植物的形态有了很大发展，出现了很多种，分布于北美、东亚和欧洲。进化方面的研究表明，葡萄旳远祖是在光照充足的旷地上生长的喜光的矮小灌木，后来由于旷地逐渐地被森林代替，葡萄要适应新的环境，得到较多的阳光，逐渐演化成攀缘植物。在这个演化过程中，新梢的单轴生长变为合轴生长；顶生花絮变为侧生花序；形成发达的卷须，节间长，新梢生长迅速，一年多次分枝；芽眼中芽多易于不断萌发；植株内部结构和功能适应了攀援的特点，如根压大，输导组织发达，便于水分、养分的快速运输，柔软而味甜的小型浆果，诱引飞鸟啄食，经禽类的消化道排除后而广泛传播。这一系列性状是葡萄属植物在自然竞争中能够保存、发展的重要因素，由于葡萄的根瘤蚜和真菌病害发源较晚，所以早期并未形成对这些病虫害的明显抗性。在第三纪末至第四纪初出现的冰川时期，欧洲其他种全部灭绝，森林葡萄是唯一幸存的种，后来成为栽培葡萄的重要始祖。冰川时期以后，这个种一直在气候比较温和的温带和亚热带地区生长繁衍，在人类文明出现最早的地区，至今仍有森林葡萄的野生类型，植物学家们认为这里是欧洲葡萄的发源地。在人类的长期选择和栽培条件的影响下，从野生的森林葡萄中产生了众多的栽培品种和类型。而成为另一个种，即欧亚葡萄或称作欧洲葡萄。

上新世的冰川在北美和东亚危害范围较小，危害程度较轻，所以，有较多的种被保留了下来。东亚约40余种，其中绝大多数原产于中国，这个种群在抗病、抗逆育种方面蕴藏着极为珍贵的种质，如山葡萄在第三纪的冰河期凛冽的严寒下保存下来，是葡萄属中生长期最短、抗寒性最强的树种，欧洲种抗低温的极限是－20～－22℃，而山葡萄可在－50℃下没有冻害。北美地区保留下来近 30 个种，这个种群总的来说具有较短的生长期和较强的适应性，随起源地生态条件的差异而具备不同的特性。如起源于北方的河岸葡萄和美洲葡萄抗寒性较强；起源于干旱地区的沙地葡萄和山平氏葡萄抗旱性较强；北美东南部是葡萄根瘤蚜和霜霉病、白粉病等多种病害的发源地，葡萄在与其长期适应自然选择的过程中促进了葡萄抗性的形成。

二、葡萄的栽培利用和生产发展概述

葡萄史前便是人类的食物，考古资料证实，世界上最早栽培葡萄的地区是小亚细亚的里海和黑海之间及其南岸地区。大约在 7 000 年以前，南高加索、中亚西亚、叙利亚、伊拉克等地区已开始了葡萄的栽培。野生的欧洲葡萄味美诱人，早在其他任何植物落存之前，就"自然地"被利用了，游牧者用其他树体支撑着硕果累累的葡萄，这就被认为是原始形式的栽培驯化，后来又搭在阻挡牛羊的泥墙上，这可以说是原始的葡萄园地。

波斯（即今伊朗）是最早用葡萄酿酒的国家。20 世纪 90 年代中期，考古学家在伊朗北部扎格罗斯山脉的新石器时代晚期聚落遗址里发掘出一个罐子，美国宾夕法尼亚州立大学麦戈文在《自然》杂志发表文章说，这个罐子产生于公元前 5415 年，其中有残余的葡萄酒和防止葡萄酒变成蜡的树脂。

葡萄的栽培驯化和酿酒业有着密切关系。"由于在西南亚发明了葡萄酿酒，于是将葡萄由一种森林果的地位变成了大量栽培的东西"。"造酒将葡萄输入果园藩篱以内"（Whibley，1916）。葡萄酿酒业的发展又和天主教和基督教的传播息息相关，在古罗马时代，葡萄酒是做弥撒献祭时必不可少的内容。在中世纪整个欧洲天主教修道院都是优质葡萄园的保护者。后来伊斯兰教传入东方时，由于宗教的原因禁止酿酒，为了生活需要，民间的葡萄选种转向鲜食和制干，培育了穗大粒大、果肉较硬的鲜食品种和种子退化、适于制干的无核品种。

美洲种葡萄的大量栽培驯化是在发现新大陆后，在欧美两地相互引种过程中因葡萄根瘤蚜和真菌病害蔓延猖獗而促成的。由于引入的欧洲品种不抗根瘤蚜和真菌病害而大批死亡，但在葡萄园附近发现一些介于欧洲种和美洲种之间的新的类型，较当地野生种个大，果实粉红色或较浅，具有完全花，适应性较强，它们是当地野生种和欧洲葡萄的杂交种。人们从中选择性状较好、抗性较强的作为品种直接利用，广泛栽培。如康可、卡它巴、伊莎贝拉等。后来，北美的根瘤蚜和真菌病害传入欧洲，使欧洲的葡萄业遭到毁灭性打击。后来引用美洲原产的野生种作为抗源，开展抗性育种，特别是抗根瘤蚜的砧木育种。因此美洲葡萄的栽培驯化是和欧洲葡萄的抗性育种联系在一起的。

葡萄的栽培面积和产量曾长期位居世界水果首位，20世纪60年代，全世界葡萄栽培面积曾达到1 000万公顷以上。此后，由于国际葡萄酒消费形势的转变，全世界葡萄栽培面积呈逐渐减少的趋势，目前仍有733.3万公顷左右，年产量7 000多万吨。在柑橘之后位居第二位。

中国是世界葡萄属植物的原始起源中心之一，东亚种葡萄的原产地，起源有十多个种，主要有山葡萄、蘡薁（董氏葡萄）、葛藟、刺葡萄、毛葡萄、秋葡萄、紫葛等。中国野生葡萄具有丰富的抗性资源，保留下来的野生葡萄种抗寒、抗病、抗寒性较强，至今仍生存于荒野丛林中。

东亚种群的有些种也是在当地居民长期食用和栽培过程中，形成了一些比较原始的栽培类型。如江西的塘尾刺葡萄和湖南高山刺葡萄等，适应高温高湿条件，较抗高温和真菌病害。山葡萄的驯化栽培，由于选育出了一些好的品种，如左山一、左山二、双优、双庆、北冰红、左优红等，逐年在扩大栽培。

关于葡萄在中国的栽培和利用，野生葡萄在《诗经》《本草》《周礼》中都有记载。《诗经》成书于春秋时期，在《国风》之《诗·周南·樛木》《诗·王风·葛藟》《诗·豳风·七月》等篇中对野生葡萄葛藟、薁都有真实生动的描写。"南有樛木，葛藟累之""绵绵葛藟，在河之浒""六月食郁（注：郁李）及薁，七月享葵及菽。"由此说明我国在3 000年前就有葡萄种植。

关于蒲桃的记载。《周礼·地官司徒》中记载："场人，掌国之场圃，而树之果蓏，珍异之物，以时敛而藏之。凡祭祀、宾客、供其果蓏，享亦如之。"《周礼注》称："果，枣李之属，蓏，瓜瓞之属。珍异，蒲桃，枇杷之属。"《周礼》作于西周（前1046至前771），当时已有了管理果园的"场人"，成片种植葡萄，并贮藏，并有了一定的管理技术。蒲桃即葡萄，司马相如在元光五年（前130年）所写的《上林赋》："樱桃蒲桃，隐夫薁棣，苔遝离枝，罗乎后宫，列乎北国。"也有提及（郭会生，2010）。

《本草》又名《神农本草经》，它是我国现存最早的药学专著。其中记载"葡萄，味甘平，主筋骨湿痹，益气，倍力，强志，令人肥健，耐饥忍风寒，久食轻身，不老延年，可作酒，生山谷。"神农氏尝百草，把野生葡萄应用于医药学，为百姓解除病痛之苦，建立药食同源理论，在历史上是一大创新，在中国葡萄应用发展史上是一次飞跃（郭会生，2010）。据美国《国家科学院学报》（网络版），2004 年由麦戈文领导的研究小组新发现，中国 9 000 年前开始酿酒，酒中有葡萄酒和葡萄单宁酸。新疆鄯善县洋海墓地出土了约 2 300 年前（约在春秋时期）的栽培葡萄的葡萄藤，1999 年苏贝希墓葬考古也发现了公元前 5 至前 3 世纪的栽培葡萄的葡萄籽。1999 年尉犁县营盘墓地 M6、M7、M8、M13 等号东汉至魏晋时期墓出土有干化的葡萄。民丰尼雅遗址（古精绝国遗址）一处公元 1-3 世纪的果园保存着已枯死的成排的葡萄等果树。汉晋时期尼雅贵族墓地出土有干缩的葡萄。吐鲁番地区的晋唐墓也出土有葡萄籽、葡萄。库车县库木吐拉村出土魏晋南北朝时期 5 号、9 号陶缸内有葡萄籽粒等（陈习刚，2012）。

栽培葡萄是中国引进外来作物的一项重要成就。《中国作物遗传资源》记载："公元前 138 至公元前 126 年，汉武帝派遣张骞出使西域，他从大宛国取蒲陶（葡萄）实，于离宫别馆旁尽种之。从此，我国内地开始栽培欧洲葡萄。"葡萄从唐代以来大量种植，主要产地在长安、太原等地，形成了牛奶、瓶儿、龙眼等品种。在唐代用葡萄酿酒颇为盛行，唐代刘禹锡的葡萄歌中写道："自言我晋人，种此如种玉，酿之成美酒，令人饮不足。"《广志》中记载：葡萄有黄白黑三种。在李时珍的《本草纲目》中对葡萄品种也曾有记载"圆者名龙珠，长者名马乳，葡萄白者名水晶，葡萄黑者名紫葡萄，尚有无核者"葡萄的品种。到 20 世纪 70 年代，中国主要的葡萄产地 70% 还是种植这些品种。如山西清徐主栽品种龙眼、瓶儿；河北怀来主栽品种牛奶、龙眼；山东平度大泽山主栽品种龙眼；河北昌黎主栽品种龙眼，等等。

在长期的生产实践中，我国劳动人民在葡萄的栽培和加工等方面积累了丰富经验，历史上不少农学家对此作过科学的总结。如北魏时期的著名农学家贾思勰在《齐民要术》中对葡萄栽培、收获、制干和贮藏等方法都曾作过系统总结，在元代的《农桑衣食撮要》、明代的《农政全书》和《便民图纂》等农书中亦都有较具体的记述。19 世纪中后期，随着宗教的传播和西方文化的输入，欧美葡萄品种和葡萄酒酿造技术传入我国，促进了我国葡萄栽培及酿酒业的发展。1892 年张裕葡萄酿酒公司的建立，标志着我国近代葡萄栽培及酿酒业的开始。但 1949 年前，持续的战乱使葡萄种植和葡萄酒生产都濒于倒闭。另外由于受旧的生产关系和栽植制度的束缚，葡萄栽植分散，不成规模，产量低下，当时中国总的葡萄栽培面积为 3 200 公顷，产量只有 3.8 万吨，葡萄酒产量只有 84.3 吨。1949 年以后，葡萄生产受到重视，并得以恢复和发展，特别是鲜食葡萄产业取得了举世瞩目的成就。鲜食葡萄经历了三次快速发展阶段：第一阶段是在 20 世纪 50 年代末期，我国掀起第一次葡萄发展高潮，鲜食葡萄品种以玫瑰香、龙眼为主，酿酒品种主要来自前苏联和东欧，又形成了黄河故道等葡萄产区。第二阶段是在 20 世纪 50 年代末，原北京农业大学从日本引入巨峰品种。70 年代末，中国农业科学院从国外引入黑奥林、红富士、乍娜（绯红）等品种。经全国各地试种，至 80 年代中期，在全国广泛推广和栽培，形成了以鲜食葡萄巨峰系和欧亚种大粒品种为主的第二次发展高潮。此期，全国葡萄栽培面积迅速扩大，并形成了南方葡萄产区。第三阶段是在 20 世纪 80 年代末期，沈阳农业大学和中国农业科学院郑州果树研究所等单位相继从美国引入了一批优质的欧亚种葡萄品种。从 90 年代后期开始至今，由于优良鲜食葡萄品种的推广，南方避雨栽培技术的兴起，设施葡萄的推动，观光葡萄产业的崛起，鲜食葡萄和葡萄酒需求的增加，葡萄价格的拉动，葡萄酿酒工业的快速发展，出现了第三次快速持续发展高潮。到 2010 年年底，中国葡萄面积和产量分别达到 55.2 万公顷和 843 万吨。

第二节　葡萄种类和品种

一、葡萄的种群和品种分类

（一）葡萄主要种群

1. 欧亚种群

在葡萄属中欧亚种葡萄的品质好，产量高，既适宜鲜食，又是酿酒、制干、制罐头的最佳原料。欧亚种葡萄喜欢较为干燥、冷凉的气候，抗寒性较弱，易染真菌病害，不抗根瘤蚜，抗石灰质土壤能力较强，在抗旱、抗盐及对土壤的适应性等方面，不同品种之间有差异。

2. 北美种群

北美种群包括 28 个种，仅有几种在生产上和育种上加以利用，多为强健藤木，生长在北美东部的森林、河谷中。

（1）美洲葡萄。野生于美国东南部和加拿大南部。抗寒力强，可耐－30℃低温，抗病力中等，生产上较多栽培的是本种与欧亚种葡萄的自然杂交品种。

（2）河岸葡萄。原产北美东部，抗寒力强，可耐－30℃低温，抗真菌病害和抗根瘤蚜的能力很强，在育种在主要利用它来培育抗根瘤蚜的砧木。河岸葡萄与美洲葡萄的杂交品种贝达可用作抗寒砧木。

（3）沙地葡萄。原产美国中部和南部的干旱峡谷、丘陵和砾石土壤上。本种抗根瘤蚜的抗病力很强，抗寒、耐旱，主要用于培育抗根瘤蚜砧木。

（4）伯兰氏葡萄。原产美国南部和墨西哥北部，可耐可溶性石灰质土壤65%以下。本种与欧亚种的杂交品种也能耐 40%～45% 的石灰质土壤。本种主要用于培育抗根瘤蚜和抗石灰质土壤的砧木。一些著名的砧木品种如 Kober 5BB、420A、SO4 等就是本种与河岸葡萄的杂交后代。

3. 东亚种群

包括 39 种以上，生长在亚洲东部。原产于中国的约 10 余种，主要用作砧木、供观赏及作为育种原始材料，少量用于酿酒。比较重要的种有山葡萄、董氏葡萄、葛藟葡萄、刺葡萄等。其中最重要、应用最多的是山葡萄。山葡萄是葡萄属中最抗寒的一个种。我国从中选育出了许多酿酒的优良品种。

（1）山葡萄。野生于中国东北、前苏联远东地区和朝鲜，是葡萄属中最抗寒的一个种，枝蔓可耐 -40℃ 严寒，根系可耐 -14～-16℃，不抗根瘤蚜和真菌病害。山葡萄生长强盛，枝蔓在森林中攀缘可高达 25 米，雌雄异株。经过科技工作者多年的努力，野生山葡萄已可成功地进行驯化栽培，中国农科院特产研究所等单位已选出一些优良的山葡萄品系，如长白五、六、九号、通化一、二、三号、左山一、左山二和两性花品种双庆、左优红，等等，人工栽培的山葡萄亩产可达 700～800 千克，本种是抗寒育种的极好亲本。中国科学院北京植物园、吉林果树所等单位利用山葡萄与欧亚种葡萄（玫瑰香）杂交培育出北红、北玫、公酿一号、公酿二号等抗寒酿酒葡萄新品种，已在生产中栽培广泛。

（2）蘡薁葡萄。野生于华北、华中及华南各省，以及朝鲜、日本。抗寒力强，在华北可露地越冬，结实能力很强。

（3）葛藟葡萄。野生于海南、浙江、江西、湖南、湖北、云南等省，及朝鲜、日本。果小，味酸，抗病性强，江西农业大学以本种为父本与玫瑰香杂交，育成玫野葡萄，紫黑色，小果，酿酒品种，适应高温多雨的气候。

（4）刺葡萄。蔓性灌木，野生于湖南、浙江、江西等省。生长势强，抗病力强，本种可用作抗湿砧木，又是抗病、抗湿育种的优良原始材料，从中也选出了栽培品种，如高山葡萄。

此外，还有大量品种是以上 3 个种群的杂交后代，如欧亚种与美洲种的杂交后代称为欧美杂交种，欧亚种与山葡萄的杂交后代称欧山杂种。其中欧美杂种在葡萄品种中占有相当的数量，这些品种的显著特点是：浆果具有美洲种的草莓香味，具有良好的抗病性、抗寒性、抗潮湿性和丰产性。这些特性使欧美杂种能在较大的范围内种植，我国的葡萄以欧美杂种居多。主要品种有巨峰、巨玫瑰、醉金香、京亚、藤稔等。通常认为欧美杂种的葡萄品质普遍不及欧亚种。

（二）品种分类

全世界有各种葡萄品种 10 000 多个，但广泛用于生产的不超过 200 个，按其来源分属于欧亚种、美洲种、欧美杂种和欧山杂种等。根据葡萄自然坐果后果实内种子的有无，分为有核品种和无核品种；按生长期和浆果成熟期又可分为早、中、晚熟品种，从萌芽到成熟 100～130 天的为早熟品种，130～150 天的为中熟品种，晚熟品种在 150 天以上；按用途分为鲜食品种、酿酒品种、制汁品种、制干品种、制罐品种、砧木等。有的品种可兼用，既可鲜食，又可制汁或酿酒或制干、制罐。

二、葡萄的优良品种

（一）无核鲜食葡萄品种

1. 爱神玫瑰

欧洲种。果穗中等大，果粒中等大，平均粒重 2.3 克，果粒椭圆形，果皮红紫至紫黑色，果粉薄，风味甜，有较浓的玫瑰香味，无核或带小残核。早果性强。在北京地区 7 月 26—28 日成熟，为极早熟品种。

2. 无核早红

又名 8611，欧美种。果粒重 4.5 克，平均穗重 290 克，处理后无核率 100%。果粒粉红或紫红色，色泽鲜艳，果肉肥厚，肉质较脆，酸甜适口，风味稍淡。河北玉田、永年大面积种植，用作制罐的原料，经济效益极高。

3. 无核白鸡心

欧亚种。果穗大，长圆锥形，浆果着生中等紧密。果粒鸡心形，绿黄色或金黄色，平均粒重 6 克左右，在无核品种中属大粒品种。果皮薄，不裂果，果肉硬脆，略有香味，甜酸适口，品质极佳，耐运输。北京地区 8 月上旬成熟。

4. 京早晶

欧亚种。果穗长圆锥形，中等紧密，最大穗重 625 克。果粒中等大，平均粒重 2.5～3.0 克，果粒卵圆或椭圆形，绿黄色，透明美观。果皮薄，果肉脆甜，汁多，酸甜适口，充分成熟后略有玫瑰香味，品质上。

5. 金星无核

欧美杂种。果穗圆锥形，紧密。果粒近圆形，平均粒重 4.4 克，果皮蓝黑色，果粉厚。肉软，汁多，味香甜，含糖量 16%～19%，品质中上。

6. 无核白

别名无籽露，欧亚种。果穗圆锥形，疏松，平均穗重 33 克，果粒小，椭圆形，平均粒重 1.64 克，黄白色，果皮薄，果肉甜脆，无香味。属晚熟品种，新疆吐鲁番地区果实 8 月中旬充分成熟。生长势强，结实力强，丰产。抗病性弱，适宜在高温、干旱少雨、生长季节较长的西北地区栽培，是一个优良的制干与生食兼用品种。

7. 夏黑

欧美种，三倍体。果穗中等紧密，圆锥形，自然平均穗重 415 克，粒重 3～3.5 克，果粒着生紧密，近圆形，紫黑色至蓝黑色，果皮厚，果粉厚，肉硬脆，味浓甜，果汁紫红色，有浓郁的草莓香味，品质上等。在北京地区 8 月中旬成熟。耐贮运。

8. 无核寒香蜜

粒重 3 克，处理后粒重可达 8 克，味甜，香气浓。抗寒。

9. 克瑞森无核

别名绯红无核，淑女红，欧亚种。果穗大，平均 500 克。果粒重 5～6 克。果皮亮红色，外观美。露地栽培，延期 1～2 个月采收。果皮红黑色，果肉浅黄色，半透明肉质，较硬。清香甘甜，品质极佳。耐贮运。抗病性较强。树势旺，新梢易木质化，抗寒性较强。克瑞森无核是一个晚熟、耐贮运、极优质的高档葡萄品种。

10. 奇妙无核

欧亚种。果穗圆锥形，果粒着生中等紧密，果实黑色，长圆形，果粉厚。果粒大，自然状况下平均粒重 6～7 克，成熟一致。果肉白绿色，半透明，果肉甜脆，中等硬度，果皮与果肉不易分离，果皮中等厚，品质佳。

（二）有核鲜食葡萄品种

1. 红双味

欧亚种。果穗圆锥形，果粒椭圆形，整齐。深红色，外观美。果粒重 7克。果皮中厚，肉软多汁。具玫瑰香和香蕉两种风味，风味独特。可溶性固形物 17.4%～21%。抗性比一般欧亚种抗性都强，丰产性强，极早熟。

2. 京亚

欧美杂种，四倍体。果穗圆锥形，果粒短椭圆形，平均粒重 8.0 克。果皮紫黑色，果肉较软，汁多，味浓，稍具草莓香味，品质中等。抗病力强，丰产，果实着色好，不裂果。早熟品种。该品种栽培容易，但由于上色快，含酸量高，退酸慢，应在着色以后 30 天左右再采收。无核化栽培可使品质跃升。

3. 矢富罗沙

又名粉红亚都蜜，欧亚种。果穗大，果粒长椭圆形，粒重 8～10 克，果实红色至紫红色，皮薄，肉质稍脆，汁多，有清香味，含酸量低，风味清甜爽口，品质优。

4. 维多利亚

欧亚种。果穗大，粒大，长椭圆形，粒重 9～10 克，疏粒后可达 11～13 克。果皮绿黄色，隐约有纵向条纹，外观美丽，类似牛奶葡萄。果皮中厚，果肉与种子易分离，每果粒含种子以 2 粒居多。果肉硬脆，含酸量低，甘甜爽口，品质佳。在北京地区 8 月上旬成熟，为早中熟品种。

5. 香妃

欧亚种。果穗较大，穗形大小均匀，紧密度中等。果粒大，近圆形，平均粒重 7.58 克，最大粒重 9.70 克。果皮绿黄色、薄、质地脆、无涩味，果粉厚度中等。果肉硬，质地脆、细，有浓郁的玫瑰香味，甜酸适口，品质上等。每果粒含 2～4 粒种子。北京地区 8 月上旬成熟。坐果率高，早果性强，丰产。抗病性较强。该品种在部分多雨地区有轻微裂果现象，适时采收可予以克服。适宜保护地栽培。

6. 蜜汁

欧美杂种，四倍体。幼叶、成叶背面均密生黄白色茸毛。果穗圆柱形或圆锥形，平均穗重 320 克，紧密。果粒圆形，平均粒重 8 克。果皮暗紫色，果粉厚，肉软多汁，稍有肉囊，极甜，可溶性固形物含量 17%～18%，适合鲜食和制汁。生长势强，丰产，抗寒、抗病性极强。不耐运输。早熟品种，北京地区 8 月上中旬成熟。

7. 紫珍香

欧美杂种，四倍体。幼叶紫红色，并密生白色茸毛。果穗圆锥形，平均穗重 450 克。果粒长圆形，平均粒重 9 克。果皮紫黑色，肉软多汁，具有玫瑰香味，味甜，品质上佳。树势强，较抗病，南北方都可栽培。产量中等。早熟品种。

8. 醉金香

辽宁农科院园艺所育成。粒重 10 克，完全成熟时呈金黄色，甜香味浓，品质佳。成熟后有落粒现象，注意及时采收，宜在城郊发展观光采摘。无核化栽培后品质尤佳。抗霜霉病能力较差，非常适合设施栽培。

9. 藤稔

欧美杂交种，四倍体。果穗圆锥形，果粒特大，平均粒重 15～18 克，经严格疏粒、疏穗处理后，最大果粒可达 39 克，俗称乒乓葡萄。果皮紫红至紫黑色，皮薄肉厚，不易脱粒，味甜，品质中上，中熟品种，北京地区 8 月中旬果实成熟，比巨峰早一周左右。树势强旺，极丰产。抗病力强。自根苗生长势弱，必须嫁接栽培。

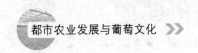

10. 里查马特

又名玫瑰牛奶、红马奶，欧亚种。果穗圆锥形，特大，稍松散，果粒长椭圆形或长圆柱形，平均粒重 10.2～12.0 克，最大粒重可达 19～20 克。果皮鲜红色至紫红色，外观艳丽。皮薄肉脆，味甜，清香，口感好。丰产，抗病性较弱，极易感染黑痘病、霜霉病、白腐病。成熟期间雨水过多易裂果。

11. 玫瑰香

欧亚种。果穗中等大，单穗重 400～750 克，平均果粒重 4.5～5.1 克，果实深紫红色，肉质中等，味甜，有浓郁的玫瑰香味，果汁多，出汁率 83%。成花易，丰产，是优良的鲜食品种，也是酿酒的优良品种。北京地区成熟期在 8 月下旬。

12. 大粒玫瑰香

欧亚种，四倍体。果穗中大，圆锥形，穗重 430 克，浆果着生中等紧密，果粒大，椭圆形，果皮紫红色，单粒重 6.5 克，汁多，具麝香味。

13. 巨峰

欧美杂种，四倍体，原产日本，是我国南北方栽培面积最大葡萄品种。果穗圆锥形，果粒极大，近圆形，蓝黑色，平均粒重 10.5 克，最大粒重可达15～20 克。果皮较厚，果粉较多，肉软多汁，有肉囊，味甜有草莓香味。品质佳。在北京地区 8 月下旬至 9 月初成熟。该品种树势强、丰产、粒大、质优、抗病性、适应性强，但落花严重，能否保证坐果是栽培成功与否的关键。

14. 红瑞宝

果穗大，圆锥形，果粒着生中等紧密，大小一致。果粒平均重 9 克，椭圆形，果皮中厚、果皮粉红至红色，果粉薄，果皮与果肉易分离，稍有肉囊，果汁中多，淡绿黄色，草莓香味浓，味酸甜，品质佳，可溶性固形物含量 16.9%。在北京地区 8 月 25 日左右果实完全成熟，比巨峰成熟晚约一周。

15. 牛奶

别名马奶子，欧亚种。在河北宣化、华北和西北地区都有栽培，是我国古老、质优的鲜食葡萄品种。果穗中等大，重 300～500 克，长圆锥形，穗松散、整齐。果粒大，平均粒重 5.5 克，果皮黄绿色，皮薄肉脆，清香味甜，品质佳，晚熟品种。河北宣化 9 月底成熟，较耐贮藏。该品种鲜食味美，抗病力弱，多雨天气有裂果现象。

16. 巨玫瑰

四倍体，大粒欧美杂交品种。果穗大，果粒大，平均粒重 9 克，最大粒重

15 克。果皮紫红色，着色好，上色易。果肉较巨峰脆，多汁，无肉囊，具有浓郁的玫瑰香味，可溶性固形物含量 18%，品质极佳。不裂果，坐果率高，穗型整齐，无大小粒现象。耐贮运。树势强，结果早。该品种风味品质优，抗病性强，易管理，是今后发展的最有希望的品种。

17. 红富士

果穗圆锥形，果粒椭圆形，重 8.9 克，玫瑰红色，皮厚肉稍有肉囊，汁多，味酸甜，草莓香味浓，品质上等。长势强，坐果率高，丰产。抗病力较强，中熟。缺点是贮运中易落粒。

18. 翠峰

欧美杂交种。粒重 12～13 克，长椭圆形，黄白色，汁多味甜，品质极佳，北京 8 月下旬成熟。丰产、抗病、树势强健。采用无核化栽培极好，处理后果粒可达 17～20 克。

19. 先锋

欧美杂交种。品质超过巨峰，果穗大，圆锥形，平均重 400～500 克。果粒大，平均重 11～13 克，椭圆形或近圆形，果皮紫红到紫黑色，果皮稍厚，果粉多，肉质中等脆，较硬，略具玫瑰香味，露地栽培在北京 8 月下旬成熟。具有无核倾向，处理后易得大粒无核果。

20. 伊豆锦

巨峰系四倍体品种。果粒特大，近圆或椭圆，单果重 13～16 克，紫黑色，皮厚，肉较脆，汁多，味酸甜，微有草莓香味，品质上。丰产。与巨峰相比，果实品质和硬度稍好，成熟期晚一周左右。裂果落粒较巨峰和先锋轻，抗病性相似，长势和抗寒性稍弱。实行无核化栽培后，变成大粒无核品种，即为巨峰系葡萄中很有发展前途的品种之一。

21. 摩尔多瓦

欧亚种。果穗大，圆锥形，果粒着生中等紧密，平均穗重 650 克。果粒大，短椭圆形，平均粒重 9 克，果皮蓝黑色，着色一致，果粉厚，果肉柔软多汁，无香味，可溶性固形物含量 16%，含酸量 0.54%，每果粒含种子 2 粒，品质上。枝条生长旺盛，坐果率高，丰产性强，在北京 9 月下旬至 10 月上旬成熟。抗病性较强，尤其高抗霜霉病。果实成熟后耐运耐贮，为栽培最省心省力的品种。

22. 夕阳红

欧美杂种，四倍体。果穗圆锥形，果粒长圆形，平均粒重 12 克左右。果皮较厚，暗红至紫红色，果肉软硬适度，汁多，具有浓玫瑰香味，味甜，可溶性固形物含量 16%，品质上。晚熟，北京地区果实成熟期 9 月上中旬。

23. 瑞必尔

又名利比亚，欧亚种。圆锥形，浆果着生中紧，粒大，近圆或长圆形，紫黑色，百粒重 650 克，皮厚，果粉中，肉脆多汁，酸甜爽口，无香味，可溶性固形物含量 15%～17%，产量高。适应性较强，抗病、抗寒力均较强，耐贮运。宜棚架、小棚架栽培。北京地区 9 月中下旬成熟。

24. 美人指

欧亚种。果穗中大，果粒大，细长型，平均粒重 10～12 克，最大 20 克，一次果最大粒纵径超过 6 厘米，横径达 2 厘米，果实纵横径之比达 3∶1。初熟果实先端为鲜红色，基部颜色稍淡，恰如染了红指甲油的美人手指，外观奇特艳丽。皮薄而韧，不易裂果。果肉紧脆呈半透明状，可溶性固形物达16%～19%，含酸量极低，脆甜，品质中上。在华北地区 9 月下旬成熟。果实耐贮运，抗病性弱，生长势极旺，枝条粗壮，较直立，易徒长。适宜在干旱半干旱地区栽培，可做观光品种。

25. 意大利

欧亚种，是世界著名的鲜食品种之一。果穗大，圆锥形，果粒椭圆形，着生中等紧密，平均粒重约 8 克，绿黄至金黄色，果粉厚，果肉略脆，有玫瑰香味，酸甜适口，品质上等。在北京 9 月下旬至 10 月上旬成熟。

26. 红地球

又名晚红、红提，欧亚种。原产美国，世界著名晚熟品种，已成为我国第二大主栽品种。果穗长圆锥形，穗大，果粒圆形或卵圆形，粒重 8～14 克，自然坐果，果粒着生较紧，果粒较小，粒重 8～10 克。果皮中厚，红至暗紫红色，果肉硬脆，味甜，品质佳。果实着生极牢固，耐拉力强，不脱粒，特耐贮藏运输。树势强壮，丰产。抗病性弱，尤其易感黑痘病、霜霉病和炭疽病，要提早预防。果实易着色，不易裂果。抗寒性较差。果实发育初期遇干旱缺水，后期膨大不良。易得日灼和缩果病。在北京地区 9 月底成熟。从萌芽到果实完熟生长期 155～160 天。适宜在华北、西北降水偏少的暖热地区栽培。不适宜在高温高湿、夏秋多雨的地区栽培。年活动积温 3 500℃以上，无霜期 180 天以上，降雨 600 毫米以下，日照 2 300 小时以上为最适宜区。

27. 圣诞玫瑰

又名秋红，欧亚种。果穗长圆锥形，果粒长椭圆形，平均粒重 7.5 克，着生较紧密。果皮中等厚，深紫红色，不裂果。果肉硬脆，肉质细腻，味甜，可溶性固形物 17%，品质佳。果粒附着极牢固，特耐贮运。树势强，极丰产。抗霜霉病、白腐病能力较强，抗黑痘病能力较差。果实易着色，成熟一致。在北京地区地区 9 月下旬至 10 月上旬果实成熟，从萌芽到果实完全成熟生长期

160 天左右。

28. 秋黑

欧亚种。果穗长圆锥形，果粒鸡心形，平均粒重 8 克左右，着生紧密。果皮厚，蓝黑色，外观极美，果粉厚。果肉硬脆，味酸甜，可溶性固形物 17%，品质佳。果粒着生极牢固，极耐贮运。在北京地区 9 月底 10 月上旬果实成熟。

29. 红木纳格

欧亚种。来源不详，是白木纳格的芽变，目前在新疆和田地区栽培较多。果穗圆锥形，平均穗重 1 500 克，果粒着生中密。果粒长椭圆形，平均粒重 7~8 克，最重达 10 克以上。果皮浅紫红色，皮薄肉脆，风味甜酸爽口。在鄯善县 9 月底 10 月初成熟，属晚熟品种。植株长势强，较丰产，果实不落粒，不裂果，较耐贮运。

（三）我国适宜采用的砧木品种

我国葡萄栽培应用砧木的历史较短。在我国广大的不埋土防寒地区，由于没有根瘤蚜和线虫危害，习惯栽植自根苗，对砧木的利用没有引起足够的重视。而在寒冷地区，由于存在根系冻害问题，自 20 世纪 60 年代开始使用山葡萄和贝达作抗寒砧木，对促进寒冷地区葡萄发展起到了巨大推动作用。随着从国外大量引种，一些葡萄病毒病、线虫、根瘤蚜也被带入我国。为了避免出现灾难性损失，使用具有良好抗性和适应性的砧木具有重要的战略意义。这也是保证葡萄正常生长发育，提高产量品质，降低生产成本的根本性措施。

目前世界上葡萄及砧木已有几百个品种，常用抗性砧木有 50 多个，主要来源于河岸葡萄、沙地葡萄和冬葡萄三个野生种。下面介绍几个我国常用的砧木品种。

1. SO4

原产德国，冬葡萄和河岸葡萄的杂交后代。梢尖有白色绒毛，边缘玫瑰红。成叶心脏形或楔形，全缘或浅三裂，叶柄与叶片结合处有粉红色。花为生理雄性，不结果。SO4 属于多抗砧木，抗叶型根瘤蚜，对根癌病接近免疫，抗根结线虫，耐石灰性土壤达 17%~18%，耐湿性强，耐盐能力可达 0.32~0.53，耐缺铁黄化症，根系耐低温可达 −9℃，抗寒力中等。根系发达，扦插易生根，繁殖容易，嫁接亲和力强。生长势旺，有利早结果，适宜嫁接生长势不太强旺的品种。有小脚现象。

2. 5BB

原产法国，冬葡萄和河岸葡萄的杂交种。嫩梢黄绿色，边缘紫红色，叶大或极大，近圆形，全缘或浅三裂，叶柄拱形。雌性花，穗小，果小，圆形，黑色。属多抗性砧木，抗根瘤蚜能力极强，抗根结线虫，抗旱性强（强于 SO4），耐石灰性土壤达 20%，耐盐性较强，可耐 0.32%～0.39% 的含盐总量。枝条扦插易生根，但根细且分布浅。嫁接亲和力强，有明显小脚现象，是用于钙质土的最佳砧木之一。

3. 山葡萄

原产于我国东北及俄罗斯远东等地，是葡萄中最抗寒的品种。枝蔓可耐 −40℃ 严寒，根系可耐 −15～−16℃ 低温。不抗根瘤蚜，不抗线虫，不耐涝，不耐盐碱。扦插生根困难，故多采用实生繁殖。然而实生苗发育缓慢，根系不发达，须根少，移栽成活率较低。与大部分葡萄主栽品种嫁接亲和力有一定问题，小脚现象明显。因此并不是十分理想的抗寒砧木。多在黑龙江及吉林北部寒冷地区应用。

4. 贝达

美洲种，为美洲葡萄和河岸葡萄的杂交种。嫩梢黄绿色，有稀疏绒毛。成叶肾形，叶大，叶面光滑，全缘或浅三裂，锯齿锐。叶柄开张矢形。卷须间隔性，一年生枝条玫瑰红。两性花。果穗圆锥形，穗重 100～150 克，果粒近圆形，粒重 2 克，蓝黑色。浆果含糖量 16%～18%，含酸量 2.5%，味稍酸，不宜生食，可制汁和酿酒。出汁率 75%。枝条扦插易生根，根系发达，嫁接亲和力强，成活率极高，有明显的小脚现象。生长势旺，抗湿能力强，抗病性很强，一般不得病，无需喷药。抗根瘤蚜，抗盐碱能力不强。耐石灰质土壤中等。抗寒性强，根蔓可耐 −30℃ 低温，根系可耐 −12℃ 低温，是我国北方寒冷地区最为理想的抗寒砧木。同时由于根系发达，抗旱、抗湿、抗病，也是我国西北和南方地区的通用砧木。

5. 山河 2 号

山葡萄与河岸葡萄的杂交后代。生长势较强。根系可抗 −14.8℃ 的低温，在沈阳地区可露地安全越冬。抗根瘤蚜和抗真菌性病能力较强。枝条扦插生根容易，成活率极高，嫁接亲和力强。综合性能优良，有望替代山葡萄和贝达在寒冷和极寒冷地区推广。

第三节 葡萄低农残病虫害防控技术

一、葡萄生产病虫害防治策略

实行葡萄低农残栽培的关键就是减少化学农药的使用。而我国许多地区葡萄成熟季节降雨集中，高温高湿，葡萄的多数病害是传染性的真菌病害，一旦暴发，防治较难。所以，葡萄的病虫害防治，遵循"预防为主，综合防治"的方针。"上医治未病",预防就是在发生病虫害之前就主动采取预防措施,提高植株的抗病能力,把病虫害消灭在未发前或发病的初始阶段,可有效控制病害,减少用药次数。尽可能利用农业技术措施和物理方法提高葡萄植株的抗性和阻断或减弱病虫害侵染、传播、蔓延的各个环节,尽量减少化学农药的使用量,科学使用农药。

(一)提高果树的抗病力

首先选用抗病品种砧木。根据当地的气候特点,选择适宜品种,是防治病虫害的经济有效的方法。其次是树体保健,如培育健壮无病苗木、改善土壤物理结构、使用有机肥、实行滴灌、渗灌等节水灌溉、重视排水、控制产量、改善光照,调节营养生长和生殖生长的关系等,使植株生长健壮,达到抗病和耐病的效果。

(二)重视和进行农业防治

农业防治措施是降低农残,有效预防和控制病害必不可少的措施。

(三)果园生草

果园生草除了改良、培肥土壤这个主要作用外,还可招引和蓄养害虫的天敌,防治病菌随雨水飞溅传播。

(四)积极推广和采用生物防治

葡萄害虫的生物防治工作有主要有以下四个方面,即利用自然界天敌(有益昆虫、鸟类)来消灭害虫;释放人工饲养天敌消灭害虫;利用性引诱剂扰乱昆虫的交配信息、减少繁衍;使用菌制剂消灭害虫。病害的生物防治工作主要是利用对病原菌有直接杀伤作用的活体微生物或其代谢产物有针对性的防治病害。如用多氧霉素防止褐斑病、白粉病、灰霉病;农抗武夷霉素防止霜霉病、白腐病、白粉病;农抗120防治白粉病、锈病;特立克防治灰霉病;防虫的生物制剂有,苏云金芽孢杆菌、球孢白僵菌、阿维菌素、浏阳霉素和华光霉素等。迄今,生物防治仍存在着药剂品种少、应用面不宽、有效性差等问题(赵奎华,2006)。

(五)科学进行化学防治

尽管化学农药存在污染环境、杀伤天敌和残毒等问题,在葡萄病虫害防治中不应是优先选用的方法,但目前在栽培措施无法有效控制病虫害,生物防治技术能力有限的情况下,应用化学农药控制病虫害发生,仍是目前果树病虫防治的必要手段,也是综合防治不可缺少的重要组成部分。其实"农业不可无化学",科学化防就是知道"防治什么?何时发生?用什么药?打在哪儿?"。

在用化学农药防治病虫害时,适当选择一些低毒、低残留、污染少的杀菌杀虫剂,杀虫剂如拟除虫菊酯类、沙蚕毒素类、仿烟碱结构的吡虫啉、氟虫腈等。并注意以下要点:

第一，重视葡萄发芽前或雨季前用石硫合剂铲除。石硫合剂是无公害、绿色、有机果品生产的基本药剂，也是农户的基础药剂。冬剪后和发芽前，对葡萄园土壤表面、枝蔓及架柱等病原菌繁殖较为集中的场所喷布2次石硫合剂铲除是十分必要的，可起到铲除病原菌的作用。在高温干旱的6、7月份，雨季来临之前，灌水和有较大降水之前，地面喷3波美度石硫合剂杀菌，以防寄生在土壤中的白腐病菌遇水萌生的分生孢子随热气蒸腾到果穗上，使果穗感病。据郑伟2004年试验，灌水前消毒与不消毒处理感病率分别为0.39%和46.4%，差异极显著。

第二，根据病虫害发生规律和气候特点（主要是湿度情况），把握关键期及时用药。一般病虫害发生和寄主同步，且易侵染幼嫩器官，所以在新生器官初现时要注意喷药保护，如萌芽展叶期，花序露出及分离期，开花前，新梢生长期重点预防黑痘病；花前预防、花期防治灰霉病、穗轴褐枯病；南方5月、北方6月及9月结露时必须防治霜霉病；幼果期预防，果实膨大期至成熟期必须控制白腐病和炭疽病。干旱天气和季节不适于病害的侵染和繁殖，可减少用药，只用波尔多液等保护剂保护预防，间隔期可长，但要注意雨天前后要及时喷药防治，一般一次性降雨10毫米以下，雨后不喷药，一次性降雨20毫米以上必须喷药。连续下雨利用停雨间隙抢喷药。在雨季来临前主要用广谱高效的保护剂如波尔多液、科博、必备、大生、百菌清等预防，病害发生初期应及时喷治疗剂。根据病虫害发生的种类对症下药。关键时期用好药。改变没见病时不用药，初发病时舍不得用好药，等病重时又不惜成本滥用药的习惯。波尔多液杀菌谱广，持效期长，无抗性，耐雨水冲刷，在雨水多的年份是防止各种病害最经济、最有效的保护性杀菌剂，喷洒均匀有很好的效果，而且价格低廉。还有追施铜、钙元素的作用。雨季来临前后喷施3次可以有效地控制叶面病害。可在园内间种几株容易感病的葡萄作指示植物，一旦它们先发病，就预示着全园葡萄要发病，马上喷药防治，就可以做到早发现早防治，及时准确有效。

第三，用药时要注意农药的轮换使用和与保护剂的交替使用。同类农药或有交互抗性的农药不能连续使用2次，如甲霜灵和恶霜灵、乙霉威或异菌脲，许多三唑类的农药等，以减少抗性。还要注意农药的安全间隔期的问题。

第四，注意喷药质量，节约药量，提高防治效果。喷头雾化效果要好，尽量采用小容量或低容量喷雾；针对防治对象，明确喷施重点，喷施均匀。如防治霜霉病着重喷上部嫩叶，由于病菌是从叶背面的气孔侵入，所以重点要喷叶背面；褐斑病着重喷中下部功能叶片；白腐病、炭疽病着重喷果穗，穗穗喷到，粒粒见药。

第五，幼果期少用抑制作用强的药，如三唑类的敌力脱、敌力康、爱苗、40％氟硅唑乳油、霉能灵、世高、烯唑醇、仙生等。未套袋果幼果至成熟期慎用易造成果面污染的药剂，如科博、波尔多、福美双等。

第六，对用药的种类、用药量、用药时间要有严格的记录、登记。

二、病虫害的农业防治措施

农业防治，即通过一系列栽培措施，改善葡萄园的宏观生态（光、气、热、水等）和微观生态（微生物区系）环境，创造一个有利于葡萄生长发育，而不利于有害生物生长、繁殖和侵害的环境条件，达到防病的目的。

第一，要搞好田园卫生，生长季节，及时剪除病果、病叶、病枝，秋季采收后，清除所有植株残体和杂草，剥掉所有老皮，集中深埋或烧毁，降低病源基数。

第二，萌芽前用高压喷水枪用200倍米醋液对树干、大小枝条进行冲洗、消毒，以减少初侵染源。

第三，葡萄采用适宜的架式和树形，加强夏季树上管理，使架面通风透光良好，降低湿度。阳光充足的地方不易得病。

第四，经常实施人工防治，如生长季节发现病虫危害时，也要及时仔细地剪除病枝、果穗、果粒和叶片，并立即销毁，防止再传播蔓延。

第五，施用足量优质农家肥，控制产量，保证树体健壮。氮肥过多，会降低对病害的抵抗力和免疫力，容易感病。

第六，实行滴灌、渗灌、穴灌、分区灌溉等节水灌溉技术，降低葡萄园的湿度。

第七，注意排水，降低土壤和果园湿度，减少病菌滋生。另外，土壤水分过多，氧气不足，会使根系受到损伤，因养分吸收不良，会降低树体的抵抗力和免疫力。

第八，在春天和雨季在葡萄行间覆盖园艺地布，具有降低葡萄园湿度、控制杂草和阻断地表病原微生物上浮侵染植株的作用。

第九，浇水和雨后及时锄地，除除草和保墒作用外，还可迅速降低地表湿度，有效防止或中断有害病原菌的发生或繁殖。

第十，实施葡萄果穗套袋栽培，可有效地防止果面污染、害虫咬食和果实病害。随着套袋栽培的普及，果实病害越来越少。

第十一，实行避雨栽培，避免植株和地面直接淋雨，可以消除病原物的侵染，从而消除侵染性病害的发生。

第十二，深翻和除草。结合施基肥深翻，可以将土壤表层的害虫和病菌埋入施肥沟中，将底土铺于地表，以减少病虫来源。

第十三，施用有益微生物，利用有益微生物与病菌之间的营养及生存阵地

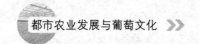

的争夺作用，可抑制有害病菌的发生，持续控制病害。

三、葡萄病虫害防治的重点

危害葡萄病虫害种类虽然很多，但影响最大的是病害。葡萄的病害虽有很多种，但常发、多发、危害较严重的大致有 8～10 种，其中大多数是真菌病害，可作为重点防治对象。这些病害有：白腐病、霜霉病、黑痘病、炭疽病、褐斑病、白粉病、灰霉病、房枯病、穗轴褐枯病、褐腐病等。此外，葡萄病毒病也是葡萄上一类严重的病害，近来也日益引起人们的重视。在虫害上，危害较大的是叶蝉、绿盲蝽、瘿螨、远东盔蚧和金龟子。

四、葡萄主要病害及防控技术

（一）葡萄霜霉病

葡萄霜霉病是葡萄的主要病害之一，危害重的，常造成落叶落果和须根死亡，严重影响产量、品质和树体健康。葡萄霜霉病主要为害叶片，也能为害新梢、花序和幼果。发病初期，叶片产生水浸状淡黄色斑点，病斑逐渐扩大成不规则形的黄色至褐色大斑，病斑边缘界限不清，湿度大时病斑背面产生灰白色，似霜状霉层，即病原菌的孢子囊和孢囊梗。霜霉病和白粉病非常相似，霜霉病的特点是不会黏手，而白粉病的孢子黏手，而且叶子的双面都是白粉。病斑成红褐色或黄褐色，严重时病斑及病斑外侧叶干枯或整叶干枯，像被火烧过一样，并导致早期落叶。在春季多雨湿润的地区，霜霉病可侵染花序和幼果，覆盖一层霜雪般的白色霉层，底色暗绿后变深褐色，容易出现裂果现象并干缩脱落。

图 3—1　霜霉病的循环图（引自李知行）

1. 干叶带病原菌　2. 卵孢子　3. 萌发或形成大的芽孢囊　4. 释放游动孢子
5. 适宜的超市条件　6. 幼嫩器官被感染　7. 形成子实体　8. 形成孢子囊
9. 游动孢子　10. 灰腐　11. 褐腐　12. 落叶

此病以卵孢子在病组织上或随病残体在土壤中过冬。卵孢子寿命很长，在土壤中能存活 2 年以上。当气温达 11 ℃时，卵孢子可在水中或潮湿的土壤中萌发，最适发芽温度为 20 ℃。春季在条件适宜时卵孢子萌发产生孢子囊，由孢子囊产生游动孢子借风雨传播，从叶背气孔侵入，潜育期 10 天左右，在病部产生孢囊梗及孢子囊，孢子囊萌发产生游动孢子，进行再侵染。在葡萄生长期内可进行多次再侵染。传播过程总是在水中或潮湿的空气条件下（相对湿度95％）发生。夏秋季多雨、多露、多雾潮湿和夜间温度转低时（昼夜温差在 10℃以上时，易结露）此病易大发生。孢子囊一般在晚间形成，侵染多在早晨进行，孢子囊寿命较短，在阳光下暴露数小时即失去活力，在高温干燥的情况下，只能存活 4～6 天，低温下可存活 14～16 天。

果园通风不好，湿度大，氮肥偏多有利发病。北方一般 6 月即可发病，8－9月雨水多和叶片结露时为发病盛期。在长江以南地区，全年有 2～3 次发病高峰，第一次在梅雨季节，第二次在 8 月中下旬。个别年份在 9 月中旬至10 月上旬还会出现一次高峰。欧洲种葡萄易得此病，欧美杂种的抵抗性较强。

防治措施包括以下几种：

一是农业措施。如前所述，控制霜霉病关键在于前期预防和发病初期的防治。尤其是雨前和雨后的保护和治疗。

病叶背面霉层　　　　幼果粒受害状　　　果实膨大期受害状

病菌的游动孢子囊梗　　　　　　　游动孢子囊

图 3－2　葡萄霜霉病为害状（引自赵奎华）

二是药剂防治。在未发病前可适当喷洒一些保护性杀菌剂进行预防。常用的是铜制剂，如 1∶0.5～0.7∶200 的波尔多液，0.3 波美度石硫合剂加 200倍硫酸铜液（兼治白粉病），78％科博，80％必备。在北方，一般 6 月上中旬开始，每隔 15 天喷药一次。对已经发病的园内，可喷 25％瑞毒霉或甲霜灵，66.6％霉多克，5％霉能灵，64％杀毒矾，抑快净，杜邦易保，安克锰锌，40％乙膦铝，浓度按说明使用（本章以下用药均按说明使用）。有机杀菌剂应注意轮换使用，避免抗药性产生。由于霜霉病菌往往从叶背面侵入，所以喷药时一定使叶背面着药均匀。

（二）葡萄炭疽病

葡萄炭疽病是葡萄生长后期发病的一种重要病害，主要为害近成熟期的果实，也能侵染枝蔓、果梗、叶和卷须等部位。害果时，早的于幼果期即行侵入，因幼果中的物质（淀粉、高酸、单宁等）不适合病菌孢子生长发育，就潜伏其中，随着果实着色成熟，才发病表现出症状。被侵染处发生褐色小圆斑点，逐渐扩大并凹陷腐烂，病斑上产生同心轮纹状近圆形线纹，并生出排列整齐的小黑点。这些黑点是分生孢子盘，潮湿天气分生孢子盘溢出绯红色胶状分生孢子团，是该病特

图 3-3　葡萄炭疽病果症状及病原菌

征。病斑可扩展到整个果面，造成果实溃疡腐烂、容易脱落，遇干燥天气，病果逐渐干缩成僵果，有时整穗干缩成整穗僵果。穗轴及果柄上亦生有凹陷及暗褐色病斑，但较果实上的小，呈长圆形，病部发展严重时，其下部果穗或果粒脱落。

图 3-4　葡萄炭疽病为害状（引自赵奎华）

葡萄炭疽病侵入新梢、卷须等幼嫩组织后，当年无表现，以菌丝体在一年生枝蔓表层组织上越冬，成为来年的侵染源。也可以分生孢子盘在病果、枯枝落叶等病组织中过冬。春季当气温达到 15℃以上，降雨量高于 15 毫米时，病菌就会产生大量分生孢子，借风雨传播。分生孢子可从皮孔、气孔、伤口侵入，也可直接从果皮上侵入。病菌在一年中可繁殖多代进行重复侵染。成熟期

侵染，潜育期4天左右；高温、高湿和有雨、雾、露水时发病重。生长期一般温度条件都能满足，发病早晚和轻重取决于降雨，雨早病早，雨多病重。开始发病后，每降一次大雨后10余天便出现一批病果。在果园排水不良和棚架过低、枝蔓过密、通风不良、树龄增加等条件下，欧亚种、晚熟品种病情较重。欧美杂交种、美洲种、早熟品种轻。

防治措施包括以下几种：

一是清除病源彻底清除病穗、病蔓和病叶等，葡萄出土后上架前，剥掉老皮，以减少菌源。

二是加强栽培管理使架面通风。增施有机肥和磷钾肥，控制氮肥用量。实施节水灌溉，降低湿度。

三是药剂防治在萌芽成绒球期时，喷一次3波美度石硫合剂，或50%倍福美双可湿性粉剂，或50%退菌特可湿性粉剂作为铲除剂；或在花前、花后用的40%氟硅唑乳油铲除病原菌；生长前期下雨之前和下雨之后叶子完全干了时马上喷药保护防治，预防保护用易保、或大生、或科博、或25%溴菌腈（炭特灵）；近成熟期，用40%氟硅唑乳油或万兴，重点喷果穗，预防、治疗和铲除作用非常理想。

（三）葡萄白腐病

葡萄白腐病是葡萄的主要病害之一，主要为害果穗，也为害叶片和枝蔓。果穗发病，初在穗轴、小穗梗和果梗上出现淡褐色、水渍状病斑，扩展后周遭组织腐烂，潮湿时果穗脱落，干燥时果穗干枯萎缩，不脱落。果粒发病，多由果柄受侵染后引起，从基部开始，迅速扩展至整个果粒，呈灰白色软腐，易脱落，后期果面上密生灰白色小点，即病菌的分生孢子器，遇干燥天气时病粒失水干缩成褐色僵果。叶片受害多从叶缘或其他损伤部位开始，病斑呈水渍状、污绿至褐色不同颜色的波状轮纹，病斑干枯后易破裂。新梢上发病，初呈淡褐色、水浸状、不规则斑点，病斑扩展环绕茎蔓后，上部枝叶黄枯至死，后期病皮组织纵裂与木质部剥离，如乱麻丝状。

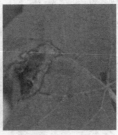

图3-5　葡萄白腐病为害状（引自赵奎华）

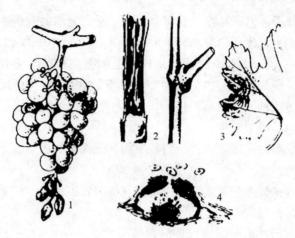

图 3—6　葡萄白腐病果症状及病原菌
1. 病穗　2. 病枝　3. 病叶　4. 分生孢子器及分生孢子

病菌以分生孢子器和菌丝体随感病组织在土壤和枝蔓上越冬，翌春条件适宜时产生分生孢子，随风雨和飞溅的土粒传播，从伤口侵入，也可从较弱枝蔓的皮孔侵入，孢子的适应性很强，在 14～40℃ 及潮湿的条件下均可萌发，由于土壤中寄生量很大（每克土壤有约 2 000 个孢子），生长季只要条件适宜随时都会发生。发育的最适温度为 26～30℃，潜育期 3～10 天，白腐病有潜伏侵染现象，即侵染后条件不适暂不发病。幼果因缺糖酸高、酚类物质多较抗病，果实开始成熟易发病。除发病时期因不同地区气候条件条件而异，北方多在 6 月开始，7 月中下旬进入发病盛期。高温、多雨、高湿和伤口是病害流行的重要条件，其中高湿和伤口为关键因子。相对湿度在 100% 是孢子萌发率在 80% 以上，相对湿度低于 92% 则孢子不萌发。雨早病也早，雨多病也重。旬降雨 15 毫米以上，一次降雨 6～7 毫米以上，加上 5～7 天的潜育期，则可预测始发期的到来。发病之后，每降一次大雨或连续降雨后一周左右，便出现一次发病高峰。果实成熟期，旬降雨量或一次降雨 60 毫米以上，则可预测到盛发期的到来。雹灾后会给植株造成许多伤口，容易发病引起病害的流行。凡是造成果园湿度加大的因素如土壤黏重、排水不良、通透不良等均有利于发病。因土壤中存有大量病菌，所以一般篱架葡萄受害重，棚架受害较轻。近地面（40 厘米以下）的果穗受害重，远离地面的受害轻。强树感病少，弱树感病重。白腐病对铜盐有高度的耐受力，因此，使用铜素杀菌剂（如波尔多液等）防治，无显著效果。

防治方法包括以下几种：

一是农业防治。如前所述，对白腐病必须采取综合防治措施才能收到良好效果，防止的关键是阻断土壤的病菌传播到树上。发生严重的果园要对树盘及行间土壤进行消毒处理，以杀灭在土壤中越冬的病菌孢子。

二是药剂防治。重点是早期预防，后期（封穗后至转色期）如果发病严重则很难防治。发芽前用5波美度石硫合剂刷枝蔓，或40％氟硅唑乳油喷布铲除病原；发芽后改用0.3波美度喷洒。病害未发生时注意预防，落花后到封穗期进行规范化药剂保护是最好的措施，可用易保、福美双等，病害发生初期，用40％氟硅唑乳油或杜邦万兴进行治疗。大雨前用3波美度石硫合剂喷洒地面，暴风雨或冰雹后12小时内必须用70％的托布津、40％氟硅唑乳油进行治疗和铲除，防止病害暴发流行。果实近成熟期，用40％氟硅唑乳油或万兴液喷雾，重点喷果穗，防治果穗白腐病。试验证明，40％氟硅唑乳油是治疗白腐病的首选药剂。40％氟硅唑乳油＋易保可兼治炭疽病和霜霉病。

（四）葡萄黑痘病

黑痘病是一种葡萄常发病害，一旦在果园出现，就会纠缠不休。主要为害幼果、嫩梢、嫩叶及卷须等绿色幼嫩部分，及叶柄、穗轴、果柄等处。幼叶叶脉被害时，呈现多角形小斑，被害部位停止生长，造成叶片皱缩畸形。叶片被害初期发生疏密不等直径1～4毫米的褐色圆形小斑，周边暗褐色或紫色，中央浅褐色或灰白色并组织死亡后破碎、穿孔。花穗受害时，在花蕾上出现浅褐色小斑点，逐渐变黑枯死。穗轴和小穗梗受害后，形成褐色斑，严重时造成穗枯。新梢、卷须、叶柄和果柄受害，初呈褐色圆形或不规则形小斑点，后扩大为近椭圆形，灰黑色，边缘深褐色，中部显著凹陷并开裂。蔓上形成溃疡斑，溃疡斑有时向下深入直到形成层；病梢停止生长，以致枯萎变干变黑。幼果受害，先于果面出现褐色小圆斑，后渐扩大，病斑中央呈灰白色，稍凹陷，上生黑色小粒点，似鸟眼状。一个果粒上可出现数个病斑。病斑只停留在果皮上，不深入果肉，后期病斑硬化龟裂，呈疮痂状，病果小，味酸，质硬、无食用价值。

果穗严重受害状　　　　　　　　被害叶病斑后期穿孔

病梢及病叶幼果上的病斑

图3—7　葡萄黑痘病为害状（引自赵奎华、温秀云等）

图3—8　葡萄黑痘病及病原菌
1. 叶子、新梢为害症状　2. 果实为害状　3. 分生孢子盘及分生孢子

　　病原菌以菌丝体和菌核在病枝蔓和病果上越冬，来年春季遇适宜湿度，产生分生孢子，借风雨传播，进行初次侵染。分生孢子在2～32℃条件下均可萌发，完成侵染需要有12小时以上的游离水。病害发生的最适温度为25℃左右。黑痘病发生较早，一般在4月下旬遇雨开始侵染，5—6月开始发病，6—7月为发病盛期。超过30℃发病受到抑制，高温干燥时病害进展缓慢。雨季时又可继续危害。病菌只侵染幼嫩组织，对着色的果实、老化的叶片和枝条等不能侵染，9月中以后便很少感病。黑痘病的发生和流行与降雨量、空气湿度有密切关系，5—6月降雨多则当年发病早且严重。土质黏重、田间湿度大、通风透光差的葡萄园发病亦重。葡萄品种间抗病性差异明显，欧洲品种容易感病，欧美杂交种抗性强，若春季连续下3～4天雨时，大部分欧洲品种都会感染此病。

　　防治方法包括以下几种：

　　一是农业防治。选用抗病品种，冬剪时将病残体清除干净，生长季节及时剪除病组织；认真及时进行夏季修剪，改善通风透光条件，多施有机肥和磷钾肥，避免过量使用氮肥。

二是药剂防治。关键在早期，铜制剂特别有效。春天植株出土发芽前，喷施3～5波美度石硫合剂；新梢2～3叶期、花序分离、花前2～4天、花后3～5天是黑痘病防治的关键时期，根据降雨情况喷80%必备400倍，1：0.5：200～240波尔多液，78%科博。发病初期可喷10%多抗霉素，10～15天喷一次，可基本控制病害发生。其他药剂有80%喷克，75%百菌清可湿性粉剂，或50%多菌灵可湿性粉剂，70%甲基托布津，或大生，或万兴，40%氟硅唑乳油，10%世高。

（五）葡萄灰霉病

灰霉病在潮湿地区危害严重，保护地葡萄遇到连续高湿天气灰霉病也会严重，是葡萄贮藏期的主要病害之一。葡萄灰霉病主要为害花序、穗轴、幼果及成熟的果实，也为害新梢及叶片。花序受害时，初现似热水烫过的水浸状、淡褐色病斑，很快变为暗褐色，软腐，天气干燥时，受害花序很快萎蔫干枯，极易脱落；空气湿度大时，受害花序和幼果密生灰霉（即病菌的菌丝和分生孢子）。穗轴、果梗和新梢被害，形成浅褐至深褐色病斑，环腐一周后，果穗、新梢枯萎凋落。叶片边缘和受伤部位易感病，湿度大，扩展快，形成不规则、轮纹状大斑，斑上生有灰色霉状物，病组织干枯后易破裂。成熟期果实得病后，先产生浅褐色凹陷病斑，很快扩至全果，腐烂，接着感染周围果实，病果相连成一团，表面密生灰霉，稍加触动，灰霉呈烟雾状飞散。被害果实极易脱落。

该病以菌核、分生孢子在土壤中越冬，以菌丝体在树皮和冬芽中和病残体上越冬。该菌的寄生性较弱，寄主较多，许多果树、蔬菜、花卉及杂草等植物都生此病，故初侵染来源十分广泛。春季，越冬的菌丝体或菌核产生分生孢子，借气流和雨水传播，对花序和幼叶进行初次侵染。灰霉病菌的发育温度2～31℃，当温度达到15℃、相对湿度达到85%以上时，即可发病。

图3-9 葡萄灰霉病（引自邱强、张一萍等）
1. 叶缘灰色轮纹病斑 2. 发病花序 3. 侵害幼果穗 4. 成熟期果果粒受害状

当温度达到20℃、相对湿度达到90%以上时病害发生迅速（赵奎华，2006）。

低温、多湿、伤口和植物残体是病害流行的主要因子。葡萄灰霉病1年有2次发病期，第1次发病期在5月中下旬至6月上旬，即花序分离期到开花期，此时如低温多雨、空气湿度大，则易造成花序大量受害。花粉粒是病害的良好营养，感病的花粉粒掉落到叶片上时会引起叶片病害。第2次发病期是在果实着色至成熟期。如出现裂果现象，病菌从伤口侵入，导致病害发生。果园氮肥过多、枝叶徒长、下剪不及时、枝叶郁闭、土壤黏重、排水不畅、空气湿度大等均能促进发病。

防治方法包括以下几种：

一是农业防治。选用抗病品种，清除菌源，加强管理，改善光照，增强树势，降低湿度，如前所述。温室灰霉病严重时，可进行高温闷棚熏蒸，即在晴天中午闷棚2小时，同时点燃熏蒸剂（速克灵烟雾剂等），温度保持在33～36℃，每10天闷一次，连续3次，可有效控制病害发展。

二是药剂防治。休眠期必须在果园充分喷洒5波美度石硫合剂；新梢长到20～30厘米时，即花穗抽出后、花序分离期和花后3～5天时防治的关键点，根据降雨情况可喷洒波尔多液；其他对灰霉病防治效果好的药剂有50%扑海因，速克灵，55%霉能灵，50%多霉灵，40%克霉灵，易保等。湿度大的地区在封穗前、转色期及成熟期也是防治的关键时期。

(六) 葡萄白粉病

葡萄白粉病可为害果实、叶片和嫩梢等绿色幼嫩部分。果实受害，先在果粒表面产生一层灰白色粉状霉，擦去白粉，表皮呈现褐色花纹，最后表皮细胞变为暗褐色，病果生长受阻，着色不良，易开裂。幼果得病易枯萎脱落。叶片受害，最初失绿，随后在叶表面产生灰白色粉质病斑，病斑轮廓不整齐，大小不等，叶面皱缩不平。其后病斑变成灰白色，逐渐蔓延到整个叶片，严重时病叶卷缩枯萎。新梢等其他组织受害，均在病组织表面长出灰白色或暗褐色粉状物，病蔓由灰白色变成暗灰色，最后黑色。

白粉病叶　　　　　　　　病穗　　　　　　　　病枝枯斑

图3-10　葡萄白粉病为害状

病原菌以菌丝体在被害组织上或芽鳞片内越冬，来年春季，芽眼绽开，病菌开始活动，侵染新梢，产生分生孢子，借风力或雨水传播到其他幼嫩器官，侵入表皮，菌丝上产生吸器，直接伸入寄主细胞内吸取营养，菌丝则在寄主表面蔓延。温度、湿度和光照对病菌分生孢子的存活萌发及菌丝的发育影响很大。孢子在4～7℃即可萌发，最高35℃，侵染和扩展的最适温度为25～28℃。在较低的大气湿度下孢子就能萌发，适宜萌发和侵染的相对湿度为40％～60％，大雨、高湿对菌丝生长发育不利，孢子在水滴中易破裂，也不利于病斑扩展。因此，在干旱、闷热、多云而无雨的天气有利于白粉病的发生。缺乏日照、没有充足的阳光时此病会加重。栽植过密、氮肥过多、通风透光不良，会促进病害发展。南方采用避雨栽培时有利白粉病的发生。葡萄品种间抗病性差异明显。

防治方法包括以下几种：

一是农业防治。见黑痘病。白粉病的寄主较多，果园周围的草坪、树木、瓜类、蔬菜、花卉一旦受到干旱，就会产生白粉病，要除掉中间寄主。

二是药剂防治。在发芽前应喷1次3～5波美度石硫合剂，发芽后2～3叶期喷0.2～0.5波美度石硫合剂，这是两次最关键用药。花期至大幼果期是发病的高峰期，花序分离期、花前和果实黄豆粒大小时，喷布2～3次可湿性硫黄粉150～250倍液，或50％硫悬浮剂200～300倍液。发现有白粉病发病的条件要及时用药。硫制剂是治疗白粉病的特效药剂，但要注意硫黄发挥作用的最适温度为25～30℃，低于18℃时几乎不起作用，高于30℃或有露水时硫黄容易烧伤叶片，喷药时应选无风干燥的天气，最好在午后进行。另外，可选用40％氟硅唑乳油，15％三唑酮，或70％甲基托布津，或农抗武夷霉素，或硫黄粉＋多菌灵，10％世高。

（七）葡萄褐斑病

葡萄褐斑病是葡萄较重的叶部病害之一，引起早期落叶，影响树势造成品质差和减产。褐斑病有两种：褐斑病和小褐斑病。褐斑病主要为害叶片，侵染点发病初期呈淡褐色、不规则的角状斑点，病斑逐渐扩展，直径可达1厘米，病斑由淡褐变褐，进而变赤褐色，周缘黄绿色，严重时数斑连接成大斑，边缘清晰，叶背面周边模糊，后期病部枯死，多雨或湿度大时发生灰褐色霉状物。有些品种病斑带有不明显的轮纹。小褐斑病侵染点发病出现黄绿色小圆斑点并逐渐扩展为2～3毫米的圆形病斑。病斑部生逐渐枯死变褐进而茶褐色，后期叶背面病斑生出黑色霉层。

叶片上病斑　　　　　　　　　　病斑后期破裂

图 3—11　葡萄褐斑病为害状（引自赵奎华）

褐斑病病菌分生孢子寿命长，可在被害叶上或在结果母枝表皮附着越冬，春季葡萄开花后，病原菌产生分生孢子梗和分生孢子，借风雨传播，在高湿条件下萌发，从叶背面气孔侵入，潜育期约 20 天。从 5—6 月开始发生，从 7—9 月雨季开始到采收以后，发病严重。结果过多，影响根系生长，不能吸收充足的养分，叶片不能进行正常的光合作用，缺乏营养是引起叶斑病的最大原因。排水不良、有机质不足、缺钾、缺镁、氮过多或不足、枝叶茂密等造成营养不良，降低对病害等抵抗力和免疫力时易发病。

防治方法包括以下几种：

一是清园。彻底清除枯枝落叶减少病源。

二是药剂防治。重在前期预防，雨季严重发病时则难治。结合其他病害进行预防，发芽前喷 3～5 波美度石硫合剂。5 月份喷代森锰锌或大生，6 月份可喷 1 次等量式 200 倍波尔多液，7～9 月间可喷 70％扑海因，或 10％多抗霉素，或 50％多菌灵，或 75％百菌清，或 70％托布津交替使用，酌情每 10～15 天喷 1 次药。严重时可喷洒 40％氟硅唑或 20.67％万兴。

三是合理施肥，科学整枝。增施多元素复合肥，增强树势，提高抗病力。科学留枝，及时摘心整枝，促使通风透光。

（八）葡萄穗轴褐枯病

葡萄穗轴褐枯病也叫轴枯病，是花期为害的主要病害之一。早春多雨和湿度大的年份和地区发病较多。穗轴褐枯病主要为害花序、穗轴及幼果。穗轴发病初期，发生淡褐色、水渍状斑点，湿度大时，迅速扩展变为黑褐色。使穗轴病斑以下部位变褐坏死，失水干枯。幼果受害后，表面形成圆形或椭圆形深褐或黑褐色病斑，直径 2～3 毫米，病斑仅限于表皮，随果粒膨大病斑表面呈疮痂状，当果粒长到中等大小时，病痂脱落。

主要以菌丝体和分生孢子在枝蔓表皮、芽鳞和土壤等场所越冬。第二年春季产生的分生孢子借风雨传播，侵染花穗及幼果，发病期集中在花期前后，坐果后停止侵染。葡萄开花前后气温偏低，阴雨较多时，利于侵染和发病；地势低洼，小环境湿度较高，树势较弱的葡萄园发病较重。一般巨峰群品种发病较重，康拜尔、玫瑰香、玫瑰露等品种较抗病。

防治方法包括以下几种：

一是农业防治。冬剪后，彻底清除枯枝落叶，剥除老皮，集中烧毁或深埋。葡萄抽穗到幼果期，及时绑蔓，使架面通风透光，实行节水灌溉或覆膜，降低果园湿度。

二是药剂防治。葡萄发芽前喷 3～5 波美度石硫合剂，花序分离期和花前各喷一次 78%科博，10%多抗霉素，50%扑海因，50%多菌灵，50%多菌灵，70%甲基托布津，10%世高。

（九）葡萄黑腐病

葡萄黑腐病是一种常发性病害，在长江以南地区，如遇连续高温高湿天气，发病较重。主要发生在果实、叶片，有时也危害叶柄和新梢，以果实受害较重。叶片发病时，初期产生红褐色小斑点，逐渐扩大成近圆形病斑，直径可达 4～7 厘米，中央灰白色，外缘褐色，边缘黑褐色，湿度大时，上面生出许多黑色小突起，排入成环状。果实被害后发病初期产生紫褐色小斑点，逐渐扩大后，边缘褐色，中央灰白色，稍凹陷，病斑出许多黑色颗粒状小突起，即病菌的分生孢子器或子囊壳。新梢受害处生褐色椭圆形病斑，中央凹陷，其上生有黑色颗粒状小突起。可迅速扩展至整个果粒，发病果变黑软烂，而后变为干缩僵果，有明显棱角，不易脱落，病果上生黑腐病菌主要以子囊壳在僵果上过冬，也可以分生孢子过冬，夏季以子囊孢子借风雨传播，有适宜的水分和湿度即可萌发侵入。在生长期内可重复侵染。黑腐病一般在 6 月下旬发生，8—9 月为盛期，一直发展到采收期。黑腐病易在温暖潮湿的季节发生，多雨时或雨后潮湿闷热 2～3 天后容易发病。

防治措施：同白腐病。

（十）葡萄蔓枯病

葡萄蔓枯病也叫蔓割病，是葡萄园的常发病害。主要为害葡萄枝蔓，侵染枝蔓后，初呈红褐色、稍凹陷病斑，扩大后呈梭形，病部腐烂变成暗褐色。病部枝蔓纵向开裂。如主蔓受害，可造成植株生长衰弱，叶片变黄并逐渐枯萎，严重时整株死亡。湿度大时病斑上产生分生孢子器并溢出白色或黄色丝状或胶状的孢子角。

病菌主要以菌丝体和分生孢子器在病蔓和芽鳞内越

图 3—12　葡萄黑腐病为害状

冬。春天，分生孢子器遇雨或吸湿后生出分生孢子，通过雨水飞溅传播，从伤口侵入。孢子萌发温度为1～37℃，最适温度23℃。潜育期21～30天。天气干热不利于病菌活动，春秋冷凉、连续降雨、高湿和伤口是病害流行的主要条件（赵奎华，2006）。病菌侵入后，在韧皮部蔓延，扩展缓慢，许多当年症状不明显，翌年春天，病蔓发芽晚或不发芽，出现矮化或黄化现象严重时全蔓枯死。树势衰弱、排水不良、有伤口时容易发病。

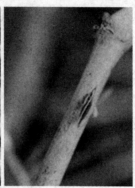

为害幼蔓病斑引起树皮纵裂

图3-13　葡萄蔓枯病为害状

防治方法：清除菌源；繁殖材料用3度石硫合剂消毒；及时刮除病蔓病斑，刮后涂5～10波美度石硫合剂；药剂防治结合白腐病和炭疽病同时防治。

（十一）葡萄根癌病

葡萄根癌病是一种普遍发生的细菌性病害。在北方易发生冻害的地区和怕冻的品种上发病较重。根癌多发生在主干近地面1米内，也可发生在表土下，或在距地表1米高处发生。当年癌瘤多于初夏发生，初期肿瘤较小，呈圆状突起，乳白色，是新鲜愈合组织生长物，也常在老瘤上出现，由初生或再生韧皮组织组成。在瘤组织中可见不规则的薄壁组织和瓦解的维管束。夏末癌瘤变褐色，并渐木栓化。瘤体大小不等，一般0.5～10厘米。受害植株由于皮层及输导组织被破坏，所以生长衰弱，叶片小而黄，秋天变红，提前脱落，严重者树会死掉。

葡萄根癌病菌主要在土壤中或病株及肿瘤组织内越冬。根癌细胞在病残体上可存活2～3年，单独在土壤中只能存活一年时间。春夏气候适宜时，病菌借雨水、灌溉水、病残组织、地下害虫、根或蔓接触摩擦等进行传播，通过嫁接口、机械、冻害或雹灾、害虫或人为因素造成的伤口以及气孔侵入葡萄植株。病菌进入寄主表皮组织后，将其携带诱癌基因质粒上的一段T-DNA整合到寄主 DNA 上，诱导伤口周围的薄壁组织细胞不断分裂，异常增生，形成瘿瘤。病原菌主要在病株下面的土壤里，并且喜欢碱性土壤，北方土壤偏碱性。另外，北方冬季低温，一般葡萄需埋土防寒，在防寒、解除防寒的

图 3-14　葡萄根癌病为害状

操作过程中主蔓易形成伤口，或为埋土强制性扭弯基部，使葡萄树受伤，潜伏在土里的病菌会通过伤口侵染葡萄树。冬天受到冻害时破坏寄主的组织细胞，病菌通过受冻部位感染寄主。所以，一般北方根癌病较多，华北病株率达到 30%～50%。土壤水分过多、氮素过多、后期旺长、结果过多、早期落叶、晚期采收等影响树势和不能正长入眠的因素，都会降低树体的抗冻力，出现冻害，易患根癌病。

防治方法主要包括以下几种：一是选栽无病苗木，定植前进行苗木消毒，将苗木或插条用硫酸铜 100 倍液浸泡 5 分钟，再放入 2% 石灰水中浸泡分钟；二是防止受伤，埋土或农事操作时不能造成伤口；嫁接时，接口距地面保持 1 米的距离；三是正常落叶，通过排水、施肥、控制产量、改善光照等保持树体健壮，防治葡萄后期生长过旺；四是清除病株，刨除病株或销毁，其根际部土壤用 1% 硫酸铜溶液消毒处理；五是预防冻害，冬天气温降到 -10℃ 以下的地区，抗寒力弱的品种一定要埋在土里才安全。不埋土最好用塑料薄膜、稻草等把树干基部包上；六是生草栽培，防止泥水飞溅（大雨可达 1 米高度），减少发病率；七是伤口保护，秋天修剪后，在所有伤口处涂抹两次 5 波美度石硫合剂，然后再埋在土里；八是隔离侵染，埋土前将主干或主蔓弯倒的部位用塑料薄膜包裹，土树隔离防止侵染；九是药剂防治，葡萄树感病后用用刀子刮除病瘤，当初发病瘤长到黄豆粒大小时，马上刮除。把刮下的病体烧毁，伤口用 5 波美度石硫合剂涂抹保护。处理完后用 100 倍硫酸铜液浇灌周围土壤，消灭土壤中的细菌。

（十二）葡萄病毒病

葡萄病毒病种类多、分布广、危害大，已受到全世界的广泛关注。葡萄感染病毒病后，表现不同程度的生长衰弱，产量降低，品质变差。由于许多病毒具有潜隐性（不表现明显症状），其为害常常被忽视。据调查，我国有近 80% 的葡萄品种带毒，一些品种的带毒株率达 64.2%，个别品种达 100%（赵奎华等，2006）。

葡萄扇叶　　　　　　　　　葡萄卷叶

图 3—15　葡萄病毒病为害状

由于我国苗木繁殖和流通秩序混乱，病毒病有加重趋势。目前已发现危害葡萄的病毒病有 40 余种，其中重要的是葡萄扇叶病毒、葡萄卷叶病毒、葡萄栓皮病、葡萄茎痘病、葡萄萎缩病和葡萄斑点病毒。由于葡萄感染病毒后整株系统将终生带毒，目前尚无有效治疗方法。预防病毒病的感染是主要的解决办法。主要措施有以下几点：一是采用无病毒苗木，培育、栽植无病毒苗木是防止葡萄病毒病根本和经济有效的措施。不在老葡萄园进行种植或延长轮作时间（三年），以防土壤线虫传播病毒。园址须离其他普通葡萄园 20 米以上，以防止粉蚧等介体传播病毒。二是加强管理，防止传播，发现病株立即拔除烧毁，发病严重的葡萄园应全部更新，拔除后将根系周围土壤用杀线虫剂（棉隆）进行消毒处理，及时防治粉蚧、叶蝉等传毒介体昆虫。三是采用抗线虫和抗病毒砧木。

五、葡萄主要虫害及防控技术

（一）绿盲蝽

绿盲蝽分布广泛，食性较杂，寄主较多，可危害许多果树、蔬菜、花卉等木本及草本植物。近年来，危害逐渐加重，已成为葡萄的主要害虫。绿盲蝽以若虫和成虫刺吸危害葡萄的幼芽和嫩叶及花序。由叶受害后，形成红褐色、针头大小的坏死点，随着叶片的伸展长大，形成无数以小点为中心的不规则孔洞。致使叶片畸形、皱缩，生长受阻。花蕾、花梗受害后则干枯脱落。

绿盲蝽成虫体长 5～5.5 毫米，体绿色，较扁平；头三角形，黄褐色；复眼红褐色；前胸背板多微细黑色刻点；前翅绿色。若虫黄绿色，密生黑色细毛；复眼灰色。卵长袋形，黄绿色。绿盲蝽在北方一年发生 4～5 代。以卵在苹果、海棠、桃树、葡萄枯枝髓内及剪口髓内越冬。第二年 4 月温度达到 20℃以上，相对湿度在 60% 以上时，越冬卵孵化为若虫，开始为害葡萄，绿盲蝽有趋嫩为害习性，昼伏夜出，刺吸葡萄嫩芽和幼叶的汁液，随着芽的生长，危害逐渐加重。5月底至6月初成虫从葡萄树上迁飞到杂草、其他树木、花卉、蔬菜、棉花等植物上危害，8月下旬出现第四代或第五代成虫，10月初产卵越冬。

防治方法：绿盲蝽因虫体小，多夜间为害，危害当时不表现症状，所以当时不易被发现，往往在葡萄被害后，随叶子展开才注意到，但已造成危害。所以，在常发地区和葡萄园应及时防治。也可以采用药剂防治方法，在葡萄萌芽初期和新梢刚抽生（3～4叶）时或在绿盲蝽第一代若虫期间，及时喷洒药剂进行防治。常用药剂有吡虫啉1 000倍液，菊酯类和低毒的有机磷农药。

（二）葡萄二星斑叶蝉

葡萄二星斑叶蝉又叫二星叶蝉、二点浮尘子、小叶蝉等，是北方葡萄产区的重要害虫之一。以成虫、若虫聚集在叶背面吸食汁液，被害处出现灰白色斑点，严重时斑点连成片形成白斑，全叶失绿苍白，丧失功能，导致早期落叶，影响光合作用，妨碍果实着色、花芽分化和枝条成熟。一般枝蔓过密、新梢茂盛、杂草丛生的葡萄园发生较多。葡萄品种间受害程度有差异，叶背多毛的受害较轻。

北方一年发生2～3代，以成虫在杂草、枯叶、石缝等隐蔽处越冬。翌春，各种草木萌芽展叶后，越冬成虫出蛰，先在发芽早的杂草、多种果树及花卉上为害。4月下旬葡萄展叶后，迁移到葡萄叶背上为害。成虫将卵产在葡萄的叶脉间或茸毛中，5月中下旬即有若虫出现，6月中旬出现第一代成虫，8月上、中旬第二代成虫盛发，末代成虫多在9月中下旬发生，一直为害到葡萄落叶。然后，寻找隐蔽场所越冬。

防治方法主要包括以下几种：一是农业措施，葡萄休眠期彻底清园，减少越冬虫源。实行生草制的葡萄园也不能留太高的杂草，每长到20～30厘米刈割一次。加强生长季植株管理，改善通风光条件。利用黄色粘贴纸黏虫，从5月份开始，一直贴到落叶。二是药剂防治，花序展露到小幼果期是若虫发生期，应及时喷药防治。可用药即有2.5%吡虫啉，20%康福多。

（三）葡萄短须螨

又称葡萄红蜘蛛，主要以幼虫和成虫在葡萄的嫩梢、叶片、果穗和果粒上刺吸汁液。叶片受害后，由绿色变成淡黄色，然后变成红褐色，最后

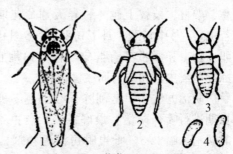

图3-16　葡萄二星斑叶蝉

1. 成虫　2. 末龄若虫　3. 初孵若虫　4. 卵

枯落。新梢受害后，被害处表面变为黑褐色，生长衰弱。果穗受害后，果梗、穗轴呈黑褐色，变脆、易折断。果面锈污，粗糙，有时龟裂，影响果实生长，着色不良，品质不佳。

葡萄短须螨在北方一年发生 6 代，以雌成虫在老皮缝、叶腋和芽鳞绒毛内群集越冬。4 月中下旬出蛰，为害嫩芽嫩叶，4 月底至 5 月初开始产卵，6 月份大量上叶为害，7 月份大量为害果穗，8 月份危害最为严重，10 月份转移到叶柄基部和叶腋处，11 月份进入越冬。受害程度品种间有差异，绒毛短的品种受害重，绒毛密而长或绒毛少而光滑的品种受害轻。

图 3—17　葡萄短须螨（引自江淑波）
1. 成虫　2. 若虫　3. 幼虫　4. 卵　5. 被害状

防治方法：一是休眠期铲除，春天葡萄出土上架后，剥去枝蔓老皮，用 3 波美度石硫合剂加 1 000 倍洗衣粉喷淋。二是生长期药剂防治，萌芽前和萌芽后在幼螨孵化期喷洒 0.3％阿维菌素（齐螨素），20％螨死净，20％哒螨灵等。

（四）葡萄斑衣蜡蝉

又名椿皮蜡蝉，为杂食性害虫，寄主植物达 20 多种。以成虫、若虫刺吸枝蔓和叶片的汁液。叶片被害后，形成淡黄色斑点，造成叶片枯黄，后变黑褐色，穿孔破裂。为害枝蔓，使枝条变黑。其排泄物落于汁液和果实上后，易引起霉菌寄生而变黑。每年发生一代，以卵在葡萄枝蔓、架材、枝杈上越冬。春天葡萄花期前后孵化为若虫，6 月中旬至 7 月下旬羽化，8 月中下旬交配产卵。若虫和成虫都有群集习性，弹跳能力很强，受惊扰后成虫借弹跳力而飞逃转移。

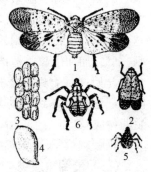

图 3—18　斑衣蜡蝉
1. 成虫　2. 成虫静止状态
3. 卵块　4. 卵侧面观
5. 初龄幼虫　6. 成长幼虫

防治方法：一是刮除枝蔓上越冬卵块。二是若虫期进行喷药防治，最好在 1 龄若虫聚集在嫩梢上时防治。喷 2.5％吡虫啉可湿性粉剂，或 20％康福多，或 90％敌敌畏。

（五）葡萄烟蓟马

又名棉蓟马、葱蓟马，食性较杂，寄主很多，可危害多种农作物和蔬菜，果树中除危害葡萄外，还可危害苹果、李、柑橘等。以成虫和若虫吸食芽、叶、果实及嫩枝的汁液，生长点被害后常枯死，被害叶呈水渍状失绿斑点，以后穿孔或破碎。被害幼果初期果面形成小黑点或小黑斑，以后随着幼果的增大形成木栓化褐色锈斑，严重时遇雨会裂果。

葡萄烟蓟马一年发生多代，每代历时9～23天，北方多以成虫在未收获的葱、蒜叶鞘或杂草残株上越冬。春季葱蒜返青时恢复活动，为害一段时间便迁飞到杂草、作物及果树上为害繁殖。5月下旬至6月初葡萄开花期开始为害葡萄子房和幼果，是第一次为害高峰期，6月下旬至7月上旬在副梢、幼果上有烟蓟马成虫和弱虫为害，是为害葡萄的第二次高峰。该虫怕光，多在叶背面和叶脉附近取食。卵多产在叶背皮下。卵期6～7天。初孵幼虫不太活动，集中在叶背和叶脉两侧为害。

防治方法：一是农业防治，清除园内的枯枝落叶和杂草，园内及附近最好不种葱、萝卜、白菜等蔬菜类作物。二是保护和利用天敌，天敌有小花蝽、姬猎蝽、横纹蓟马等，对烟蓟马的发生量有一定抑制作用。三是药剂防治，早春和秋后烟蓟马多集中在

图3—19　烟蓟马
1. 成虫　2. 卵　3. 若虫

葱、蒜、萝卜、白菜等蔬菜作物及烟草上为害，应注意防治。因为烟蓟马以为害葡萄幼果为主，所以，喷药时期应在开花前1～2天或初花期进行。药剂可选用10%吡虫啉，或1.8%阿维菌素。

（六）葡萄瘿螨

又叫锈壁虱、毛毡病。主要以成螨和若螨吸食叶片和新梢的汁液。叶片被害后，叶背面发生苍白色不规则形病斑，随后叶表面隆起，叶背面密生毛毡状白色绒毛，后期绒毛变为茶褐色，最后呈黑色。严重时，许多斑块连成一片，叶表凹凸不平，叶片皱缩变硬，褐斑破裂，叶片枯萎脱落。

以成螨在葡萄芽鳞内越冬，有时也在老皮下和受害叶片上越冬。春天葡萄萌芽时出蛰，爬到新梢基部叶片背面绒毛间吸取汁液，展叶后又迁移到新的嫩梢上为害，成螨在被害部位毛毡内产卵，繁殖后代。5—6月最盛，7—8月高温多雨不利发育，秋季以枝梢先端嫩叶受害最重，10月中旬渐次爬向成熟枝条芽内越冬。干旱年份发生较重。

防治方法：一是清理菌源，生长期发生病叶及时摘除，秋天落叶后彻底

清园，并剥除枝蔓上的老皮，集中烧毁或深埋。二是药剂防治，冬季防寒前和春季葡萄发芽前各喷洒一次5波美度石硫合剂，加入0.1％洗衣粉，或在芽萌动开绽后喷洒一次1～1.5波美度石硫合剂。易产生药害品种用0.5～0.7波美度为宜。葡萄展叶后喷0.3～0.5波美度石硫合剂，或20％速螨酮，或15％哒螨灵乳油液，或5％霸螨灵。

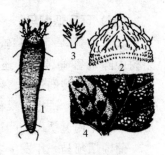

图3—20　葡萄缺节瘿螨
1.2. 成虫及前胸背板放大
3. 羽状爪　4. 叶片被害状

（七）葡萄根瘤蚜

葡萄根瘤蚜只为害葡萄，列为国内外重点检疫对象，有逐年加重趋势。根瘤蚜的成、若虫均以刺吸式口器吸取葡萄的汁液，主要为害根系，有时也为害叶片。须根受害后，形成比小米粒稍大的菱角形根瘤，在粗根上则形成较大的肿瘤状突起。雨季根瘤常发生腐烂，皮层开裂，影响根系生长和水分、养分的运输。受害部位还容易受到其他病菌的侵染，造成根部腐烂。树势很快减弱，严重时葡萄树会枯死。美洲种葡萄的叶片易受害，在叶片背面形成许多粒状虫瘿。

葡萄根瘤蚜分叶瘿型和根瘤型，在欧洲种葡萄上只有根瘤型，美洲种葡萄上两种都能发生。形态和习性和蚜虫很相似，体色绿黄色，体长1毫米，长卵形，有的有翅膀。幼虫很小，体长0.3～0.7毫米。每年发生6～8代，以卵或初龄若虫寄生在土壤里或在二年生以上的根部缝隙处越冬。4月，越冬蚜开始活动为害，5月中旬至6月末和8月上旬至9月末两时段发生的数量较多。进入雨季后，被害根腐烂，蚜虫沿根和土壤缝隙爬到地表土层的须根上取食为害，形成菱形根瘤。秋天4龄幼虫钻出地面，蜕皮变成有翅产卵型根瘤蚜，在根部孤雌产卵繁殖。卵有大小两种，大型卵孵化成无翅雌蚜，小型卵孵化成有翅雄蚜，这两种有性型根瘤蚜均无喙，不取食，孵化后就能交配产卵，产卵在土中、根缝或枝的翘皮下越冬。

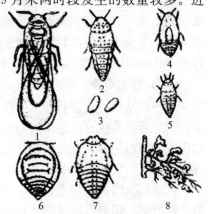

图3—21　葡萄根瘤蚜
1. 成虫　2. 若虫　3. 卵　4. 有性雌蚜
5. 有性雄蚜　6. 叶瘿蚜　7. 根瘤型
8. 为害症状

防治方法：一是严格检疫，严禁从疫区调运苗木、种条、砧木等繁殖材料。1 500倍液于5月上旬灌根，每株15～20千克。二是药剂防治，发生根瘤蚜的果园可用50％辛硫磷或48％乐斯本于5月上中旬灌根。三是选择抗性砧木，栽种嫁接苗，可有效解决这种虫害。

（八）葡萄白粉虱

白粉虱食性较杂，主要为害蔬菜，也为害多种果树和林木树种。白粉虱主要以成虫和若虫群集在叶背面刺吸葡萄汁液，使叶片褪绿变黄或变白，使植株生长衰弱。成虫和若虫分泌的大量黏液，污染叶片及果实，影响叶片的光合作用和呼吸作用，还能引起煤污等病害发生。影响果实品质。

在北方，白粉虱主要在温室内越冬，在温室内一年发生 10 余代，因为若虫刚孵化时只能作短距离迁移，固定后就不再移动。所以为了使其有充足的营养完成发育，成虫总是在枝条上部嫩叶背面产卵，随着植株的生长，产卵部位也随之上移。这样，各虫态在植株及枝条上的分布就形成了一定规律。最上部的嫩叶上为成虫和初生卵，其下为黑色老熟卵，再下依次为初龄、中龄、老龄幼虫，最下部为蛹。

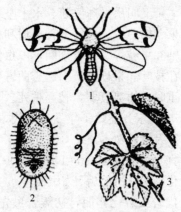

图 3—22　葡萄白粉虱
1. 成虫　2. 若虫　3. 为害状

防治方法：一是诱杀成虫，利用白粉虱的趋黄性，悬挂黄色黏虫板诱杀成虫。二是生物防治，在设施内可释放人工饲养的丽蚜小蜂防治白粉虱，效果较好。其他天敌还有红点唇瓢虫、跳小蜂、粉虱寡节小蜂、黑蜂、草蛉等。三是药剂防治，白粉虱为害严重时，可喷洒 10％吡虫啉 2 000 倍液，或 25％扑虱蚜，或 1.8％阿维菌素乳油。

（九）葡萄透翅蛾

又叫透羽蛾。透翅蛾幼虫蛀食枝蔓，损毁大量新梢和老蔓，严重影响产量。幼虫蛀入 1～2 年生枝蔓内危害，使嫩梢枯死，被害部位肿大，蛀孔外有虫粪，附近叶片发黄，枝蔓易折断，果实脱落。一年发生一代，以老熟幼虫在葡萄枝蔓内越冬。翌年 4 月下旬至 5 月上旬化蛹，6 月上旬至 7 月上旬羽化，成虫寿命 7 天左右，昼伏夜出，有趋光性。成虫羽化后 1～2 天产卵，成虫将卵产在叶腋、芽的缝隙、叶片及嫩梢上，卵期 10 天后即可出现幼虫。幼虫由新梢基部蛀入嫩茎内，危害髓部。

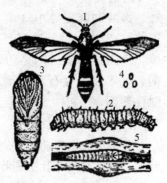

图 3—23　葡萄透翅蛾
1. 成虫　2. 幼虫　3. 蛹
4. 卵 5. 幼虫为害状

防治方法：一是剪除虫蔓，冬剪时将藏有幼虫的肿大枝蔓剪除烧毁。二是生长期防治，幼虫盛孵期，可用25％灭幼脲3号2 000倍液或杀螟松2～3次；6～7月，结合夏剪摘心和引缚时，检查嫩梢，发现被害枝及时剪掉。粗枝或老蔓被害时，用棉花蘸100倍敌敌畏溶液塞入孔内，或从虫孔注入800～1 000倍液，然后用黏土封住蛀孔，毒杀幼虫。

（十）东方盔蚧

又叫扁平球坚蚧、水木坚蚧等。除为害葡萄外，还为害桃、杏、山楂、苹果、柿、榆、槐等多种果树和林木。以若虫和成虫为害葡萄的枝蔓、叶柄、穗轴和果粒等。为害期间，以虫体附在树体表面刺吸汁液。并不断排泄黏液，落在枝叶和果穗上，引起霉菌寄生。果穗和枝叶被污染变黑，影响叶片功能，严重时，树势衰弱，枝蔓枯死。

东方盔蚧1年发生2代，以2龄若虫在枝蔓裂皮缝下及叶痕处越冬，3月下旬开始活动，在枝蔓上寻找适宜场所固定取食，4月上旬虫体开始膨大，以后开始硬化，5月初前后开始产卵，5月下旬到6月上旬为第一代若虫孵化盛期，初孵若虫先在叶背面为害，到6月中旬2龄若虫又转移到当年生枝蔓、穗轴、果粒上为害。7月中旬变为成虫并产卵，8月初孵化后，若虫仍在叶片上为害，10月间迁回树体越冬。该虫以孤雌生殖繁殖后代。

图3-24　东方盔蚧

防治方法：一是保护天敌，天敌主要有黑缘红瓢虫、澳洲瓢虫、小蜂、姬蜂和麻雀等小鸟。二是人工防治，在发生较轻的葡萄园，可采用人工剪除或刮除的方法进行防治。三是冬季清理果园，将枝干上的裂皮剥掉，使虫体暴露。四是药剂防治，发生较严重时，发芽前喷5％重柴油乳剂，或5波美度石硫合剂。生长期可用20％石油乳剂，或25％扑虱灵可湿性粉剂。

（十一）葡萄虎蛾

葡萄虎蛾也叫葡萄虎斑蛾、葡萄黏虫等。葡萄虎蛾主要以幼虫咬食嫩芽及叶片。严重时只剩叶柄和叶脉，影响葡萄的生长发育。

防治方法：一是清除越冬蛹，在冬季埋土防寒和春季出土整地时，注意发现捡拾消灭虫蛹。二是捕杀或诱杀，在幼虫为害期，夏季管理作业时，注意捕捉幼虫；利用成虫的趋光性，可用黑光灯诱杀成虫。三是药剂防治，幼虫期喷洒1.2％烟碱乳油1 000倍液，或50％敌敌畏，或90％敌百虫。

图3—25 葡萄虎蛾（引自江淑波）
1. 成虫 2. 幼虫 3. 蛹 4. 茧

图3—26 葡萄天蛾
1. 成虫 2. 卵 3. 幼虫 4. 蛹

（十二）葡萄天蛾

葡萄天蛾主要是以幼虫为害葡萄叶片，将叶片吃成缺刻或孔洞。老龄幼虫可将叶片吃光，仅剩叶柄和主脉。食量很大，一只幼虫可吃光一个枝上的数片叶子。每年发生1～2代，宜用在植株附近地面覆盖物下或表土内越冬。次年5月末至7月初出现越冬代成虫，6月中下旬为盛期。成虫白天静伏，黄昏时在枝蔓间飞舞，趋光性强，寿命7～10天。产卵于叶背、新梢、叶柄等处。每一雌成虫产卵400～500粒。卵期10天左右。北部地区7月下旬可见到幼虫，有虫白天静伏，夜间取食。9月上旬幼虫老熟入土越冬。南部地区6月中旬出现第1代幼虫，8—9月间为第二代幼虫发生期，9月底至10月初老熟幼虫入土化蛹越冬。

防治方法：一是诱杀及人工捕杀，用杀虫灯诱杀。结合夏季管理，注意叶片有无缺刻和有无虫粪，及时发现捕杀幼虫。二是药剂防治，发生严重时，于幼虫发生期喷80%敌敌畏，90%敌百虫，Bt乳剂600倍液，25%灭幼脲3号1 500～2 000倍液。

（十三）葡萄虎天牛

又叫葡萄虎斑天牛、葡萄天牛。主要为害葡萄，是葡萄的主要害虫之一。主要以幼虫蛀食一年生枝蔓，有时也为害多年生枝。初孵化的幼虫在芽附近蛀入葡萄枝蔓皮下，被害部位的枝蔓表皮稍隆起变黑，虫粪排于隧道内，故表面无虫粪，不易被发现。幼虫蛀入木质部后，多向枝梢方向蛀食，被害枝易折断或枯萎。成虫亦能咬食葡萄细枝蔓、幼芽及叶。

一年发生一代，以初龄幼虫在葡萄枝蔓内越冬。5月初开始继续在枝内蛀食，7月老熟幼虫在被害枝内化蛹，8月羽化。成虫在芽鳞缝隙或芽与叶柄间隙处产卵，卵期5天，初孵幼虫蛀入枝蔓，先在皮下纵向蛀食为害，逐渐蛀入木质部，11月份进入越冬状态。

防治方法：一是剪除虫枝，生长期结合夏季管理，及时剪除凋萎的被害枝，消灭枝内害虫。冬剪时注意检查有无发黑枝蔓，发现后剪除。需保留的粗枝，可用铁丝刺杀或塞入敌敌畏棉药球毒杀。二是诱杀成虫，用水 20 升、红糖 5 千克、米醋 100 毫升、少量杀虫剂，配成糖醋液。装入酒瓶里到 1/2 左右，瓶子呈 45°挂在葡萄树上，诱杀效果好。三是药剂防治，发生量大时，与卵孵化期喷洒 10％天王星乳油，或 80％敌敌畏。

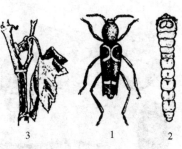

图 3—27　葡萄虎天牛
1. 成虫　2. 幼虫　3. 被害状

（十四）葡萄十星叶甲

又叫葡萄金花虫、葡萄十星叶虫。以成虫及幼虫啮食葡萄的叶片和嫩芽，造成叶片穿孔、缺刻，严重时叶肉被吃光，残留叶脉。成虫有假死性。在叶背静止，一触动即分泌黄色具有恶臭的液体。

一年发生一代，以卵在主干周围的土壤中和枯枝落叶下越冬。来年 5 月孵化，6 月上旬为孵化盛期，除孵化的幼虫先集中在近地面的叶片上为害，3 龄以后扩散至上部叶片，多在早晨和傍晚为害。一般取食叶正面，强光时躲在阴处。6 月下旬幼虫老熟入土化蛹，蛹期 10 天，7 月上中旬羽化为成虫，继续危害。8 月上旬交尾产卵，8 月中旬至 9 月中旬为产卵盛期，每头雌成虫可产卵 700～1 000 粒，并以此卵越冬。

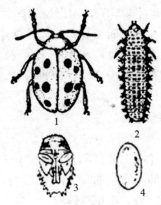

防治方法：一是清园，秋季清除枯枝落叶及杂草，深埋或烧毁。二是人工捕捉，利用该虫的假死性，清晨振动葡萄架，振落成虫和幼虫集中消灭。三是药剂防治，低龄幼虫期和成虫产卵期，喷 90％晶体敌百虫，2.5％溴氰菊酯乳油。

图 3—28　葡萄十星叶甲
（引自江淑波）
1. 成虫　2. 幼虫　3. 蛹　4. 卵

（十五）金龟子类害虫

金龟子是一类食性很杂的昆虫，常见为害葡萄的主要有白星花金龟、蒙古丽金龟、多色丽金龟、铜绿丽金龟、四纹丽金龟、无斑弧丽金龟、东方金龟子等。

在葡萄萌芽期开始出土，先后出来啃噬嫩芽、花蕾、叶片和果实。受害严重时，葡萄不能正常生长和开花结果。春天发生最早的是东方金龟子、苹毛金龟子和小青花金龟子的越冬成虫，葡萄萌芽期从土中钻出，为害嫩芽、幼叶、花序，为害较重。幼虫越冬者成虫发生在 6—9 月，主要也是以取食叶片为主，将叶片咬成缺刻或孔洞。白星花金龟子主要为害果实，多在浆果着色后，常数头群集在果穗上，咬破果实，钻食果肉，把果实食成空壳。

金龟子每年发生 1 代，有的两年发生 1 代（铜绿金龟子）。以成虫或幼虫在土里越冬。东方金龟子、苹毛金龟子以成虫越冬；小青花金龟子、白星花金龟以成虫、幼虫越冬；铜绿金龟子、蒙古丽金龟、多色丽金龟、四纹丽金龟、无斑弧丽金龟子都是以幼虫越冬。幼虫统称为蛴螬，生活在土壤中，啃食果树、林木和其他作物的根。但白星花金龟的幼虫则以腐殖质、鸡粪等粪肥为食。

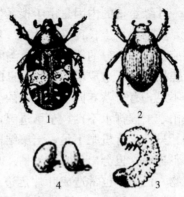

图 3—29 金龟子
1. 白星花金龟子成虫 2. 四纹丽金龟子成虫
3. 幼虫（蛴螬） 4. 卵

金龟子的生活习性也不相同，铜绿花金龟昼伏夜出；蒙古丽金龟昼夜均可取食，群集性较强；东方金龟子温度低时白天活动，气温高时昼伏夜出；苹毛、白星花、四纹丽、多色丽四种金龟子均为白天活动、取食。有假死性。除苹毛、四纹丽金龟子外，其余均有趋光性。

防治方法：一是捕杀成虫，利用其假死性，傍晚或早晨振落捕杀；利用成虫的趋光性，在果园装频振式杀虫灯或黑光灯诱杀；悬挂糖醋液（加 300 倍敌百虫）瓶诱杀。二是农业防治，在深翻施肥、葡萄埋土防寒和春季出土时，注意捡除越冬幼虫和成虫；使用粪肥一定要高温发酵，以杀死在粪肥中生活的白星花金龟子的幼虫和蛹，堆肥翻倒时注意捡拾。三是生物防治，保护金龟子的天敌，如土蜂、蚂蚁、胡蜂、步行虫、白僵菌、刺猬、青蛙，益鸟如大山雀、黄雀、灰喜鹊、大杜鹃等。四是药剂防治，防治幼虫可用 5％辛硫磷颗粒剂处理土壤，每亩用 2 千克施于地面后翻入土中即可。生长期可喷洒 20％好年冬 3 000 倍液。

六、葡萄生理病害的防治

（一）葡萄叶边缘焦枯

葡萄叶缘焦枯症发生普遍，最初表现浅绿色水渍状坏死，之后失水萎蔫、焦枯。叶缘焦枯在结果过多、果实成熟时温度过高发生尤重。严重影响光合作用，影响果实着色，降低含糖量，严重时果实不能正常成熟。树势衰弱。葡萄叶缘焦枯症是热伤害的一种，在天气突然变热和光照较强、直射的情况下容易发生，接近地面、架材的叶片和枝蔓因局部气温偏高更易受害。高温是叶缘焦枯的外因。

叶缘焦枯的内因是由于根系生长不良。当叶片处在高温、强光的环境条件下，如果根系生长良好，叶片一般不会发生异常。如果根系生长不良，吸收、供应水分和养分的能力下降，当叶片在强光和高温下过度蒸腾时，就会发生叶缘焦枯现象。造成根系生长不良的最主要原因是结果过多，叶果比低，导致养分不足，有机营养向根系输送的少，根系就会生长不良，吸收根量减少。其次是雨季土壤排水不良，土壤过湿，透气性差，会使部分根系死亡，导致根系衰弱。另外，有机肥不足，土壤结构不良，土壤中盐分浓度过高，使用农药或肥料不当等，也会出现叶缘干枯及叶片坏死症状。另外有害气体（二氧化硫、氟化物）污染，也常造成叶片焦边、枯黄、提早落叶。其特点是离污染源越近，受害越重；污染危害有一定方向性；受害普遍，不局限在某一或某些单株上。

防止方法：一是适量结果，每亩产量不超过 1 500 千克，保证足够的叶果比。一般每生产 500 克果，大叶型葡萄至少留 20 片叶以上；小叶型葡萄至少留 35 片叶以上。二是彻底排水，在定植沟下 1 米处埋设暗管排水；多雨时铺塑料薄膜排水；起垄栽培。三是合理施肥，增施有机肥，改良土壤，提高土壤的透气性、保水力和排水性；有机肥要充分腐熟，以防烧根；施用化肥时应尽量均匀，避免与根接触。四是适时灌溉，天气过热时及时进行地表灌水降温。五是果园生草，可降低果园气温。

（二）葡萄水罐子病

葡萄水罐子病又叫转色病、水红粒病，是一种常见的生理病害。主要在果实上发生，在葡萄着色期才开始表现症状，在有色品种上病果粒暗淡无光泽，绿色和黄色品种病果粒似水渍状。病果含糖量低，含酸量高，水分增多，果肉变软，皮肉极易分离，成为一包酸水，所以叫水罐子病。病果没有食用价值。在果穗的穗尖和副穗发病较多，病果果柄上有褐色病斑，最后褐色枯死，病果极易脱落。

水罐子病是由于树体内营养不足，导致正在着色成熟的果粒发育缓止，果内水多缺氧，时间长了引起酸腐。一般是树势衰弱，结果过多，肥水不足，摘心过重，叶果比低，树体养分积累少，积累得慢，致使该病发生。长期阴雨，果园排水困难，根系生长不良乃至死亡，就会出现养分缺乏的现象。土壤过湿或积水时，根系吸收的水分往往缺氧并且过多，使果实细胞的生理机能失调、死亡，导致酸腐。结果过多，着色期再遇日照不足或过早喷洒乙烯利催熟，容易出现这种病症。氮肥过多，新梢徒长，也会出现这种病症。

防治方法：一是不要结果过多，结果过多是水罐子病的最大原因。所以要合理留果，提高叶面积指数，提高叶果比。二是排水，雨季做好排水，防止根系受害变弱。三是充分施用有机肥料，改良土壤，保持良好的通气性、排水性、保水力、保肥性、土壤的缓冲性、蚯蚓的繁殖力等，培育健壮的根系。四是防止氮素过多，增施磷、钾、钙肥，可提高植株抗性，促进碳水化合物及蛋白质的合成和移动，促进果实增糖着色。五是禁止修剪过重，前期留叶少，着色期后葡萄着色迟缓，往往会把先端新梢都掰掉，其结果会导致水罐病、裂果及缩果病。对先端新梢的处理，要及早轻摘心，不要齐根掰掉堵死。这样可以增加新生叶面积，有利养分积累和水分蒸发。

（三）葡萄果实日（气）灼病（缩果病）

1. 症状

幼果快速膨大期到硬核后期出现该病的症状，落花后 30 天为高发期，开始是从果肉向果皮长出针尖大的黑褐色麻点，轻一点的病斑处会重新好起来，但是皮和肉之间会产生空隙，留下疤痕。类似苹果的苦痘病。最易受害的是向阳面的果粒，南北架的西面，东西架的南面发病重。在硬核期如遇烈日高温褐色麻点迅速发展扩大，就形成黄豆粒大小的黄褐色斑块，边缘不清晰，后逐渐扩大，大病斑可达果粒表面 1/3。病斑初时淡褐色，迅速褐黑变，下陷。病斑有坚硬感，病部下果肉维管束发生木栓化收缩，失水，皮下似有空洞感，但果粒一般不脱落。果粒近一半受害，生长中止。病斑常发生在果粒近果梗的基部或果面中上部。病斑发生与有无阳光直射有一定关系。虽然叶幕下背阴部位、果穗背阴部及套袋果穗上也会发生，但发生率明显低，严重时会破坏葡萄粒内部的组织，大一点儿的斑块就像被热水烫了似的，慢慢变成黑褐色，严重的病斑处凹缩。

2. 防止方法

（1）降低温度。方法包括：①生草栽培，这是防止日灼病最有效的办法。因为土壤和杂草可以降低辐射热；②喷施叶面肥，高温炎热呼吸困难，光合作用差，消耗贮藏养分，这时补充叶面肥很重要，主要是修复高温对细胞的破坏，可喷施磷酸二氢钾加氯化钙；③大棚栽培要注意通风换气，防止气温急升。最好安装风口自动开闭装置。

（2）土壤和营养因素。①改良土壤，适宜根系生长的土壤，可增加根系的吸收能力；②提供有机肥，每年每亩施有机肥 5 000 千克以上；③根外施钙肥，容易发生缩果病的地区，在硬核期前多次喷施钙肥，或用大树输液袋灌注液态钙肥；④施用磷肥，施基肥时加磷肥 80～100 千克，生长期在开花前到着色前追施磷肥 3 次。每次 30 千克；⑤少施氮肥，氮元素多是诱发日灼缩果的重要因素,硬核期前要控制用量,不使新梢旺长;⑥雨季前解决好排水问题。

(3)栽培管理问题对策。①防止徒长,调节氮元素,控水分,通过引绑和扭梢新梢生长方向,断后摘心,顶梢憋冬芽等。最重要的是水控,可采用分区灌溉法。南方要进行避雨栽培,彻底排水;②调节光照,及时进行夏季修剪,不可放任生长,减少无效的叶面积,枝枝见光,处理果穗边副梢时保留1~2张副梢叶,给予果实一定的遮蔽,可在一定程度上减少此病的发生;③疏果留桩,不要贴近母轴;④套袋,选择透气性好的纸袋,套袋时吹开纸袋,也可给果穗"戴伞";⑤调节灌水,硬核期土壤不能缺水,梅雨期后采用土壤覆草可保持土壤水分均衡,是控制葡萄缩果病的有效措施。

(四)葡萄裂果的原因和防止

1. 原因

裂果粒原因是因为成熟期降水时间长,果面浸水,加上土壤过湿、树体内水分过多、果粒内产生的膨胀压力大造成的。如果前期缺水,持续干旱或忽干忽湿,容易引起裂果。尤其是刚坐果的1~2周内为果皮迅速生长和细胞纵向伸长期,此期干旱,裂果最重。叶果比低,养分不足,结果量大容易引起裂果。如果结果量适宜,树壮叶果比高,从开始着色到完全成熟,一气呵成,时间很短,一般不会裂果。土壤及土壤营养方面:板结的土壤、排水差的黏质土壤,易旱易涝的土壤发生裂果多。

裂果与品种的关系:品种间有差异,果实内种子数量与果肉及外果皮组织和细胞的发育有关,种子多而匀称果肉和外果皮发育均衡,果皮受力均匀;如果实内种子分布不匀,如只有一粒种子,果粒两侧发育不均衡,果皮受力不均匀,就易裂果。另外,裂果还与果皮厚薄、结构及果粒着生紧密程度有关。

2. 预防裂果

(1)调节土壤水分,成熟期降雨、幼果期干旱及其后土壤水分急剧变化是发生裂果的诱因,因此,预防裂果首先要调节好土壤水分。彻底排水:要通过暗渠、明渠,做好排水工作。实行避雨栽培,果实成熟期全面覆盖地膜排水能防止降雨后一时吸水过多,防止裂果。提供有机质,改良土壤:通过深翻和施有机质、钙、磷肥等来改善土壤的物理结构,提高保水力和排水性,以减少水分的变化。干旱时要灌水:坐果后要及时灌水,从幼果期到着色期,使土壤保持一定的水分。每隔7天左右灌水一次,每次30毫米。灌水过量有害,所以要把灌水量限制在最少范围内,把减少水分变化作为灌水的重点。分区灌溉是最好的办法。

(2)给果实套袋:可防止雨水浸泡果实引起的裂果。

(3)控制结果量:架面合理的葡萄园,亩产量控制在1 500千克以下。

（4）培养健壮的树体：树体健壮，光和生产能力强，果实含糖量高，着色快，对防止裂果无疑是最重要的。

（5）利用副梢：进入着色期后，如果是雨季，保留新发出的副梢，利于水分蒸发，也可防止裂果。

（五）大气污染对葡萄的伤害

大气污染物主要来自于工业废气及微小颗粒、汽车尾气和农化物质等。大气污染对植物的危害表现为三种情况：在高浓度污染物影响下产生急性危害，使植物叶表面产生伤斑（或称坏死斑），或者直接使叶片枯萎脱落；在低浓度污染物长期影响下产生慢性危害，使植物叶片褪绿；还有一种危害为不可见危害，指在低浓度污染物影响下，植物外表不出现受害症状，但植物的生理机能已受影响，使植物品质变坏和产量下降。大气污染除对植物的外观和生长发育产生上述直接影响外，还产生间接影响，表现为由于植物生长发育减弱，降低了对病虫害的抵抗能力，因此在大气污染严重的地区，植物受病害、虫害也较严重。对葡萄危害较明显的是其中的二氧化硫、氟化物、臭氧、氮氧化物、氯化物、粉尘、飘尘等。

二氧化硫是我国最主要的大气污染物。它是由含硫金属矿的冶炼、燃烧含硫的煤、石油和焦油时产生的气体。二氧化硫气体首先由气孔进入叶片，然后溶解浸润到细胞壁的水分中，使叶肉组织失去膨压而萎蔫，产生水浸状斑，最后变成黄色和灰褐色斑块，叶缘、叶尖较重，叶片易脱落。受害较轻时，斑点主要发生在气孔较多的叶背面。二氧化硫易溶于水。在催化剂作用下，易被氧化为三氧化硫，遇水即可变成硫酸。特别是二氧化硫在大气中经阳光照射以及某些金属粉尘（如工业烟尘中氧化铁）的催化作用，很容易氧化成三氧化硫，与空气中水蒸气结合即成硫酸雾或雨，对农作物危害很大，并使土壤和江河湖泊日趋酸化。在葡萄贮藏期若二氧化硫（以焦亚硫酸钠等为主要成分的保鲜剂）气体浓度过高，可造成果柄基部周围的组织变白、坏死，浆果味道变差。

氟化物主要包括氟化氢、氟化硅、氟化钙、氟气。主要来自于磷肥、冶金、玻璃、搪瓷、塑料、砖瓦等工厂，以及以煤为能源的工厂排放的废气。氟化物主要通过叶片气孔进入输导组织，随树液流向叶片的尖端和边缘，达一定浓度即出现毒害症状。初在叶缘出现灰绿色坏死斑，柔软，后期变成褐色和红褐色，病健界限明显。嫩叶易受害，枝梢易枯死。大气中氧化物如臭氧等浓度高时可对葡萄造成伤害，臭氧（O_3）又称作光化学氧化剂，主要来源于从汽车和工厂释放出的氮氧化物在太阳光照射下与氧气反应生成。虽然在高空中，臭氧有过滤太阳紫外线的有益作用，但在大气层的低处，臭氧却十分有害。它有很强的氧化力。臭氧对植物的影响很大。浓度很低时，就可以减缓植物的生长。伤害症状是叶表面呈褐色和黑色坏死斑点，小斑多时集合成大斑，严重时叶片黄化呈青铜色，提前衰老和脱落。

氮氧化物（NO_x）主要来自于汽车、锅炉、及某些制药厂排放的气体。氮氧化物危害植物的叶片组织，使叶缘褪绿、出现白斑，浓度过高时叶脉也变为白色，甚至全株枯死。

氯气来自塑料、合成纤维、农药、食盐电解、漂白粉、消毒剂等工业生产时排放的废气。呈黄绿色，有毒。能破坏细胞结构，阻碍水分或养分吸收，使叶片褪绿、焦枯，影响根系生长，分枝减少。有时叶面还有疱疹。

粉尘和飘尘。粉尘主要是来自工业企业排放的煤粒、飞尘、炭黑颗粒等煤炭烟尘，使叶片污斑，影响树体的光合作用和呼吸作用，影响生长发育和授粉坐果，使果皮粗糙、木栓化。对产量、质量都有很大影响。飘尘系工厂排放的金属细粒，如：铅、铬、锌、镉、锰、镍、砷、汞等，对果园土壤水质或叶片、树体产生污染与危害。

第四章

葡萄栽培技术

第一节　葡萄繁殖

葡萄的繁殖以无性繁殖为主。无性繁殖的方法有硬枝扦插、绿枝扦插、硬枝嫁接和绿枝嫁接、压条繁殖。此外，还有分株法繁殖，即把植物的蘖芽、球茎、根茎、匍匐枝等，从母株上分割下来另行栽植，成为新植株，利用各种设施条件（如温室、大棚、小拱棚、电势线、营养钵等），可以大大提高苗木的繁殖速度。根据苗木根系来源不同，苗木又可分为实生苗、自根苗和嫁接苗。随着生物工程技术的发展，国内外采用茎夹或茎段组织、培养技术繁殖苗木，称为组培法。这种方法繁殖速度快、系数高，是快速繁殖苗木的最新方法。

一、扦插繁殖

扦插繁殖就是直接利用葡萄枝蔓进行扦插培育苗木。扦插育苗可以分为硬枝扦插和绿枝扦插。生产上常用的是硬枝扦插。

（一）扦插生根的原理

葡萄枝蔓的节或节间都能产生不定根。不定根的发生是由枝蔓皮层下面的与髓射线交接部分的中轴鞘细胞分裂而成的，而不是从愈合组织上产生的。虽然愈合组织与不定根的产生没有直接的关系，但愈合组织形成对于防止病菌侵入、保护剪口不腐烂、营养物质不流失有重要的作用。

葡萄枝蔓节的横膈膜内贮藏的营养物质较多，所以生根多。葡萄枝蔓的节间不能产生不定芽，所以扦插条必须要有一个饱满的芽，葡萄的根不能产生不定芽，因此葡萄不能用根插。

葡萄的枝蔓在其形态顶端抽生新梢，在其形态下端抽生新根，这种现象称为"极性"，扦插时要特别注意不能倒插。

葡萄不同种类再生不定根的能力不一，欧洲种葡萄和美洲种葡萄比山葡萄、圆叶葡萄容易发根，同一种类的不同品种间扦插生根难易也互不相同，如巨峰系品种中，藤捻就是一个较难扦插生根的品种。

首先葡萄枝蔓贮藏营养物质的多少与生根有密切的关系。其次氮素化合物也是发根必不可少的营养物质。适量的氮素营养有利于插条生根，所以枝条充分老熟、健壮是生根良好的首要条件。

（二）插条的采集和贮藏

插条的采集结合冬剪进行，选发育充实、成熟好、节间短、色泽正常、芽眼饱满、无病虫为害的一年生枝作为插条，剪成 7～8 节长的枝段（50 厘米左右），每 50～100 条捆成 1 捆，并标明品种名称和采集地点，放于贮藏沟中沙藏。贮藏沟设在地势高燥的背阴处，沟深 60～80 厘米，长度和宽度依贮藏枝条数量而定。贮藏前先在沟底铺一层厚 10～15 厘米的湿沙，插条平放或立放均可，但应一层枝条撒一层沙，以减轻枝条呼吸发热。枝条摆好后，最上面可覆一层草秸，最后再盖上 20～30 厘米厚的土，东北、华北寒冷地区覆土厚还要适当增加。插条贮藏期应注意经常检查，使沙藏沟内温度保持在 1℃左右，一般不应高于 5℃，或低于－3℃。

（三）扦插繁殖方法

1. 普通扦插繁殖方法

（1）不催根扦插。春季将枝条取出，先用清水浸泡 6～8 小时，然后剪截。剪成有 2～3 芽的插条。插条一般长 20 厘米左右。剪插条时上端在芽上部 1 厘米处平剪，下端在芽的下面斜剪。插条上部的芽眼要充实饱满。

育苗地应选在地势平坦、土层深厚、土质疏松肥沃，同时有灌溉条件的地方。扦插分平畦扦插、高畦扦与垄插，平畦主要用于较干旱的地区，以利灌溉；高畦与垄插主要用于土壤较为潮湿的地区，以便能及时排水和防止畦面过分潮湿。无论平畦扦插或高畦扦插，在扦插前要做好苗床。苗床大小应根据地块形状决定，一般畦宽 1 米，长 8～10 米，扦插株距 12～15 厘米，行距 30～40 厘米，每畦内插 3～4 行。扦插时，插条斜插于土中，地面露一芽眼，要使芽眼处于插条背上方，这样抽生的新梢端直。垄插时，垄宽约 30 厘米，高 15 厘米，垄距 50～60 厘米，株距 12～15 厘米，插条全部斜插于垄上。插后在垄沟内灌水，若有条件采用覆盖地膜后扦插效果更好。无论采用哪种扦插方法，扦插时插条上端不能露出地表太长。

扦插时间以土温（15～20 厘米处）稳定在 10℃以上时开始。华北在 3 月下旬至 4 月上旬，但华北北部 4 月中旬才可进行露地扦插育苗。

葡萄扦插后要防止土壤干旱，一般 10 天左右浇 1 次水。插条生根后要加强肥水管理。7 月上中旬苗木进入迅速生长阶段，这时应追施速效肥料 2～3 次。为了使枝条充分成熟，7 月下旬至 8 月应停止或减少灌水施肥，同时加强病虫害防治，进行主梢、副梢摘心，以保证苗木生长健壮，促进加粗生长。

（2）催根扦插。露地扦插往往插条先发芽，后生根，发芽和生根的时间相差 20 多天，严重影响扦插的成活率。其原因是葡萄芽眼萌发要求温度较低，一般在 10℃ 左右就可以发芽。而生根要求温度高，在 25～28℃ 时生根才最快。催根就是根据葡萄生根时对温度的要求，人为地加温促使插条基部根原始体细胞加速分裂，促进不定根形成。生产上催根方法有温床催根、火坑催根、电热催根和化学药剂处理催根。现在多用电热催根。

利用电热线加热催根是一种效率高、容易集中管理的催根方法。一般用 DV 系列电加温线埋入催根苗床内，用以提高地温。电加温线的布线方法：首先测量苗床面积，然后计算布线密度，如床长 3 米，宽 2.2 米，电加热线采用 800 瓦（长 100 米），布线道数＝（线长－床宽）林长＝（100－2.2）/3＝32.6。布线 32 道。布线间距＝床宽肺线道数＝2.2/32＝0.06（米）。要注意布线道数必须取偶数，这样两根接线头方可在一头。然后用木板做成长 3 米、宽 2.2 米木框，框的下面和四周铺 5～7 厘米的锯末做隔热层，木框两端按布线距离各钉上一排钉子，使电热线来回布绕在加热床上，再用塑料薄膜覆盖，膜的上面铺 5～7 厘米的湿沙，最后将催根用的插条剪好并用化学催根剂处理后按品种捆成小捆埋在湿沙中，然后将经过激素处理的葡萄插条下剪口朝下，成捆紧密摆放在湿沙上，插条间空隙用细沙灌严，上部芽眼露出，插条四周用沙培好，用砖砌严（图 4－1）。床上再用塑料薄膜覆盖。一般 1 平方米苗床可摆放 6 000 根左右的插条。

加温：控温仪接线，插探头，渐升温，每 2 小时升 1℃，25℃ 恒温，常喷水，10～13 天产生愈伤组织或长出新根。

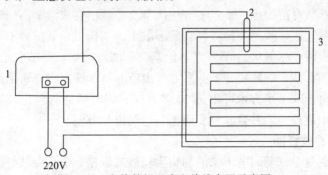

图 4－1　电热催根温床电热线布置示意图
1. 控温仪　2. 控温探头　3. 温床

近来有些地方利用绝缘性能较好的电热褥进行催根，也获得良好的效果。电热线和控温仪不易购得的地方，可采用这种方法加温催根。

化学药剂处理：促进生根的药剂种类很多，其中以 50 毫克/克吲哚丁酸或 50～100 毫克/千克萘乙酸浸泡插条基部 2～14 小时效果最好。为了少占用容器，用 300～500 毫克/千克萘乙酸快速蘸根 5～10 秒，然后立即催根或扦插也有良好的催根效果。

ABT 生根粉也是一种良好的催根药品。一般葡萄扦插时，可用 50～100 毫克/千克的 ABT 溶液，将剪好的插条基部 2～3 厘米处浸 1～2 小时，然后取出插条进行扦插。在一般条件下，1 克生根粉可处理 4 000～6 000 根插条。ABT 生根粉同样可用于绿枝扦插。

2. 葡萄快速繁殖法

塑料营养袋规格长 16 厘米，直径约 6 厘米。营养土用土和过筛后的细沙及腐熟的厩肥按沙：土：肥＝2：1：1 的比例配制成。

塑料营养袋育苗可在温室或阳畦中进行，如果用阳畦育苗，将塑料袋盛满营养土，使袋内土面离袋口约 1 厘米左右，然后将营养袋整齐地排列在阳畦中。一般 1 平方米阳畦可摆放 400 个营养袋。扦插时将贮藏的插条剪成芽段，粗壮的枝条可剪成单芽插条，较细的枝条可剪成双芽插条，在芽眼上方 1 厘米处平剪，在芽下留 3～5 厘米斜剪（双芽扦插时在靠近第二芽下方斜剪，剪成马耳状）。将剪好的芽段经电热催根处理后，直插在已摆好的营养袋中央，插条的顶芽与袋内土面相平。扦插完后，灌 1 次透水，同时在阳畦上架设拱形支架，

扦插后的管理主要是保持袋内适当的湿度，切忌袋中渍水。营养不足时，在长出 2～3 片叶后，可补喷 1～3 次 0.3％尿素及磷酸二氢钾液。苗木长到 20～25 厘米时，大约 5 月中下旬即可在露地定植。

塑料营养袋育苗的优点是：①节约插条。②栽植时成活率高。塑料袋育成的苗木，根系发达，栽时去掉塑料袋后不散土、不伤根，栽植后不缓苗，苗木一直生长，成活率一般可达 95％以上。第二年即可结果。③节省土地和劳力。采用露地扦插育苗，一般每 666.7 平方米出苗 5 000 株左右，而采用保护地塑料袋育苗，每 666.7 平方米可出苗 10 多万株。同时插后管理也较简单，只需浇水，不需中耕松土，并且起苗和假植、运输也很方便。

3. 葡萄绿枝扦插

利用葡萄夏季修剪时剪下来的葡萄生长枝或副梢，进行绿枝扦插培育葡萄苗，具有取材容易、发根快、成苗率高的优点。适宜生产部门扩大繁殖优良葡萄品种之用，也是家庭快速培育盆栽葡萄的好方法。扦插枝，宜选择半木质化直径在 0.6 厘米以上的绿枝。插条留 2～3 个节，长 15～20 厘米，上部保留一个叶片，下边叶片剪除，用利刀将插条基部紧贴下部的节间削成斜面，插前用

浓度为 20 毫克/千克的萘乙酸浸泡 10 小时。选择避风向阳、地势高燥地方作畦，畦宽 1 米，长 5 米，畦深 30～40 厘米，畦底整平四周用砖砌好，铺 15～20 厘米细沙。扦插株行距 10 厘米左右，扦插深度 8～10 厘米。插后用细嘴喷壶喷水。畦面用拱形薄膜罩住以保温，畦面距地 1.5 米处用苇帘遮阴。温度保持 20～25℃，温度过高时宜喷水、通风降温，床内相对湿度 80%～85%。扦插初期要遮阴，以后逐渐增加光照。扦插一个月左右即可发根，2 个月可移植。移植时要保护根系和遮阴，缓苗后去掉遮盖物。盆栽 2～3 年可结果。

如果绿枝扦插育苗量大，要求成活率高，可安装中国林科院研制生产的全日照定时喷淋育苗装置，设施简单，成活率高。但需要由自来水和电源。

二、压条繁殖法

这是中国传统的葡萄繁殖方法。把植物的枝条压入土中或用泥土等物包裹，生根后与母株分离，而形成独立新植株的方法。根据不同目的和利用母株年龄的不同，压条又分为几种。

(一) 老蔓压条

即"中国压条法"，对盛果后期枝蔓衰弱的植株逐年更新复壮，具体方法是：当霜降至立冬前后，土壤解冻前，把选定的枝蔓全部压到预先挖好的沟内。沟深 20～25 厘米，沟底土壤需挖松，以利于根系生长，压后立即浇水，次年清明前后再灌一次水。秋后将其与母株分割，成为一株新葡萄。这种方法既不影响当年产量，又能使整个葡萄园的枝蔓永葆健壮。这是中国葡萄两千多年来一直沿用的有效措施。

(二) 水平压条

一般用 2～5 年生植株的 1～2 年生枝蔓，分段环剥以后（也有不环剥的）作波浪形埋进土中，埋一段露一芽。埋土最深的地方一般为七八厘米，凡是分段环剥过的枝条都尽量将环剥点埋在最深处，以利生根及新根发育。地压枝条总量一般不超过植株枝条总量的 1/3（需留多数枝条正常生长并加强水肥管理，以便为地压枝条的发芽、长叶、生根提供养料），结果树必须适当剪截，时间也在发芽以前的休眠期间（伤流开始之前）。长到秋季与母株分离，成为一株独立的苗木。如春季绿枝压条，在萌芽后新梢长约 20 厘米时进行，将选好的枝条平压于 10～20 厘米的沟中，压好后覆土 5～7 厘米，待新梢半木质化时，环割大于 1/2 枝蔓的韧皮。然后逐渐培土，以利于增加不定根的数量，秋后将压下枝条挖起，并分割成一株株带根的苗木。

(三) 盆压

又称靠压，可将盆栽（或地栽）的下部较长枝条环剥后，直接压进花盆或其他容器。也有将枝条从花盆底部中央的漏水孔穿上来，最后从盆外贴底剪断分离的。

（四）空中压条

其实原理与前两种方式一样，仅仅是环剥点离地较高，装土容器必须在空中固定罢了。高压的优点是适用期长，范围广，从萌芽前到萌芽后、甚至开花后进入了幼果期都可以进行。空中压条的装土容器可以两半对合，也可以用塑料布、塑料袋等包上土两头一绑扎，只要可以避开不伤及已萌发的新芽新梢，里面又能装上一定量的土，把环剥点连同前后枝段包住，且可以在土干时及时往土里补充水分就行。

三、嫁接法

嫁接即把甲植物的一部分（接穗）接在乙植物的枝干上（砧木），使之愈合成为独立新植株。接穗一般是优良品种，经嫁接可以保持其优良特性；砧木一般是野生种，根系发达，生长健壮，把优良品种嫁接其上，能使植株生长旺盛。嫁接法可细分为枝接、芽接、靠接和平接四种。繁殖嫁接苗木时，用贝达、北醇、山葡萄、SO4等易扦插生根或抗逆性较强的品种做砧木插条，而用其他优良品种为接穗。做接穗的枝条应生长充实、成熟良好。

（一）嫁接苗的优点

由于用葡萄茎直接扦插获得的自根苗对环境的适应性较差，给葡萄生产带来很多问题，甚至是灾难性的。欧美日等发达国家一般都采用嫁接栽培，只有生产落后的国家和地区还不同程度的保持着用自根苗栽培的方式。

18 世纪中后期发生的根瘤蚜几乎使欧美各国的葡萄全部毁灭，并导致了世界葡萄生产的巨大灾难。美国学者发现，原产美洲的野生葡萄中的一些种类和品种的根系具有高抗根瘤蚜的特性，利用这些品种作砧木进行嫁接栽培，这才控制和免除了根瘤蚜的侵袭，使世界葡萄业得到持续发展。

1967 年冬，东北地区发生大冻害，所有自根苗葡萄园都受冻害，只有原沈阳农学院果树试验园中的十年生贝达嫁接的玫瑰香葡萄园没有发生冻害。此后贝达砧木嫁接栽培在东北得到较快推广，至今，东北种植葡萄几乎都采用贝达砧木嫁接苗建园。实践证明，因为嫁接苗抗寒能力强，比自根苗防寒费用减少一半以上。同时植株生长旺盛，枝蔓成熟好，结果早，产量高，使寒地葡萄栽培产生了质的飞跃。

1995 年 8 月，长江流域发生洪水，沿江一些葡萄园被洪水浸泡 5～6 天，退水后大多数自根苗植株被淹死，活着的多数是贝达砧木嫁接植株。据杨治元先生报道，2004 年 8 月，浙江台州遇台风，降雨 247 毫米，葡萄园中自根苗受较大影响，有些园植株死亡，而 SO4 嫁接的藤稔受淹 48 小时基本不受影响。

另据严大义教授调查发现，康拜尔早生和康太等具有美洲种倾向的葡萄，在石灰质土壤中凡是栽植自根苗的，发生新根极其困难，不是成活率很低，就是生长极度衰弱，萌发的新梢节间短，叶片小，叶呈丛生状，而且黄化。而在同一地块，栽植贝达砧嫁接苗的就好得多。

我国频繁从国外引种以及长期使用自根苗，存在着根瘤蚜及线虫发生危害的威胁；由于覆土的宽度不够、土堆不实和取土沟距根系太近，造成根系冻害，春季叶片黄化。

(二) 嫁接方法

1. 舌接法

将接穗基部削成马耳形斜面，斜面长约 3 厘米，先在斜面 1/3 处向下切入一刀（忌垂直切入），深 1.5～2.0 厘米，然后再从削面顶端向下斜切，从而形成双舌形切面，砧木也同上一样切削，然后将两者削面插合在一起。舌接法砧木与接穗结合很紧密，嫁接后只需简单绑扎即可。

2. 劈接法

是将接穗下端双面削成楔形，斜面长 3～5 厘米，砧木插条上端平剪后从中央纵切一刀，切口深 3～5 厘米，然后将接穗插入砧木切缝中，对准形成层，用塑料薄膜或线、绳绑扎。

嫁接操作可在室内进行。嫁接后为了使嫁接口很快愈合，必须加温进行促进愈合处理。加温的方法与前述催根方法相同。一般经过 15～20 天接口即可愈合，同时砧木插条下部开始形成新根。为了促进砧木插条较快发根，可用 50～100 毫克/千克萘乙酸浸泡砧木插条基部 12～24 小时，或用 300 毫克/千克高浓度药液浸蘸，然后再进行催根处理。嫁接时间一般在露地扦插前 25 天左右，催根后即可露地扦插或温室扦插。扦插时接口与畦面相平，扦插后注意保持土壤湿润。其他管理方法与一般扦插苗管理相同。

国外多采用冬季机械嫁接后绑紧封蜡的方法，省工高效，成活率在 80％以上。国内已开始生产葡萄嫁接机，并应用于生产。

3. 大树改接的方法

在葡萄产区，为了更新品种，于春季萌芽前选优良品种接穗，用被更新品种植株的老蔓作砧木，采用劈接的方法进行嫁接，使其成苗。

（1）绿枝劈接法。砧木可用山葡萄等抗寒葡萄的枝条扦插育成，也可用抗寒葡萄的种子播种育成砧木苗，然后嫁接。所用砧木为当年苗或上年生苗半木质化绿枝，劈接时间一般在 6—7 月间进行。阳光暴烈时最好选择阴天或午后嫁接。接后遇雨最好。接穗削成楔形，用劈接法。接后用塑料条把接口由上而下严密包扎好，仅露出叶柄和叶腋内的小副梢和冬芽，接穗顶上的剪口易失水而影响成活，应用塑料条"戴帽"封顶，也可用套袋法把整个接穗用塑料袋套起来，以防接穗失水死亡。接后 10 天进行检查，当接穗上的芽长出 3 厘米左右时，要剪破塑料袋的顶端；接后 25 天左右，解除塑料袋和接口绑的塑料条。

（2）硬枝嫁接法。时间在葡萄萌芽前后，嫁接方法同上。因为葡萄砧木萌芽前后造成伤口会出现伤流现象，且剪口出水很多，导致接口处积水，积水排出氧气，使得接口组织窒息溃烂，影响成活。所以，嫁接时要在接口下部划伤数刀放出多余的水，以利成活。

（3）绿枝接硬枝嫁接法。就是用冬季修剪后经贮存处理的葡萄一年生枝（即硬枝）单芽接穗，采用劈接方法嫁接在砧木当年抽发的新梢（即绿枝）上。秋剪后，将硬枝捆好，用塑料包严不漏气，置于冰箱中，温度控制在 $0\sim2℃$。第二年花期取出硬枝，于清水中浸泡 1 天，开始嫁接，嫁接前一天浇足水。

每株树新梢全部嫁接，不接的贴根去除。接好后保持土壤水分充足，成活率可达 95% 以上，这种方法适合快速繁育苗木、高接换种。较硬枝高接成活率高。同绿枝高接不同，可取上年硬枝，资源广阔，效率高。硬枝芽带果率高，当年嫁接当年结果，成熟期略晚于正常成熟。

第二节　葡萄栽培管理

一、葡萄的架子

葡萄是一种多年生木本藤蔓植物，它不同于其他果树，可以靠自身树干直立，在野生状态下，或匍匐于山石之间，或借助于自己的卷须，攀爬于其他树木或荆条之上依赖生存。人工栽培必须搭建架子，把葡萄枝蔓均匀的摆在架子上，才能光照合理，获得高产量，作业管理也方便。人们根据葡萄树的生长结果习性，采用埋杆、拉线、搭架等多种形式，满足其生长发育的需要。劳动者根据当地情况，利用自己的智慧，创设多种多样的葡萄架式。

生产中常见的有单篱架、双篱架、小棚架、大棚架、T 形架、V 形架等（图 4-2）。平地以上架式都可采用，南北方由于是否需要下架埋土防寒，所选架式有所不同。由于葡萄枝蔓柔软，生长速度快，爬的很远，占天不占地，"葡天盖地"，是开发利用荒山、绿化环境、美化庭院，发展经济的良好树种，还可做葡萄长廊、葡萄亭、葡萄伞等艺术造型。山地丘陵地砂石多、坡度大、沟堰也多，为了充分利用空间，加大葡萄枝叶覆盖面，增加单位面积产量，人们多选用大棚架式。

(一)生产上常用架式

目前生产中葡萄的架式有多种,从形式上可归为篱架和棚架两类。

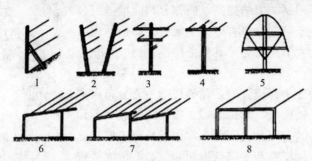

图 4-2 葡萄的架式

1. 单壁篱架 2. 双壁篱架 3. 双十字 V 形架 4. T 字形架
5. 遮雨棚双十字形架 6. 倾斜式小棚架 7. 连叠式棚篱架 8. 水平式对爬小棚架

1. 篱架

架面与地面垂直或略倾斜,葡萄枝叶分布在架面上,似篱笆或篱壁,所以叫篱架。

(1)单壁篱架。架高 1.5~2.2 米,顺行向每隔 5~6 米立一支柱,每行的两头支柱用锚石或撑柱加固。在立柱上每间隔 40~50 厘米拉一道铅丝,行距 1.5~3 米,行距 2 米左右的架高 1.5~1.6 米,行距 3 米的架高 2 米左右。单壁篱架的优点是,可以密植,易于早果丰产;通风透光,作业方便。适用于冬季不下架防寒或埋土较少的地区。缺点是有效架面相对较少,新梢结果量受限制,垂直而窄的叶幕对光的截留和利用很不充分,因而难获高产。枝蔓结果部位低,易染病害。

(2)双壁篱架。在植株两侧,沿行向立两行单篱架,底部间距 50~80 厘米,上口间距 80~120 厘米。植株栽在双篱架的中心线上,枝蔓均分引向双壁。优点是有效架面增大,可获得较高产量。

(3)双十字 V 形架。葡萄行距 2.5 米,每隔 4 米立单行柱,在每根立柱上距地面 115 厘米和 150 厘米处分别固定 2 道横梁,上梁长 80~100 厘米,下梁长 60 厘米。在水泥柱两侧离地 80~90 厘米处拉两道底层铅丝,在两道横梁的两边各拉一道铅丝,就形成了双十字 V 形架。

(4)四线宽顶 T 形棚篱架。在单篱架支柱的顶部固定一个长度 1.2~1.5 米的横杆,使篱架断面呈 T 形,横杆上等距纵穿 4 道铅丝,其形状像电线杆。结果母枝均匀分布在主蔓上或两侧,其上新梢沿两侧边线自由下垂生长(图 4-3)。

这种架式最适于不埋土防寒地区采用。优点是：①产量高，品质好。有效架面大且通风透光好，新梢自由悬垂生长，缓和了枝条极性，抑制了副梢的萌发和生长，部芽眼结实力的提高，使养分和能量得到合理利用。②便于管理，节省劳力和架材。新梢不用或引缚少，可大大节约劳力。其他操作也方便。

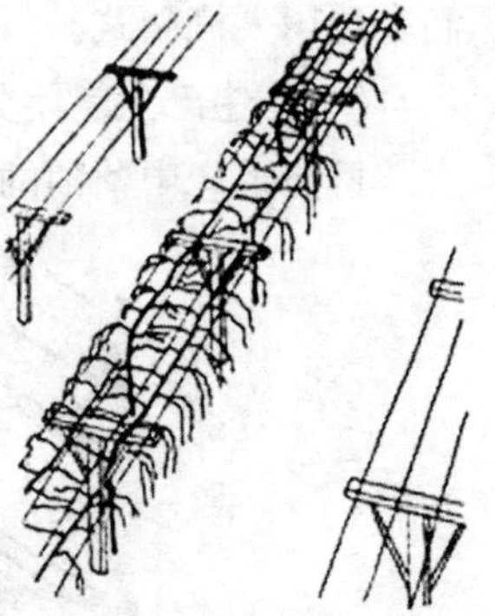

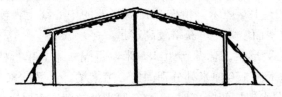

图 4-3　四线宽顶 T 形架

2. 棚架

架面与地面平行或倾斜，葡萄枝叶主要分布在离地较高的水平架面上，形似荫棚。棚架的特点是葡萄树占地少而占的空间大，因此，常用于丘陵山地和庭院葡萄栽培。棚架有利于降低地温和气温，加大昼夜温差，有利于提高果实品质。架面不荫蔽时有利于减轻病害。冬季防寒用土较多的地区，也宜采用较宽的行距而采用各种棚架。

（1）水平棚架。架高 2.0～2.2 米，立柱间距 4～5 米，架顶每隔 50 厘米纵横拉上钢丝绳或钢丝，呈水平棚面。注意葡萄主蔓的生长方向要与当地生长期风害的方向一致，以防吹折新梢。行与行之间要留 1 米以上的通风道。

（2）倾斜小棚架。前外柱高 220 厘米左右，后内柱高 130～150 厘米，在前柱和后柱间搭设横杆，然后由前柱到后柱每隔 50 厘米顺行向拉一道铅丝，组成倾斜棚面。在架后柱立面上，距地 70 厘米拉第一道铅丝，其上 50 厘米固定第二道铅丝，组成篱架架面。

（3）连叠式小棚架。将倾斜式小棚架连接起来，都将后立柱去掉，将横杆倾斜固定在前后两柱之间，后部高 150 厘米左右，前部高 200 厘米左右。与倾斜式小棚架相比，节省将近 1/2 架柱。

（4）屋脊式棚架。由两个小棚架的架梢（远根端）对头而成，形成屋脊状的棚面。葡萄每畦栽植两行，对爬。此架面叶幕表面积大，产量高（图 4-4）。

图 4-4　屋脊式棚架

（二）传统栽培工艺架——漏斗架

河北宣化葡萄种植史可追溯到唐代僖宗年间，至今已有 1 300 多年历史，目前仍保存着几千亩上百年的漏斗形葡萄架（图 4-5）。其最具特色的是漏斗架形传统栽培工艺，这种藤架利于葡萄枝条越冬埋设保护及对肥料与水分的吸收。目前宣化仍保留着约 200 公顷古葡萄藤，最老的一株葡萄架已有 600 多年历史，其他也多在百年以上。2013 年 5 月 29 日，在日本石川县召开的"全球重要农业文化遗产国际论坛"上，"宣化城市传统葡萄园"被正式列入全球重要农业文化遗产。"申遗"圆满成功，宣化葡萄实现了从"藏在深闺人未识"到"一朝成名天下知"的华丽转身。

图 4—5　宣化葡萄园中漏斗形葡萄架（陈晓东摄）

二、葡萄的种植和当年管理

（一）栽植

1. 株行距

一般小棚架的栽培密度，行距 4～5 米，株距 1.0～1.5 米；篱架栽培时，行距 2.2～2.5 米左右，株距 0.6～1.0 米。

2. 改良土壤

葡萄是多年生作物，产量很高，在一个地方生长结果十几年甚至几十年，根系需要有较好的生存环境和充足的营养供应。生长根的先端是肉质的，较粗，在硬质土壤里阻力很大，伸展困难。在板结或瘠薄等条件差的土壤，如果不挖坑改土就栽苗，根系浅、小、弱，会出现干害、冻害、蒂枯病、着色不良、生理障碍等现象。要想获得持续的高产优质，就要为植株根系生长和扩展准备一个深厚疏松肥沃的生长环境。

定植前的土壤改良方法主要是挖定植沟和定植穴。定植沟一般宽 80～100 厘米，深 60～80 厘米。挖沟时，将表土放在沟边，心土放到表土的外边，分开堆放。因不同层次根系的功能不同，表层中层是根系的主要活动区域，幼树根系分布范围更局限于表层，所以对栽植沟中不同层次的土壤要求不同。下层要"透"（气、水），中层要"匀"，而上层栽苗的小坑要"精"。回填时，先在沟底铺一层 30～40 厘米左右厚的粗有机物（秸秆、杂草、树枝等），排水不良的地块，可在沟底部填 20～30 厘米左右的炉渣和锯末（等量混匀），作渗水层。挖沟耗费人力物力，因此尽量使改土效果达到最佳。所以，尽量上下全部回填表土，用粪肥和土掺匀回填，上部 25 厘米左右用少量粪肥或只用表土回填。绝不能打乱土层或上下颠倒，让心土填在果苗根系的周围，这样不发苗。回填土要高出沟面 10～20 厘米。填满后需浇透水沉实。

3. 垄栽

地势低洼的地块、雨水多的南方，应采取垄上栽培的方法，以利排水。

4. 苗木修剪

葡萄根的长度要保留 20～30 厘米，剪出新茬；苗木消毒保护，用的消毒液有 3～5 波美度石硫合剂或 100 倍硫酸铜溶液。挖小穴栽植，在定植沟内挖小穴（30～40 厘米见方），小穴中再拌入腐熟高级有机肥和氮磷化肥，以利根系生长。

5. 栽苗与覆膜

华北地区一般在 4 月上旬栽植，栽苗时要使苗木根系在定植沟内自然充分舒展，上下层要分开，覆土踩实，以扩大根系生长和吸收面积。埋土深度以达到根茎部为准，栽后要充分灌水，然后覆草或覆膜，保湿、增温。将苗木埋一小土堆保湿防干，使其提早发芽。

(二) 当年的管理

新种的苗木，在萌芽和新根生长时每周要灌两次水。灌水和降雨后要及时中耕除草，保墒防病虫，葡萄树周围 50 厘米左右不能有杂草。前期可追肥 2 次，每次追施尿素 8～10 千克。其他地方可经间作或进行生草。

新梢管理。及时抹芽除萌：苗木发芽后，选留靠近基部已萌发的两个壮芽，其余的芽和砧木萌蘖要及时抹除。根据整形需要选留主蔓，主蔓新梢长到 20 厘米以上，固定时再去除多余新梢。每隔 20～30 厘米固定一次新梢，固定新梢的同时除去卷须。

主梢要多次摘心，目的是增加蔓的粗度，使主蔓的冬芽都能形成花芽。主梢长到 1.0～1.5 米时进行第 1 次摘心（7 月上旬之前），顶端副梢长至 50～70 厘米时进行第 2 次摘心，8 月中旬全部摘心。先端副梢留 1～3 叶反复摘心控制。

副梢管理。一般每个副梢留两片叶断后（去掉所有的芽）摘心。

防治病虫害。叶片病害主要有霜霉病、褐斑病、白粉病、黑痘病等，高温、高湿、不降雨，易得白粉病；高温、频繁降雨，会得霜霉病、褐斑病；频繁降雨，气温下降，易得黑痘病。在雨季来临之前就要喷药预防。初得病每隔7～10天喷药一次。萌芽之前喷3～5度石硫合剂进行预防。

虫害有很多种。危害最大的是金龟子、绿盲蝽、葡萄天蛾、葡萄瘿螨、食心虫等。

三、葡萄整形修剪

1. 篱架的主要类型

（1）多主蔓高垂扇形（图4—6）。在一个高的主干上分布若干个主蔓，每个主蔓上留一个长梢结果枝组，呈扇形分布在篱架面上，新梢自由下垂生长。或留多个主干，每个主干顶部留1～2个枝组，将长结果母枝弯曲向下绑缚于铁丝上，新梢自由悬垂。

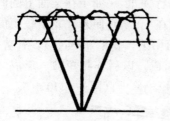 

图4—6 葡萄多蔓高垂扇形（引自罗国光）　　图4—7 双层垂枝形（引自张凤仪）

（2）双层垂枝形（图4—7）。单篱架，架高2米，在1米和2米处各拉一道铅丝，一个主干留两个主蔓，左右分布在铁丝上，植株间隔分布。单数主干高1米，其上的两个主蔓分布在第1道铁线上，双数主干高2米，主蔓分布在第2道铁线上。新梢自由悬垂生长。

（3）倾斜单干形（图4—8）。北京通州张家湾上马头村创建了单柱双臂的架式和单龙干倾斜整形上架的方式。将龙干留至第2道铁线上，长1.5米左右，自下40厘米处始，每隔20厘米留一个结果母枝，龙干整形，倾斜上架，短梢修剪。这种架

图4—8 倾斜单龙干形整枝

式有效架面大，枝条分布和长势均匀，通风透光也好，便于埋土。

（4）多主蔓扇形。篱架扇形整枝是以前多用的一种整枝形式。因树形易紊乱，结果部位上移，技术不熟练者不易掌握，应用越来越少。分两种自由扇形和规则扇形两种修剪方式（图4—9、图4—10）。

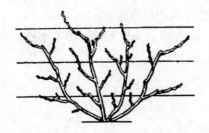

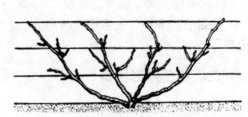

图 4—9　无主干多主蔓自由扇形　　　　图 4—10　无主干多主蔓规则扇形

2. 龙干形

龙干形是棚架上使用的主要株形，植株具有一条粗大的倾斜龙干，长 4～10 米，在龙干上均匀分布许多结果枝组（俗称龙爪）。龙干在架面上的间距依行距不同应有区别。龙干较长的大棚架间距在 50～70 厘米，龙干较短的小棚架间距在 80 厘米以上。新梢与龙干方向垂直引缚，新梢互不过蔓，长势均匀，便于管理。结果枝组初期由一年生枝短剪而成，以后连年短剪，形成多个短梢，形似龙爪，其上萌生结果枝结果。实行短梢修剪（图 4—11）。

图 4—11　龙干形植株

3. 篱棚结合型

棚篱结合类型的叶幕不是单纯水平或单纯直立的叶幕，而是波浪起伏的叶幕，这样会使架面扩大，架面指数高（架面积与占地面积之比）。所以，这样的叶幕生产能力强，可获得高产量，同时也可获得高质量。目前应用的有以下几种树形。

（1）四线 T 形高宽垂树形是目前生产上常用的一种棚篱结合类型。应用的株型是高干四臂水平龙干形，从株形叶幕看，是棚篱结合的一种，适合不埋土地区的整形修剪。"高"是指主干较高（1.2～1.5 米）；"宽"是指篱架横断面和植株叶幕宽度较大（1.3～1.5 米）；"垂"则是指植株的新梢自由悬垂生长。"高宽垂"栽培的优点是枝叶受光面大，光能利用转化效率高，产量高、省力、便于管理和病害较轻。有树干栽培增大了多年生枝的比例有利于养分贮藏，缓和植株生长，株生长，促进花芽分化（图 4—12）。

（2）五线双臂 M 形架面树形。主干高度 1.5 米，架高 2 米，短梢修剪，

图 4—12 四线 T 形高宽垂架式及整形

新梢从中间分别向两侧引上铁线向外生长，超过铁线后下垂生长。该架面为波浪形，架面指数大，有效叶面积大，产量较高（图 4—13）。

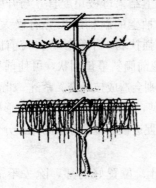 

图4—13 五线双臂 M 形架面(引自张凤仪)　　图4—14 三线 T 架 V 字形(引自张凤仪)

（3）三线 T 架 V 字形。架高 2 米，横梁宽 50 厘米，两端各拉一道铅丝，从横梁往下 30 厘米，在立柱上拉一道铅丝，主蔓水平绑在上面，新梢分别均匀引向横梁的铅丝上，大部分新梢随着生长自然下垂，形成 V 字或倒 W 形架面。这种架式通风好，产量高（图 4—14）。

四、生长季树体管理

葡萄从出土上架开始，到落叶为止，进行抹芽定梢、绑蔓、新梢摘心、副梢处理、疏花穗、掐穗尖、除卷须等生长季管理工作，主要集中在 4—6 月。葡萄一个芽眼能萌发出 2～3 个新梢，并且葡萄新梢生长迅速，一年内可发出 2～4 次副梢。如果生长季不及时进行修剪控制，就会造成枝条过密，影响通风透光，分散和浪费营养，因而会降低坐果率及浆果的产量和品质。

（一）绑蔓

当新梢长到 30 厘米时，要将新梢绑缚到架面的铁丝上，将枝蔓固定在一定的方向和位置上，使之均匀合理的分布在架面上，形成合理的叶幕层，均匀受光（图 4—15）。

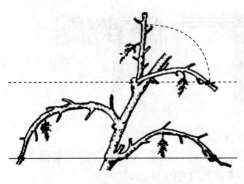

图 4—15 平衡枝势的几种绑梢方法

主侧蔓的引缚。埋土区棚架龙干形的主蔓由地面向立架面上引绑时，从第二年开始，让主干从基部顺行向呈 45℃ 角倾斜然后上架，这样冬前埋土时方便，避免压伤主蔓，发生根瘤。

结果母枝与新梢的引缚。枝条具有顶端优势或极性。水平棚架上结果母枝以及新梢与主蔓的夹角的大小，立架上结果母枝角度直立与开张，与其上抽生的新梢的长势有极大关系。弱梢要直立引缚以促长势，强枝水平引缚。抑强扶弱，平衡枝势，控前促后。

棚架葡萄新梢的方向应该与主蔓垂直或略超前倾斜呈鱼刺状，可使前后结果枝长势均匀规范。因此棚架的蔓距不能过小，否则会造成枝条交叉紊乱。北部地区棚架葡萄结果母枝如果采用留 1～2 芽极短梢修剪，应采用弓梢引缚。弓形引缚可抑制新梢前部的生长，促进新梢基部加粗生长，促进枝条基部芽眼的花芽分化。

（二）葡萄抹芽、定枝

葡萄萌芽后，要对芽进行选留，留下健壮、位置好的芽，除去不需要的芽，这称之为除萌或抹芽。抹芽和疏梢的目的是确定留枝密度，是决定产量和品质的重要作业。葡萄的冬剪量一般较重，易刺激枝蔓上的芽眼萌发，长出很多新梢。通过抹芽和疏枝，使营养集中到留下的和新梢上，以促进新梢的生长和花序的发育。

1. 抹芽的时期与方法

抹芽进行两次。第一次在萌芽初期进行，抹去不留梢部位（如主干主蔓基部）的萌芽以及三生芽、双生芽的副芽，去弱留壮、去密留稀，去上留下，去远留近（图 4—16）。如果预见到顶端的芽和枝会长的过强，顶端的芽可留副芽，有空间的可留双芽，以调节上下结果枝的长势。10 天后进行第二次抹芽。抹去萌芽晚的和母枝基部的弱芽、无空间的夹枝芽、部位不当的不定芽。因为葡萄的叶幕形成的慢，坐果率高的品种可留一些摘心并除去腋芽的短营养枝，以充分利用光照，增加早期叶面积。

2. 疏枝的时期和方法

疏枝是在抹芽后最后调整留枝密度的一项作业。一般在展叶后 20 天左右，新梢

图 4—16 双芽、三芽处理法

长至10～20厘米，当新梢上已经能看出有无花序和花序大小的时候进行第一次疏枝。除去过密枝和弱枝或改成短营养枝。由于新梢尚未半木质化，着生不牢固，需待春天大风期过后才能定枝。每一植株应留多少数量的结果新梢，要据树势、树龄、品种及管理条件和产量而定，一般新梢在架面上的间距在10厘米左右。每平方米架面留10～15个新梢，单篱架和棚架多留，双篱架少留；小叶型品种多留，大叶型品种少留。

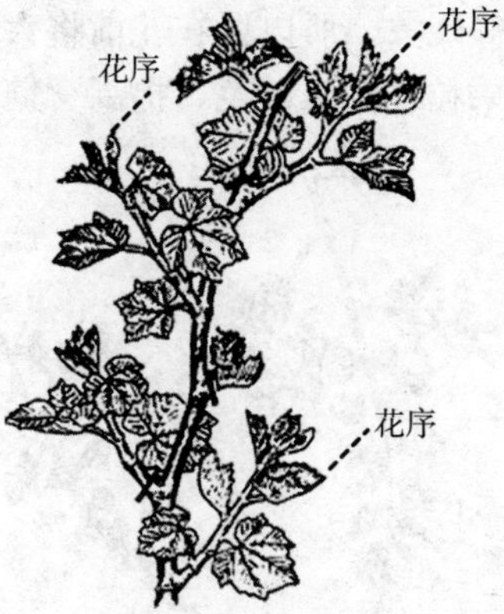

3. 疏花和花序整形

为了防止落花，提高商品性，使果粒增大，

图4-17 葡萄疏枝

促进着色，提高糖度，收获提前，使果穗美观，提高果实的商品性，提高经济效益，花前要做花序整形。近年来，国内外都很重视鲜食葡萄的花序整形和疏花疏果。花序整形主要是疏花序、去副穗、摘除穗尖和整理大花穗的分枝。

（1）疏花序。疏花序是将发育得不好和多余的花序除去，保证树体有合理的负载量，防止落花，保证生产高品质葡萄的一项重要措施。根据目标产量和平均果穗重量就可以确定出单位面积内的留花序数。因为坐果后还要根据穗形的好坏进行疏穗和疏果，所以花前要多留30%以上的余量。

疏穗的时期，原则上坐果率高或能保证坐果的品种，树势弱或长势稳定的树，越早疏花越好，以减少养分消耗，使余下的花朵增大，发育良好。从新梢发出5～6片叶子能辨出花序大小时就可以动手。树势强，并且容易产生落花落果的品种，可以晚疏，在开花前5～7天结束。

花序的留量，因品种而异。一般中小（茉莉香、玫瑰露、酿酒品种等）花序品种留2个穗左右；大花序品种（巨峰、红地球等）每结果枝留1个花序，强枝留2个花穗。北方葡萄区巨峰葡萄始花期长40～80厘米的新梢留1个花穗，80厘米以上的可留2个花穗，40厘米以下的不留花穗；南方葡萄区同样的留穗数量新梢长度减少10厘米。因为新梢长势前期弱后期旺。

（2）花序整形及疏花。标准化是产业化的必要内涵。目前日本市场上无论什么品种果穗形状都要求圆柱形或近于圆柱形。因为圆柱形的果穗便于贮运过程中的包装和装箱，并且可以减少挤压落粒，提高贮运性。这要通过花穗整形来达到。花序整形可在花序分离、花朵散开后进行，在花前5～7天结束。为使穗形美观，副穗全部去除，因为副穗的花先开，所以为预测开花期，先开花的种类可保留几个。

当果穗达到500～600克以上时，就会出现着色不良、含糖量降低、裂果等现象。所以要在花前将大花穗上端的分枝摘除 1～4 个，以调节穗重，增大果粒，促进着色，提高含糖量，提前收获。疏小穗时伤口不要靠近主穗轴，以免伤口干缩影响养分运输。留下的分支穗梗如果过长，还可剪短 1/4～1/2。花穗先端较长和落花严重的品种应掐穗尖，不然会因果穗过长而导致结果稀疏（图 4－18）。

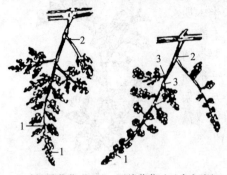

玫瑰香葡萄　　　巨峰葡萄（日本方法）

图 4－18　掐穗尖和花序整形

1. 掐穗尖　2. 去副穗　3. 掐除小穗

为提高葡萄的商品性，日本很重视花穗整形，在巨峰等大粒葡萄的做法是，掐去 0.5 厘米左右的穗尖，保留由下往上数 14～16 个小分枝，去掉果穗上部 4 左右大分枝。整形后的穗轴长度应保持在 8～12 厘米。坐果后立即摘粒，每穗留 30～40 个葡萄果粒，果穗整形时结合赤霉素处理，粒重 10～12 克，穗重 350～500 克。呈短圆柱形（图 4－19）。生产无子果需拉长果穗的，花前不掐穗尖。着果紧密的品种绝对不能掐穗尖，否则会使果粒更加密挤。像红地球那样果粒密着、穗梗细长、商品果穗要求松散的品种，可采用疏小穗的方法或疏果粒与疏小穗结合的方法进行（图 4－20）。

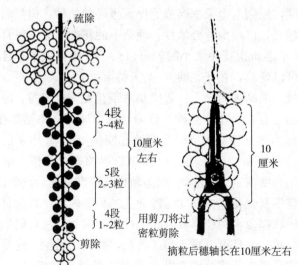

图 4－19　巨峰葡萄的摘粒方法

（引自胡建芳《鲜食葡萄优质高产栽培技术》）

进行无核化栽培时，由于可以保证坐果，疏果费工且浪费营养，可在花前用赤霉酸拉长果穗。巨峰等四倍体葡萄花穗上分枝多、花柄细弱的花朵，多发育不完全，将其疏去可提高花穗的坐果率。不论疏花还是疏果，伤口不要贴近

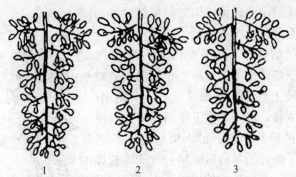

图 4—20　葡萄疏果的方法

1. 疏小穗　2. 疏果粒　3. 疏果粒和小穗

母轴，以免造成母轴输导组织坏死，阻碍水分和养分运输，影响发育，还易引起幼果高温伤害（气灼）。作业结束后必须喷布杀菌剂等保护剂，治疗伤口。

开花前后是栽培管理的关键时期，许多措施在此时进行，需要知道开花日期。除了借鉴历年的经验外，还可以通过观察花序的发育进程来判定。首先看副穗的角度：葡萄的花穗从长出直到开花将至，以致聚拢在一起，先从副穗开始向外展开，当副穗展开到与穗轴成 90°时，就是开花期的 5～7 天前。其次从花穗的分离状态预测：当副穗以下的主穗上的小支穗有 90%已经分散开，只有先端 10%的小穗还聚拢在一起时，就是开花期的 5～7 天前（图4—21）。

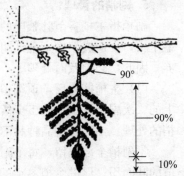

图 4—21　开花期预测方法

（引自韩南荣《葡萄有机栽培新技术》）

4. 新梢摘心

通过摘心，就可以暂时中止或减缓新梢的生长，使营养物质较多地流向花序、花芽和果实，达到提高坐果、促进花芽分化和果实膨大的目的。结果新梢摘心的时期，一般在始花前 5～7 天到始花期进行。摘心的轻重与品种、枝条长势与摘心的时期有关，一般生产上对坐果率低的品种，结果枝花序以上留5～8 片叶摘心，摘心越重，坐果越好。但强摘心会导致叶面积不足，影响浆果发育，减低含糖量，推迟成熟，还易裂果。建议采取早摘心、轻摘心的方法来提高坐果率。即在始花前 7 天以上，在花序以上留 7 片叶去除生长点。因为

花前摘心主要针对巨峰类落花落果重的品种，多是大叶型品种，一般不留夏芽副梢也能成花。对于像摩尔多瓦、红地球等坐果率高的品种，通常会造成结果过多过密、果粒偏小的现象，因此结果枝的摘心应该在花期轻摘心。

对于营养枝的摘心，新梢长到 10～12 片叶时摘去嫩尖。对准备留作下年结果母枝用的发育枝和替换枝或预备枝上长出的新梢晚摘心，留副梢叶，尽量少抑制其生长，以培养供下年用的结果母枝。

主蔓延长梢摘心，用于扩大树冠的主蔓延长梢，可根据当年预计的冬剪后所留长度和生长期的长短确定摘心时间。生长期较短的北方地区，应在 8 月上旬摘心，生长期较长的南方地区，可在 9 月上中旬摘心。摘心的目的是使延长梢在进入休眠之前能充分成熟。

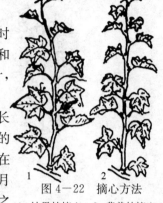

图 4—22 摘心方法
1. 结果枝摘心 2. 营养枝摘心

5. 副梢的管理

副梢指主梢各节叶腋中的夏芽萌发的新枝。葡萄主梢摘心后，副梢开始旺盛生长，会造成架面紊乱郁闭。同时，副梢的过度生长也会消耗树体的大量营养，因此，必须及时处理。

（1）主梢摘心后，顶端留 1 个（强梢留 2 个副梢）留 3～5 片叶摘心，其上的二次副梢只留先端 1 个留 3 片叶摘心，其余二次副梢除去。主梢上其余副梢的处理，不同叶型品种和不同类型枝条应有不同的处理方法。

①副梢全部保留，每个副梢都采用单叶绝后的处理方法。这样可以增加每节的叶面积，促进主梢冬芽的发育，保证能形成花芽，花序较大，花序数多。不易成花的小叶型欧亚品种必须采用保留副梢叶片的修剪方法，必要时可采用留 2～3 叶断后摘心的方法。这种方法适合小面积的管理水平较高的葡萄园。

②副梢全部除去，这样比较省工，利于通风透光。面积较大、劳力紧张的葡萄园往往采用这种方法。篱架可以采用这种方法，棚架用这种方法会造成叶幕过薄，所以不宜。小叶型品种留作结果母枝的枝条，不宜采用这种方法，会影响成花。另外果穗上部要适当留副梢，遮阳以防日灼。

③保留花序以上部分副梢，留 1～2 叶反复摘心，或单叶断后摘心，花序以下副梢除去。这是一般生产上常用的方法。由于会降低基部芽眼的成花力，所以采用龙干整形、短梢修剪的株型不宜。为保证基部芽眼成花，以便于短梢修剪，可保留两个副梢，每副梢留 2～3 片叶摘心，粗度不超过 0.4 厘米可不摘心。

④主蔓延长枝和有发育空间的新梢，副梢全部保留，每梢留两片叶断后摘

心，或留 1～3 叶摘心，二次梢留 1 叶摘心，三次梢不留。

（2）主梢采用够叶摘心、憋发冬芽修剪法。一般主梢花序以上长够 7 片叶轻摘心（只去除嫩尖），从小就抹除所有副梢，这样就逼迫主梢上部的冬芽提前萌发，发出的冬芽梢留 2 个，每个留 3 片叶左右反复摘心。这种做法的优点是：能更早和更有效的控制新梢的营养生长，更有效的促进坐果；不浪费营养，主梢叶片大；副梢处理省工。还有非常重要的一点，冬芽副梢的节间比夏芽副梢的节间短，节间短占据的空间就小，并且冬芽副梢的叶子面积较大。

冬剪时采用短梢修剪的植株，用这种方法应保留花序以下的 1～2 个副梢，所留副梢的粗度在 0.4 厘米以下，或留 2～3 叶摘心。

6. 克服葡萄的落花落果

葡萄中落花现象最严重的是巨峰系品种，坐果率一般只有 15％左右，很多果穗是果粒稀稀拉拉地着生在果穗上，商品性很低。

（1）落花的原因。落下来的花果主要是里面没有种子，没有种子是因为花器受精不好。受精不好有两个方面，一是花器官（胚珠和花粉）发育不良；二是环境条件的问题，低温和高温都影响坐果。

（2）防止落花的措施。防止落花最根本的措施是要把树势调整好，培养成健壮的树体，使养分充足，花器官发育正常。但是，单靠树势调整，还不能保证达到理想的效果。必须配合一些辅助手段，才能达到好的效果。

①摘心。请参考新梢摘心和副梢处理一节。最好采用够叶早摘心，同时抹除副梢，憋发冬芽修剪法。

②喷布植物生长调节剂。使用果美。在花序整形和疏花的基础上，盛花期喷布果美，无需其他措施，100％保证坐果。使用矮壮素。处理时期：生长良好的新梢，已经展开 7 片叶时，是处理的最好时期。处理浓度为 50％矮壮素 400 倍液，全树喷匀，花序一定要喷到

③花序整形。进行掐穗尖、去副穗、花序整形和疏花，可以减少花数，去掉分枝多、花柄细弱的花蕾，使留下的花朵养分增多，能显著提高坐果率。花序整形在开花前一个星期左右为宜。

④环割。花前 5～7 天，在着生结果枝的老蔓上环割两道，相距 4 厘米，不伤木质部。因为光和同化产物由韧皮部向下运输，矿质营养和水由木质部向上运输，环割以后可暂时阻止果穗一侧的部分光和产物下运，而转向果穗，对矿质营养和水的运输基本没有影响。这样，可促进花器官的发育，增加坐果。

⑤喷硼。花期喷 0.3％的硼砂。

7. 葡萄套袋栽培

葡萄套袋是无公害葡萄生产管理中的重要环节，经套袋的果穗颜色鲜艳、

光洁、无污染大大提高销售的竞争力。

（1）目的。套袋可以防止因雨水引起的各种病菌的感染；防止波尔多液、各种农药、叶面肥等引起的果实外皮污染；防止鸟类野蜂破坏；抑制水分蒸发，防止日灼病；可使果穗的外观漂亮，提高商品性。

（2）套袋的时期。在疏果结束后立即套袋，应避开雨后的高温天气，如套袋后遇30℃以上的高温，则会助长日灼或气灼的发生，因此应在此之前或稍微适应高温之后进行。葡萄套袋前，必须细致、周到地打1次广谱性杀菌剂。可喷70%甲基托布津，或40%氟硅唑乳油，重点喷布果穗。然后套袋。

（3）摘袋的时期。在采收前15～20天摘袋，增加着色。直射光着色红色品种摘袋时间稍早。对于容易着色和无色品种以及着色过重的西北地区可以不摘袋直到采收。去袋时间在上午8～10时和下午16时为宜。

（4）果穗"戴草帽（打伞）"。在葡萄上方套上一个光面纸罩或PE塑胶片伞罩，也能起到防雨、防尘和防晒的作用，比套袋简便省工，可随时疏果、及时去掉病虫或发育不良的果实，也没有套袋后因袋内温度较高而降低含糖量和日烧的副作用（图4-23）。在日本和我国台湾，因为雨多，很多农家会在摘袋后就给葡萄戴上"草帽"，尽全力保证果实品质。也有很多农家用"打伞"代替套袋。伞罩规格是25厘米×25厘米，从一边向中心剪一刀，使用时将穗轴沿剪缝套入，盖在果穗上，使缝两边重合，上下用大头针固定，上口要封严，防止雨水沿穗轴淋到果穗里引起病害。

图4-23 果穗的"戴草帽"（打伞）

以前所套葡萄袋多纸质，生长期无法观察葡萄的生长状况，透气透光性差，容易烂果，雨水较大时因浸泡而破损，上色时需摘袋，之后容易遭受病菌侵染和蜂虫为害，运输销售期间需多次包装，增加成本。近年山东发明生产一种半透明葡萄袋，可以一目了然的观察葡萄的生长状况（图4-24）它的优点是：透气性、透光性能好，降低袋内湿度，有效防止病虫害的发生；采光时间长，能够充分进行光合作用，可溶性固形物含量高，表光好、硬度大、耐储

存；带袋上色，速度快且均匀，可提前上市，也可调节方向控制成熟速度达到

分批上市；可清晰地看到袋内葡萄的状况，非常适合
观光采摘；带袋采摘、运输、销售，省工省事，防止
各环节中的损伤与二次污染，还具有保鲜作用，货架
期长，深受销售商欢迎。为生产优质高档果品提供了
一项重要技术。

图 4-24 半透明葡萄袋

(三) 葡萄采收后的管理

秋天果实采收后，疲惫的树体需要恢复树势，主
要继续进行花芽分化、根系生长、成熟枝条，还要进
行营养贮藏。充足的贮藏养分可提高树体的抗寒力，
贮藏养分的多少影响花芽的多少、花序的大小和结果
的多少优劣。

早春结束休眠之后葡萄的各器官就开始生长，此时新根生长量还小，根系
吸收能力弱，没有叶片制造养分，或刚展叶同化的养分仅够自己使用时，所用
的养分主要是树体内贮藏的养分。采后管理的核心是保护叶片，增加光合作用
和养壮根系。

1. 施肥

葡萄经过一年的生产需要施肥来恢复。土壤施肥应施含氮多的速效性肥
料，如高级有机肥料或发酵鸡粪，或尽早施入基肥，可以迅速恢复树势。叶面
喷肥。采收后结合喷药每隔 10 天喷施 2～3 次 0.5％左右的尿素或磷酸二氢
钾，能有效地提高叶片光合能力。

2. 防止病虫害

霜霉病、白粉病、褐斑病及虫害常常造成全树过早落叶。一般在采后到落
叶前每隔 10～15 天左右喷药 1 次，可有效防止病害发生，并能减少病源潜伏。

3. 灌水

采收前灌水较少，采收后应立即使土壤的水分保持在 60％～70％，才能
促进根系发育，充分吸收营养，恢复树势。

4. 使葡萄在秋季正常落叶

生长后期土壤中的速效氮很少的时候，葡萄树就不会贪青生长，叶子就会
自动变黄，正常脱落，树体的抗寒性就会增加。

(四) 葡萄的冬季修剪

幼树冬剪的目的和任务是按树形要求选留培养主蔓和结果枝组，在不影响
树冠扩大成形的前提下提早结果，提早丰产。成龄葡萄树冬季修剪的任务是调
整枝蔓在架面上分布密度，控制极性，平衡枝势，维持株形，更新、培养、选

留结果母枝或结果枝组，决定结果母枝的长度和留芽数量，剪除病虫害枝条等。留芽量根据预计产量来确定，对结果母枝的修剪根据品种、架势、树形、新梢管理方式来确定是采用双枝更新或是单枝更新，是长留还是一律短剪。产量根据架势、树形、树龄、品种、树势、立地条件（气候、土壤）和株行距来判定。参考上年产量和市场对质量的要求也是必要的。

1. 冬剪枝蔓长度

对一年生枝剪截的方法。超长梢修剪，留 12 节以上；长梢修剪，留 8～12 节；中梢修剪，留 5～7 节；短梢修剪，留 2～4 节；超短梢修剪，留一节。根据芽的异质性。基部的芽发育较差，中上部的芽发育得好，根据空间剪留下足够的饱满芽。树形和地区。在龙干株形上多用短梢修剪，河北怀来产区采用大棚架独龙干形整枝，为降低"龙爪"长度，便于埋土，用超短梢修剪，为保证成花，夏季实施弓形绑梢，具有创造性。北方其他树形在易成花的品种上或副梢控制得好时，也宜多用短梢为主的修剪方法，以便于埋土和防止结果部位上移。南方因生长期较长、日照较差，枝条基部成花不好和冬季不下架防寒，一般采用短、中、长梢混合修剪。品种特性。生长旺盛，花芽分化部位高的品种，适于长梢修剪、中梢修剪，反之，则用中、短梢修剪。

树龄及剪口粗度。幼树延长梢以长梢和超长梢修剪为主，冬剪剪口粗度一般在 0.8～1.0 厘米，南方较北方低 1 毫米。弱树剪后株高在 50 厘米以下者，应只留基部 2～3 芽重短截。无论南方或北方，棚架的主蔓延长梢剪口粗度要比篱架粗 1～2 毫米。因为棚架树形大，需减少留芽量和留果量，使营养充足，保证延长梢生长。成龄树结果母枝剪口粗度也在 0.8～1.0 厘米，第二节茎粗大于 1.2 或小于 0.8 厘米一般无花，无空间去除，有空间可留 2 芽短梢修剪。

根据架面的空间来进行修剪。枝条较稀，架面宽、空时结果母枝可长留，进行长梢修剪。主梢延长梢进行超长梢修剪，新培养的主蔓也应超长梢修剪。成形后，主蔓延长梢通过转主换头、选留预备蔓等方法保持较强的生长势，保持主蔓水分、养分运输通道的畅通。主蔓出现光秃带时，引枝补空。在临近葡萄主蔓光秃带下面的枝组上，留长梢引缚到光秃的空间，可以弥补主蔓缺枝。

2. 葡萄的双枝更新和单枝更新修剪

双枝更新。一组 2 枝，先端的枝作结果母枝，根据品种特性和需要，进行中、长梢修剪，然后于母枝的基部选择一个发育良好枝蔓留 2 芽做预备枝。次年结果母枝抽出结果枝开花结果。预备枝萌发 2 个新枝，使之发育充实，当年冬季修剪时将已结果的母枝连结果枝一起剪去，由预备枝萌发的 2 枝，再按上一年的修剪方法，上端的作为下一年的结果母枝进行中、长梢修剪，下部的留 2 芽短剪为预备枝。如此往复。使修剪后留下的结果母枝始终靠近主蔓。中、长梢修剪时，结果母枝一般采用双枝更新修剪法（图4—25）。

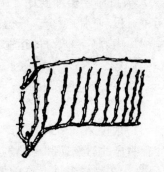

图4—25 葡萄双枝更新修剪

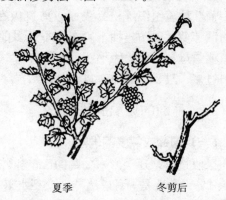

夏季 冬剪后

图4—26 单枝更新

单枝更新。冬季修剪时不留预备枝，结果母枝剪留2～3芽，上部抽生的枝用于结果，选下部生长良好的新梢培养为预备枝，冬季修剪时将预备枝以上枝蔓全部剪去，将保留的预备枝剪留2～3芽作为下一年的结果母枝，使结果与更新在一个短梢母枝上进行，每年如此重复进行。使结果母枝始终靠近主蔓。棚架栽培短梢修剪宜用单枝更新法（图4—26）。

3. 结果母枝的选留标准

适宜选留的结果母枝：①充分成熟，表面为不同程度的褐色，颜色深，有光泽；②基部第2节茎粗0.8～1.2厘米；③枝条各节呈折曲状，节间长度适宜，节部粗，节间壁厚，芽大而饱满；④枝条横截面圆，木质部厚，髓小，组织致密，青绿色。

不适宜选留的结果母枝：①未充分成熟，色灰暗；②基部第2节直径超过1.2厘米或小于0.8厘米；③枝条直而不折曲，节间长，芽小；④枝条横截面扁或木质部薄，髓大，节间壁薄，组织疏松；⑤有病虫为害。

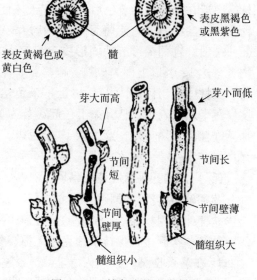

图4—27 枝条成熟度判断

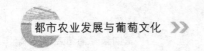

4. 冬剪时的注意事项

葡萄枝蔓组织疏松易失水，剪口应在芽眼以上 3～4 厘米，留出风干区，切勿贴芽剪，以防止抽干。在春季风多的地区，剪口应涂铅油封闭。疏枝时，剪口要与母枝齐平，无毛茬，不伤皮，不留短桩，以利伤口愈合。修剪时避免剪口过多、过密，避免对口伤，否则，会影响树体内养分和水分的运输。

五、葡萄的成熟和采收

（一）葡萄成熟度的确定

采收过早，还会影响葡萄的产量和贮藏性。一般说来，早采一天产量至少降低 1％；葡萄是一种呼吸非跃变型水果，没有明显的后熟期和后熟过程。因此供贮藏用的葡萄必须达到充分成熟时才能采收。在气候条件允许的情况下，采收越晚，果实含糖量越高越耐贮藏，可溶性固形物含量低于 15％的葡萄不能入贮。但不同种类葡萄稍有区别。欧亚种脆肉型鲜食品种，适当延迟采收，可以增强风味。而欧美杂交种如巨峰等则应充分成熟，适时采收，采收过晚，果实硬度下降，容易脱粒，不耐贮藏和运输。

葡萄采收成熟度主要根据果实可溶性固形物含量（糖度）的多少来判定。果实进入转色期后，每隔 2 天测定一次，可溶性固形物不再增加时为成熟。着色与含糖量密切相关，有色品种着色面积和着色程度也作为判断成熟度的指标。一般在葡萄开始着色后 30～40 天才能收获。一定要确认着色程度，确认糖度，让酸味消失，使葡萄特有的特性显现出来。

一般鲜食葡萄可溶性固形物含量达到 16％以上，加工用葡萄可溶性固形物含量达 18 ％以上即为成熟。巨峰是日本栽培面积最大的品种，该品种采收的可溶性固形物标准为 17％以上，果色达到蓝黑色。日本将巨峰葡萄的成熟度以色卡形式表示，从开始上色起，分为黄绿—浅红—红—紫红—红紫—紫—黑紫—紫黑—黑—黑—蓝黑共 10 个色级。如果达不到第 10 级色泽标准，则不允许采收。

（二）葡萄的采收和注意事项

葡萄鲜嫩多汁，采收过程中容易受伤、脱粒、擦掉果粉和果梗失水，这都会影响葡萄外观和品质，造成贮运过程中的腐烂。所以鲜食葡萄最好采收、分级、装箱一次到位，保持果穗完整无损、整洁美观。采收时要注意以下事项。

1. 在晴天收获

收获时的天气状况会引起品质的差异。收获的前一天若是阴天第二天糖度肯定降低。下雨后至少三天才能收获正常品质的葡萄。晴天在露水干后立即收获，早上早点采收对高糖度、新鲜度维持有良好作用。中午高温时采收果实温度高，采后预冷时间长，易脱粒、干梗。切忌收获前 10 天内在葡萄园内灌水，只要土壤不干到开裂的程度，维持少量的水分即可。有人错误地把采前灌水当作增产措施，这对葡萄的品质影响很大。收获前遇大雨或灌水采摘的葡萄不能入贮。

2. 收获的工具和容器

准备好采果剪、剔果剪、采果篮、果箱、薄膜袋、标签、台秤等。

3. 操作全程注意

采摘、装箱、搬运要小心操作，尽量避免损伤果粒、果穗。

4. 采前清理果穗

收获前顺行逐一检查果穗，将其上的病虫果、伤残果、未熟果、畸形果剔除。注意剔果时不要伤到其他果粒，不要擦伤果粉。不要用手剔果，以免残留果刷、果液引起霉烂和伤害周围的果粒。

5. 采收方法

采收时一手握剪，一手捏紧穗梗，在贴近果枝处剪下，果柄剪留 3～4 厘米，以便提拿，不要太长，以免刺伤别的果穗，剪下后检查清理果穗，然后直接轻放入果箱内，保持果粉完整。一个箱内尽量选等级和成熟度一致的果穗采摘。最好不要再倒箱。在葡萄架下直接装箱，是贮好葡萄的关键措施之一。

6. 分期采收

同一地块、同一株树上的葡萄果穗成熟度很不一致，为了保证葡萄的成熟度和品质，应分期分批采收。

7. 防止失水

贮藏用葡萄采收后应及时运往冷库，以减少失水，保持果柄新鲜。

（三）鲜食葡萄果实的分级

葡萄的分级标准的主要项目有果粒大小、果穗大小、整齐度、果穗形状、色泽、可溶性固形物含量等指标进行分级，我国鲜食葡萄分级标准目前正在制定之中。世界各葡萄先进生产国均制定有相应的葡萄分级标准，可供我们参考（表 4—1）。

表 4—1　美国加州和智利鲜食葡萄等级划分标准

品种 \ 规格	一等品		二等品		三等品		固形物含量（%）
	直径（毫米）	长度（毫米）	直径（毫米）	长度（毫米）	直径（毫米）	长度（毫米）	
红地球	> 28.0		25.0～27.9		23.0～24.9		16.5
无核白	> 19.0	> 29.0	17.5～18.9	27.0～28.9	16.9～17.4	25.0～26.9	16.5

（续）

规格\品种	一等品		二等品		三等品		固形物含量（%）
	直径（毫米）	长度（毫米）	直径（毫米）	长度（毫米）	直径（毫米）	长度（毫米）	
意大利	> 25.0		23.0～24.9		21.0～22.9		16.0
神奇无核	> 19.0	> 30.0	17.5～18.9	28.9～29.9	16.0～27.9	15.5	15.5
皇帝	> 22.0		17.0～21.9		17.0～18.9		15.5
皇后	> 22.0		19.0～21.9		19.0～21.9		15.5
圣诞玫瑰	> 22.0		19.0～21.9		19.0～21.9		16.5
瑞必尔	> 24.0		22.0～23.9		20.0～21.9		16.0
黑大粒	> 24.0		22.0～23.9		20.0～21.9		14.5
绯红	> 24.0		22.0～23.9		19.0～21.9		14.5
红宝石无核	> 19.0	> 29.0	17.5～18.9	27.0～28.9	16.0～17.4	25.0～26.9	16.0

果实颜色在收购时一般用比色板进行划分。果面瑕疵主要指影响浆果外观质量的果面的伤疤、裂痕或日烧等，伤疤主要指直径超过 5 毫米的伤疤。机械上主要指浆果表面被尖突物划伤或刺伤的痕迹。果粉的完整程度用比色板进行等级划分。

国内各地葡萄专家对葡萄果实外观品质和理化指标也提出了要求。

果穗：要整齐一致，充分成熟，果穗整齐，松紧适度。小穗品种不低于 300 克，大穗品种不高于 800 克。

果粒：一般按本品种实际大小规定了特级、一级、二级等重量标准。

果皮颜色：要具有本品种的典型色泽，果实着色一致，如红地球葡萄艳红—紫红色，玫瑰香葡萄紫黑色，巨峰蓝黑色，瑞必尔黑色，白色品种果皮呈亮丽的绿黄、黄绿色，果粉完整。

果实含糖量与糖酸比：浆果可溶性固形物一般应达到 16％以上，可滴定酸 0.4％～0.7％，糖酸比 25～35，酸甜适口。

果实芳香物质：玫瑰香类品种，具有浓郁的（Muscat）类型的特殊香味，美洲种及欧美杂种有不同程度的草莓香味。

果肉质地：果肉脆，肉质细腻。

六、葡萄埋土防寒

葡萄园第二年春天萌芽后植株出现了先绿后黄化现象，这很可能是没有搞清楚埋土防寒的目的，埋土方法不正确，根系受冻害造成的。

葡萄的抗寒能力是有一定限度的。一般葡萄栽培品种休眠期充分成熟的枝芽能抗−18～−20℃的低温，根系不进入休眠的只能抗−5～−5.5℃的低温。而葡萄的砧木不同种和品种间其抗寒能力差别很大。为了防止冬季葡萄植株发生冻害，在年绝对低温平均值−15℃线以北的地区都要采取越冬防寒措施，要特别注意埋土保护根系，才能安全越冬。适宜的埋土时间为温度接近0℃、土壤尚未结冻之前埋土。

很多人还不了解这种差别，误以为埋土防寒就是把枝蔓埋上，保护枝蔓。其实在北京以南地区很少年份超过葡萄枝芽的临界低温。稍加埋土保护枝蔓不失水，地上部就能越冬。有人挖取防寒土时在葡萄根桩附近根系分布区的上边就近挖土，或取土沟距根系太近，还有用马拉犁埋土的，非但没有注意埋土保护根系，反而将根系暴露了出来，导致根系冻害发生。

埋土堆的规格。覆土厚度冬季绝对低温平均值−15℃时覆土20厘米，−17℃时覆土25厘米，温度越低覆土越厚。因为埋土的主要目的是保护根系，所以重要的是防寒土堆的宽度。只要能保持葡萄根桩周围1米以上范围内的根系不受冻害，第2年该葡萄就能正常生长和结果。而土堆的宽度仅1米是不够的，因为土堆两侧边缘以下的根系还会受冻，应加宽保护。

葡萄树的埋土出土是一项繁重体力劳动，在劳动力日益紧张的情况下，简化埋土防寒对今后种植葡萄来说是非常有意义的。有些野生葡萄抗寒力非常强，如改用抗寒砧木如贝达作砧木，进行嫁接栽培，因根系的抗寒能力由−5℃提高到−12.5℃，防寒土堆就可大大减小。工作量就会大大降低。在北京地区，贝达葡萄不用埋土即可越冬，那么，用贝达作砧木嫁接的葡萄只要将地上部的枝蔓埋好，使其免受冻害和抽条就可以越冬了。

以山葡萄为亲本的培育出的许多葡萄品种，在华北大部、东北的西南部不埋土也可越冬。

七、葡萄园的土、肥、水管理

（一）葡萄园地表土壤的管理

1. 清耕法

果园始终保持无杂草状态。清耕法有中耕除草和使用除草剂两种方法。

优点：不会出现杂草与葡萄植株争夺养分和水分的现象；浇水和下雨后马上锄地，不仅极利蓄水保墒，而且，因为锄地后表土马上干燥，可以消灭因湿度大而滋生出来的大量病原菌。

缺点：破坏土壤物理结构，侵蚀坡地土壤，轻土和肥分容易流失，频繁的耕作，使土壤有机质迅速分解，破坏土壤的团粒结构，土壤粒子因雨水溶解并在重力（地心引力）的作用下沉降，会使土壤板结硬化。减少土壤小动物，使土壤的透气性和保水力越来越差，影响自然生态环境。夏季地温高影响根系生长，还会因地表的辐射热使果园气温升高，引起果实日烧、气灼及着色不良。而且除草和耕作费工。

在土壤里喷布除草剂后土壤会板结，伴随除草剂中的有毒物质如二噁英会长期残留在地表，污染环境。

2. 生草法

葡萄行间种植一年或多年生牧草、豆科绿肥作物或利用自然杂草的方法，定期刈割，保持 10 厘米的草茬，割下的草或作饲料或覆盖栽植畦面、或就地堆积腐烂沤肥。

优点：

（1）充分利用了资源（光能、土地和二氧化碳）。通过光合作用，制造增加了有机质。提高土壤有机质含量，增加土壤团粒结构；增进地力，地下部的根系会长到 30～100 厘米，死后的草成为优质的堆肥。

（2）增殖微生物。有草的地方就有微生物，微生物会分解各种有机质、肥料以及土壤化学物质；有利于蚯蚓等小动物繁殖。

（3）避免土壤板结。草根有固着作用，也减轻了土粒受地心引力作用造成的沉降板凝；每个死亡的草根也会变成透气的管道，使土壤变得通透。

（4）调节葡萄园的生态环境，改善果园小气候。夏天当外部气温达到 30℃ 的时候，地温就到 37～42℃，不适于根系生长。夏季在生草栽培的果园会感觉凉爽，生草的果园比清耕园气温低 3～5℃，表土降温 8℃，20 厘米深度降温 1～2℃，在调节地温的同时也可防止因土壤辐射热引起的高温障害（如日灼）。降低气温可提高光合速率。白天减少土壤蓄热，还会降低夜温，增加昼夜温差，有利于着色和增加含糖量。

（5）降低土壤湿度。雨季因为连续降雨，雨季之前要割一次草，以后地面绿绿地长一层草，可以增加水分蒸发，减少因土壤过湿引起的裂果等危害。

（6）防止水土流失。长草和覆草的地方的土壤不容易被冲刷，防止土壤、水分和养分流失。

（7）减少病虫危害。生草可防止病菌孢子随泥水飞溅飘移到到葡萄树上或果穗上引起病菌感染或污染，减少白腐病和霜霉病等依靠风雨传播的病菌的侵染机会，从而减轻病害的发生。还可招引和蓄养害虫的天敌，抑制害虫的大量繁殖。

缺点：在耕作土较浅和干燥的土壤会出现葡萄和草争夺肥水的现象，所以要经常割草减少生长量。

3. 覆盖法

使用各种作物秸秆、草、稻麦糠、锯末等有机质或塑料薄膜等覆盖地面的办法。

优点：防止水土流失；防止地面水分蒸发，保存土壤水分；使土壤团粒化，覆盖物腐烂分解后的腐殖质的增加会加快微生物的繁殖，会明显增加土壤的团粒结构，也不会因雨水引起的土壤重力沉降而破坏土壤的团粒结构；提供各种肥料成分；避免夏季高温伤害。

缺点：每年需要准备大量有机覆盖材料；干燥期易发生火灾；在耕层浅时覆盖细碎有机质如锯末或用塑料薄膜覆盖时，容易造成根系氧气不足。因为下层土壤透气不好，覆盖下的地表土壤透气性好、温湿度适宜、养分多，所以根系都移到表面上，造成浅根，降低抗冻能力。

所以覆盖时，首先要改善土壤，有均衡的三相（固态、液态、气态）比时进行就不会出现副作用。在葡萄根系集中分布区挖坑施入腐熟有机物可以防止根系上浮。

总之，有水源的葡萄园宜采用生草法，干旱地区水源不足的葡萄园，可采用覆盖法或清耕法，或二者结合实现土壤管理。

（二）葡萄园施肥

1. 高水平的果园重视培育肥沃的土壤

肥沃的土壤是指能为作物提供适宜而足够的水、肥、气、热条件的土壤。这样的土壤要有良好团粒结构，形成良好的团粒结构需要有充分的腐殖质。因为腐殖质中的胶体能把微土粒黏在一起，才形成大小不同土壤团粒。土壤团粒结构好，土壤孔隙度大，土壤团粒中的水分就不易被蒸发，而水分过多时，土壤孔隙中的水分还容易排出。团粒结构好的土壤地温比较稳定，对根系生长有利。

根系呼吸需要氧气，所以土壤要有孔隙，孔隙度在 $20\%\sim30\%$ 根系生长良好，最低也要 10% 以上。板结和土壤过湿孔隙度小，根系呼吸受阻。土壤有机质含量越高孔隙度越大。

土壤团粒富含矿质化作用释放出来的各种矿质营养，它们逐渐被释放，有利葡萄根系的慢慢吸收。有机质含量高有利于提高土壤矿质元素的可溶性。

所以，必须要施有机肥补充每年所消耗的腐殖质含量，才能维持土壤的团粒结构，增加微生物。有机肥料是完全肥料，除有机质外，也是氮磷钾钙等大量元素和其他微量矿质元素的主要补充来源。

如果种植葡萄以化肥为主，会在短时间内大量消耗土壤有机质和各种土壤元素，急速降低地力，急剧减少土壤蚯蚓和微生物数量，破坏土壤结构和功能。土壤中有机质缺乏，各种营养元素很难平衡，根系生长和吸收不良，生理不调，叶片光合作用效率低，无法生产出品质高的葡萄。过量使用化肥，还会造成环境污染。

在肥沃的土壤上生长的植物气脉足，健康抗病性强。

2. 有机肥料的种类

除了动物粪肥以外，有机肥的种类还有很多，绿色植物的根、茎、叶和种壳、种子糟粕包括农作物的秸秆、谷糠、饼肥、野草和落叶、木质材料（树枝、锯末、木屑等）在粉碎、堆沤发酵后都是优质有机肥。其他还有植物药材渣、海草类、蛋壳、虾皮、活性炭、血粉、骨粉、麦饭石、毛发、动物残体等。植物材料中的木质材料组织较硬，有更多的纤维，比一年生植物堆肥有更高的效率。一年生植物堆肥一年就能被彻底分解，但是木材堆肥要 5～15 年的时间才能在土壤里慢慢分解掉。

3. 有机肥料的腐熟

有机肥须经腐熟发酵后才能使用。有机态养分必须经过发酵矿化变成无机化学元素或化合物才能被葡萄根系吸收。如果在土壤里直接使用未经发酵的堆肥，有机质发酵时需要氮，会吸收土壤里的氮来促进发酵，此时植物就会出现缺氮现象。施未腐熟的肥料，葡萄根系不但不能马上吸收到养分，有机肥发酵时产生的有毒气体浓度高时还会损伤毛细根，造成吸收困难，影响根系生长，造成肥害。还有，使用未熟有机肥后到雨季在土壤里发酵，其产生的氮会促进枝条生长势转旺，影响果实着色成熟和花芽分化。

4. 速效发酵有机堆肥的制作

酵素菌是由多种细菌、酵母菌和放线菌组成的有益微生物群体。它能够产生活性很强的多种酶，如淀粉酶、蛋白酶、脂肪酶、纤维素酶、氧化还原酶、乳糖酶、酒精分解酶、葡萄麦芽糖酶、蔗糖酶、脲酶等，具有很强的好气性发酵分解能力。既能分解各种作物秸秆、生树皮、锯末等，还能分解化肥、农药的化学成分，还能分解页岩、沸石、膨润土等矿物质，并使之在短时间内转化为可供动植物体利用的有效成分。速效发酵堆肥需要时间约 1～3 个月，不会生熟不匀和过腐烂，能尽量防止材料里的肥料成分蒸发和流失，有益微生物比传统堆肥多 50～100 倍，可再持续 60～80℃的高热环境中以杀灭草籽虫卵和有害菌。

（1）主要原料及数量比例（亩用量）。酵素菌 5 千克，红糖 2.5 千克，米糠 25 千克，干鸡粪 0.3 立方米，或鸡、猪、牛、马粪 0.6～1 立方米，有机质。锯末或秸秆 800～1 200 千克，秸秆粉碎成 5～20 厘米的小块，材料中要含 60%～70% 的水分。此外，还可放一些骨粉、鱼粉、贝壳粉、豆饼等 30～40 千克。

（2）制作方法。

①配制菌糠。把红糖放入 4 千克温水中，然后放入酵素之后朝一个方向搅拌 10 分钟，就是菌液。在菌液中加入 10 千克菌糠后搅拌，就成菌糠。在堆积堆肥的前一天，把菌糠放在温暖的地方发酵 10～12 小时。

②材料的区分。由于不同质材料（如草质、木质）发酵速度不同，所以要把同质类材料配在一起。肥料成分和配制量。不同品种、不同树势的树需氮量不同，长势旺的品种和葡萄树少施氮；反之多点施氮。大致上欧洲种比美洲种葡萄对氮敏感，但欧美杂种中巨峰群 4 倍体品种对氮特别敏感。粪肥中含氮量高低依次为：鸡粪、猪粪、牛羊粪。多用畜粪少用有机质含氮量高；反之含氮量低。

③水分的比例。水分适当有利于发酵和腐熟，过高或过低都无法正常发热。秸秆、草类等粗糙的材料水分占 70%～75%，米糠、锯末等细粒材料水分占 60%～65%，原因是细料能充分吸水不会很快蒸发掉。在堆肥之前先把有机质充分浸湿，不能一边堆积一边浇水。中间调节水分时可以用人粪尿和动物的粪尿来代替。

④堆积方法。在露地上堆肥要掌握好体积，堆积太少不会发热，堆积太多有不通气，影响发酵。堆积物的宽度 2～3 米为宜，超过 3 米时中央部分就不会发酵。高度最好在 2 米左右，长度不限。在地面覆盖约 20 厘米的干的有机质之后撒一层菌糠，再覆盖 10～15 厘米的畜粪，再覆盖 10～15 厘米的有机质，撒一层菌糠后再覆盖 10～15 厘米的畜粪，再撒一层菌糠，用这种方法一直堆到 2 米高。最上层要铺 20 厘米左右的有机质。或盖上草苫发酵，使之遮光，并且防雨、透气。

⑤覆盖堆肥。堆肥后要检查水分，直到发热为止。然后用塑料布覆盖堆肥，保持堆肥的温度，温度达到 30～40℃的时候就解开塑料膜。

⑥倒堆。经常搅拌才能生产出好的堆肥，发酵温度达到 60℃时即可翻堆。夏秋季 3～7 天翻堆一次，冬季间隔时间长些，露天堆肥要搅拌 12～15 次。生产堆肥视外部温度和材料的状态有明显的差距，一般经 2～3 个月就能生产出完熟堆肥。

5. 基肥的施用

施用基肥是一年中最重要的一次施肥，以有机肥为主。是在较长时间内能平稳、均衡供给葡萄各种养分的基础性肥料。施有机肥不仅提供葡萄所需的养分，重要的还是通过施有机肥可以改善土壤的物理结构，增加有机质含量，增加土壤小动物和微生物，增加透气性，提高保水力和排水性，促进根系伸展，增加毛细根量，能充分吸收水分和养分，预防高温、低温、寒害和雨季时出现的各种障碍，并可延长葡萄树的经济寿命。认真施好基肥，才能年年收获高品质的葡萄。

基肥一般应在葡萄采收后施入。大约在 9 月中至 10 月初，葡萄多采用沟施基肥。沟的深度、施肥沟距植株的远近都要依据葡萄根系分布情况而定。可事先挖根调查根系分布情况，然后确定。施在根系大量分布区，肥料吸收利用率高。施基肥切忌把肥料填在沟底，然后填土覆盖。正确的做法是，在挖沟时将地表土放一边，底土放一边，将肥料和表土混匀，表土不够，可从沟旁边就地取，然后用底土覆平。这样在施肥的同时，也改良了土壤。另外，挖沟时沟底要挖成平底，把上年的界面挖通，利于根系生长。底面不要挖成圆弧形，在沟底两角留有硬土，会阻挡葡萄根系向施肥沟延伸。

有机肥中可适当加入一些氮、磷、钾、钙等速效化学肥料，有机肥与难溶性化肥及微量元素肥料混合使用，可增加其有效性。

6. 葡萄园追肥

葡萄的追肥在整个生长期可分 3～4 次进行。

（1）萌芽前或萌芽期追肥。新梢和叶片生长、花器官发育都需要大量氮肥，此次追肥以氮肥为主，并配合施少量磷钾肥，施肥量占总追肥量的 20% 左右。

（2）落花坐果后追肥。在葡萄盛开后的 6 天后为宜。这时候葡萄受精坐果后果粒开始膨大，是使细胞增殖扩大最旺盛的时候，也是葡萄植株生长期。施用氮磷钾复合肥，使用量占总追肥量的 40%。

（3）果实开始着色前追肥。以钾肥为主，配合磷钙。对提高浆果品质和促进新梢成熟有显著作用。使用量占全年追肥量的 20% 左右。

（4）浆果采收后壮树追肥。施氮磷钾复合肥恢复树势，促进光合作用。施肥量占总追肥量的 20% 左右。追施有机肥和全园土壤挖通后施基肥最好的方法是使用土壤钻孔机钻孔施肥。

（三）葡萄园灌水

1. 灌水时期

（1）萌芽期。葡萄芽不只是气温升高就发芽，只有在葡萄树体内积蓄了一定的水分时才开始发芽，萌芽、抽梢、展叶、花器官继续分化都需要大量的水，葡萄园灌透水时才能使发芽均匀，应提前彻底灌水。

（2）发芽后的新梢生长期。新梢长到 20 厘米左右时，要保证土壤湿度，灌 10～15 厘米的水。

（3）花前。水分过多，诱发徒长，引起落花落果。所以要水分适当。

（4）开花期。普通栽培不要浇水，维持 50%（正常 60% 以上）的土壤水分，对开花、受精、结果都有好处，湿度小可防止灰霉病。水分过多会引起新梢转旺，出现严重落花现象。可采用分区灌溉，一侧保证水分供应，一侧适度干旱，控制营养势，保证坐果。无核栽培时无需控水。

（5）幼果期。开花后第 6 天，即完成受精坐果，立刻灌水，在果实第 1 次膨大时水分充足，细胞分裂正常可防止雨季出现的裂果现象。

（6）硬核期。硬核期前后正值高温，叶子水分蒸腾旺盛，这时葡萄树需要大量的水分，要灌透水。

（7）着色期。水分过多会延长着色，降低含糖量。一般土壤保持不干到开裂即可。但是在这个时期土壤很干燥以致开裂，葡萄就变成红色，而不再着色，味偏酸，同时还会延长收获期。

（8）收获期。保持适宜的水分。水分过多会降低含糖量，浆果不耐贮藏。但缺少水分会减少产量，降低运输性和新鲜度。

（9）采收期后。可以立即灌水，土壤要维持 60％～80％的水分来充分吸收养分。这对于恢复树势很重要，这时候出现干旱会导致树势无法恢复正常。

（10）越冬休眠期。冬天每月灌水一次，深 10～15 厘米，抗冻防抽干，萌芽均匀。北方埋土防寒区为加强防寒效果，在土壤结冻后至严寒到来之前，在取土沟内灌满水，使防寒土堆侧面结冰，防止防寒土堆侧面透进寒风，避免根系冻害。雨季土壤水分过多，因吸收过多氮元素和水分引起徒长，导致缺氧等障害，诱发病害。要做好排水工作。

2. 节水灌溉方法

（1）渗灌。在地下铺设渗水管，形成管网，水加压后通过管道表面的众多小孔，直接渗到葡萄根系的土壤中。由于没有渗漏和蒸发，比地面节水 40％左右。根系分布深，地表不易板结，可减少病菌滋生机会，高温障害少。缺点是投资较大，渗水管有堵塞的问题。

（2）地面喷灌。一般地面低喷和微喷比较适合葡萄灌溉。有电源水源的条件下，可以实行微喷，其管道铺在地面上，可以移动，冬灌后收回。

（3）滴灌。是目前推广的一种灌溉方法。节水省力，比沟灌节水 30％，也不会破坏土壤结构，有利减少病害传播机会，并可结合灌水进行施肥。

（4）孔（穴）贮肥水。在葡萄植株周围或两侧用土壤钻孔机钻孔或铁锹挖坑若干个，放入草把、秸秆、树枝等有机物，用作灌水施肥皆可。孔口用草、锯末或塑料薄膜覆盖都可，既不会蒸发，又能一起提供营养和氧气，是一个很好的方法。什么果园都可使用，山地、水资源条件差的果园更为适合。

3. 生长结果平衡的水分调控——分区灌溉法

如果全面灌水，会葡萄树生长转旺或徒长，影响开花坐果、果实着色和含糖量。到下次灌水之前，土壤水分又低于适宜水量。忽湿忽干，树势不稳，还诱发病害。为克服这种现象，可采用分区灌溉法。即一行葡萄两侧交替进行灌溉。因为根系具有提水和补偿功能，即从水势高的部位流向水势低的部位。所以，不影响整个根系正常的代谢活动。这样，总是一侧根系处于水分适宜状态，一侧根系处于适度少水状态，根系不会吸水过多也不缺水，处于较旱一侧的根系，就会产生积累干旱信号即生长抑制物质脱落酸，调节叶片气孔的开合，减少蒸腾。因此可节水。重要的是，可使植株体内生长调节物质处于平衡状态，即生长和结果处于平衡稳定状态，缓和树势，减少徒长和副梢生长，有利于果实生长。可促进着色和增加浆果风味，因为脱落酸可促进果实氨基酸的合成和蔗糖向果实运输和积累。并可平衡减少生长素，促进花芽分化，缓和生长势，减少新梢的萌发和生长量，就可减少修剪的工作量。

4. 葡萄园排水防涝

由于我国降雨集中，雨季土壤长时间过湿，透气性差，常常给葡萄树的生长发育带来严重影响，如根系发育被抑制而弱化，下部根系死亡，树势衰弱，出现各种生理障碍和病害。这是阻碍南方葡萄发展和北方葡萄品质提高的重要限制因子。所以，必须重视果园排水。在多雨的南方和低洼的北方葡萄园，没有良好的排水系统，就不能种植葡萄。

葡萄园的排水分明沟排水、暗管排水、土壤钻孔 3 种。

（1）明沟排水。因为投资较小，大部分葡萄园采用这种方法。缺点是占地面积大，排水效果好而排湿效果差，即在连续阴天小雨无地面径流而土壤过湿时，则没有效果。

（2）暗管排水。在定植葡萄前，在葡萄行下面 80 厘米左右处（定植沟底）埋设排水管道，一般间隔 3 米左右一道。排水管一般用直径 15 厘米带孔的有棱薄塑料管，排水管通向小区两端的排水干渠中，排水干渠由石头或砖砌成，抑或明或暗。优点是占地少，排水彻底，一般不会出现明沟排水的明排暗渍、土壤过湿的问题。缺点是管道容易渗入泥沙沉淀，造成堵塞。所以，埋设时要用过滤网或细布和锯末做好阻隔防护。

（3）土壤钻孔。在根系大量分布区，每株葡萄每年钻孔若干，插入草把，既可施肥，又能起到渗水、降湿、通气的作用。

八、植物生长调节剂在葡萄高效生产中的应用

（一）植物生长调节剂的作用和果品安全问题

植物体内代谢产生的植物激素，是植物生长发育必不可少的物质，起着促进和控制两方面的调节作用。人工合成的具有植物激素活性的有机物，称为植

物生长调节剂。虽已广泛用于生产，有的已成为重要的生产措施，但是否安全，人们心存疑虑。据《深圳商报》2001 年 1 月 30 日报道，中国科学院上海植物生理生态研究所从事激素研究已 40 多年的赵毓橘教授认为："大部分植物激素是内源激素，即植物体本身就具有的激素，由于植物体内的激素能调节植物的生长，人们便将它们科学的提取出来，分析其结构，利用微生物发酵工业生产或化学合成，并加以推广应用。如激素可应用于保花保果，疏花疏果，延缓或促进果实成熟等。植物激素与动物激素不同。植物激素大多是小分子，动物激素大多是大分子的蛋白质和多肽，两者化学结构不同，作用机制也完全不一样。植物激素只作用于植物体，动物激素只作用于动物体，因此植物激素对动物体不起作用，而动物激素对植物体也不起作用。"赵教授指出："植物激素不会引起儿童性早熟"（杨治元，2003）。

植物生长调节剂已较广泛的用于葡萄上。日本利用植物激素对葡萄进行无核化栽培，已大面积应用。美国在无核白和红地球葡萄上用赤霉素处理促进果粒膨大，已是生产上的常用措施。

一些保花保果、无核处理、促进果实膨大的植物生长调节剂，由于是微毒性，使用时期早、用量极少，所以收获时在葡萄内的残留量已降解至检测不出的水平，所以是安全的。美国家环保署对葡萄上用的赤霉素和苯脲类细胞分裂素进行了生物毒性和环境毒性试验，证明对生物和环境无不良影响，允许登记使用。

苯氧乙酸类（2，4 - D、MCPA 和它们的酯类、盐类）由于合成和生产过程中有二噁英产生，或产品中也伴有副产物二噁英，所以，禁止使用。乙烯利等催熟剂因为多在近收获期使用，用后残留会超标，所以也禁止无公害生产的葡萄园使用。

（二）葡萄无核化栽培

1. 葡萄无核化栽培优点

（1）节省营养，提高品质。葡萄果实中有 1～4 个种子，孕育这些种子会消耗大量营养。去掉种子后可增进品质。食用时不用吐籽也卫生。

（2）提早成熟，调节产期，提高效益。由于果实内没有籽，省去了硬核发育期，所以，与有核果比，在产量相同的情况下，可提早上色成熟，提早上市。对一个地区来说，一部分葡萄提早上市，可缓解大面积栽培同一品种成熟期集中的问题。

（3）保证坐果稳产。有些品种如巨峰落花落果严重，果穗容易产生大小粒现象，令人十分头疼。无核栽培处理后坐果率极高，只要有花穗，就可长成整齐美观的果穗，而且，树势越强，长得越好，产质均佳，管理的问题不是如何增产而是如何限产，可人为计划生产。

（4）增加了制汁和制干的品种。有些酒葡萄去核后可以鲜食加工兼用。去籽后可增加出汁率。

2. 葡萄无核化处理方法

（1）药剂。以赤霉素（GA3）为主，在花前至花期一段时间内使用可使花粉和胚珠发育异常。日本在 1958 年即开始在蓓蕾玫瑰、底拉洼葡萄上应用。1971 年又发现并试验证实链霉素有诱导葡萄无核的效应。由于单用赤霉素或链霉素常使葡萄的穗轴和果梗加粗和硬化，所以从单用赤霉素发展到了多种植物生长调节剂的混用，主要是与 4-氯苯氧乙酸（4-CPA）和细胞分裂素的混用。

（2）处理时期、浓度和方法。赤霉素的使用浓度为 15～100 毫克/千克，使用时期在花前 3～14 天，因品种而异。日本在花前 11～14 天（葡萄展叶 9～11 片时）用浓度为 50～100 毫克/千克，花后用同样浓度的赤霉素溶液处理玫瑰露、蓓蕾玫瑰等品种，无核率可达 99%。目前，在巨峰等大粒品种上，一般在花前 3～7 天用 15～25 毫克/千克的赤霉素溶液或赤霉素复配剂处理。第 1 次处理用赤霉素或其复配剂去核后，第 2 次在花后 10～15 天用相应的膨大剂处理，促使果粒膨大的效果好。

在巨峰等葡萄无核栽培上，在盛花期使用自制的无核大果素（或用果美 1 号）处理一次，可以做到完全去核，100%坐果，提早成熟 15 天以上，果实含糖量可达到 20%以上，果色蓝黑，果粉厚，果实可达到精品级，为生产优质葡萄提供了简便高效的技术。处理一次果实接近自然果，如果想获得大粒无核果，间隔 10 天左右用无核大果素或"果美 2 号"处理第 2 次，果粒可增大 30%，果实品质及着色逊于处理一次的。

（3）栽培管理要点和注意事项。

①选择适于无核化的品种。凡是落花落果严重、种子少、有结无核果倾向的品种，处理后无核率高。种子多、欧洲种中的硬肉品种，同野生种近缘的品种无核率低。适宜品种如京亚、醉金香、巨玫瑰、巨峰、夏黑、8611、先锋、伊豆锦、藤稔、甬优一号、户太 8 号、茉莉香、寒香蜜，等等。

②培养强壮的树势。树势强壮，易于无核化，坐果率高，果大，成熟早，含糖量高，不易裂果。

③施肥和灌水：

施肥。无核化栽培要求树势好，所以生长前期需肥量比普通栽培大，特别在开花以前，因此这期间的施肥总量和氮肥、磷肥比例应较高。坐果以后，控制氮素供应，追施钾肥和高级有机肥，利于果实着色增糖，提高果实品质。进行无核化栽培，一定要施足基肥。

灌水。从萌芽到开花，这期间以持续保持较高的土壤水分为好。落花后至果实变软之前，土壤要保持适宜的水分。特别是落花后 10 天内的果实细胞分裂增殖期，如果缺水，不仅果实小，成熟时遇雨极易发生裂果。果实开始上色至采收。特别是干旱后遇大雨，极易发生裂果。这期间应使土壤含水量稍低而平稳，必须注意排水，缺水时应少量灌水补充。

新梢管理。在新梢展叶 6～7 片叶时就要选定结果枝。每个结果枝宜留 1 个花穗，一般每果穗要有 20（大叶型）～30（小叶型）片以上叶片制造营养供应，本果枝不够，留营养枝补充。叶片留得少，着色慢，含糖量降低，水分蒸腾量少，成熟时遇雨容易裂果。因用无核剂处理后可保证坐果，所以，可适当晚摘心多留副梢叶片。

花序和果穗管理。伸长果穗。无核化处理后坐果率高，疏果费工。花前必须用赤霉酸处理花穗，使之伸长。处理最佳时期时期在花前 10～12 天，新梢长至 8 片叶展平，花序 8～10 厘米时。赤霉酸使用浓度以水溶性赤霉素 5 毫克/千克为宜，美国奇宝（20％水溶性赤霉素）以 3 万～4 万倍，浓度不宜提高，以防花序变形和穗轴硬化。

疏花序和花序整形无核化栽培要求果实成熟早，产量不宜过高，亩产 1 500 千克为宜。一般每个结果枝留 1 个花穗，每个花穗控制在 500 克左右。特强枝可留 2 穗或留大果穗，弱枝不留果穗。过多的花穗最好在开花前 15 天及早疏去。通过花穗管理和花序修整，使之大小适中，紧密适度，形状呈圆柱形。花序修整时，首先去副穗，掐穗尖，主穗过大的还要去掉上部大的支穗，大粒品种留中下部 14～16 个支穗即可。

第三节　葡萄产期调节（葡萄设施栽培技术）

葡萄设施栽培最早始于英国中世纪的宫廷园艺，1882 年日本开始葡萄小规模的温室生产，1953 年日本开始以冈山县为中心，在塑料薄膜温室进行规模生产。随着塑料薄膜覆盖技术的发展，1995 年世界范围内进行设施生产。

一、设施栽培的意义和类型

它是在人工建造的设施内形成一定的光、温、水、气、土生态条件，人为的提早或延迟果品的采收时间或防御某些不良外界环境条件的影响，达到人们预期的采收时间和栽培效果，从而获得良好的栽培效益的特殊栽培方式。

（一）设施栽培意义

1. 调节果品成熟上市时间，促进市场均衡供应

设施栽培可调节产期，均衡上市，提高效益。晚熟葡萄采用后期覆盖技术，延迟采收，效益很高。浆果长期保藏困难，成本也高，利用设施延迟采收，不仅成本低，而且新鲜程度和高品质是贮藏葡萄难以达到的。

2. 有效抵御各种自然灾害，扩大葡萄栽培区域

露地生产病虫危害和各种自然灾害常给生产造成巨大损失。我国自然灾害多发，南方的阴雨，北方的严寒干旱及众多的病、虫、蜂、鸟侵袭，严重影响产质量，成为一些地区生产的限制性因素。设施栽培避开了不利的自然条件，环境可控性强。东北、西北有的地方积温不足，不能栽培葡萄，设施可增温御寒，产出优质果品。还免除埋土。南方采用避雨栽培欧亚种葡萄。

3. 提高栽培效益，实现优质高效

葡萄设施栽培较其他经济树种具有结果早、丰产稳产、便于管理、经济效益高等优点，大多一年产一茬葡萄。而设施通过调控，强迫冬芽萌发，抽生二次果枝，达到一年两收的目的。

（二）设施栽培的类型

1. 促成栽培

（1）塑料大棚。单栋或连栋屋脊式。日光加温，面积大，造价低，增温和保温较差，促成栽培减少，南方作避雨栽培效果好。

（2）单面日光温室。温室方位以东西向或偏东或西5°左右为宜。在华北或东北冬春季温度较寒冷和有晨雾的地区，早晨温度低，一般多向西偏5°左右，而在华北、西北冬春季晨雾较少的地区则多向东偏5°左右。温室建造坐北向南，东西北三面用砖或土坯加保温材料筑墙，也可以用土打墙。冬季连续生产的，北墙厚度1米以上。南面用钢架或竹木材料搭成棚架，上覆塑料薄膜，其上加盖保温被。

（3）小拱棚。最简单的，在发芽前将葡萄枝蔓固定在小型竹木结构的小拱棚内，上面覆盖一层塑料薄膜，可提早萌动10~15天，待外界气温稳定时再去除拱棚进行上架绑蔓。在积温不足，生长期较短的地区，经济条件较差的地区，小规模的农家可用。

2. 延迟栽培

年均4~8℃的低温、高海拔、冬季日照充足且有灌溉条件的地区，在降温前覆盖，延长生长期，使葡萄采收推迟到12月上旬以后，延长上市，使充分成熟，达到高品质和高效益。

延迟1个月的用塑料大棚，在海拔较高、年均温较低寒冷、延后到12月或1月的地区用日光温室。

3. 避雨栽培

生长期尤其成熟期前后，过度降雨对生长和品质影响大。我国季风气候，

雨热同期，降雨集中。减少降雨对产量质量的影响是栽培的核心问题。避雨栽培是在原架上增设拱棚，上覆膜，下铺地膜，防止降雨对植株和果穗生长和成熟的影响。避雨可扩大优质葡萄栽培区域，减少病害，提高品质。

防雹网：冰雹是常见突发性灾害，防雹网是有效防止措施。冰雹损失重时影响不止一年，必须重视。可与防鸟结合。

设施投资较高，发展时应因地制宜，合理选品种，采用先进技术，重视产后处理。北方冬春云少光足，以日光温室为主。东北城郊以加温型日光温室为主，南方避雨栽培为主。

二、促早成熟设施栽培技术

（一）设施品种选择和栽植方式

1. 品种选择

选用早熟，优质，色好美观，商品性强，丰产，抗病性强的品种。延迟上市用极晚熟品种。当前常用品种：巨玫瑰、醉金香、巨峰、京亚、玫瑰香、香妃、贵妃玫瑰、红双味等；晚熟用红地球、秋黑、圣诞玫瑰、摩尔多瓦；无核品种：夏黑、碧香无核、寒香蜜等。

2. 栽植

（1）架式。一般日光温室东西行向的拱形棚架，在靠近南脚和北檐下各定植一行，光照好，便于间作；也可以在温室中央定植一行，长到棚架架面分出两条枝蔓，分别爬向南北两侧，温室中央地温较高，宜于进行一年两收的反季节栽培。也可采用单篱架，南北行，行距 2 米左右，不宜太密。南北行可用倾斜架式栽培，架面向南倾斜 45℃。圆拱形大棚可采用小棚架和单双篱架，南北行，棚架行距 3.5～4 米，最外行据棚架 1 米，由两边往中间搭成外低内高的倾斜阶梯棚架。

（2）定植施肥。生产优质葡萄需要大量增施有机肥。在定植前按定植行开挖宽 75～150 厘米、深 50 厘米的沟，回填腐熟优质有机肥和表土，腐熟有机肥和表土比例为 1∶1～2（根据栽培目标高低的不同），栽培畦或垄与地平或略高于 10～15 厘米。

（二）设施内生态条件的调控

1. 需冷量和扣棚

葡萄的自然休眠期较长，早熟品种需 5℃左右的低温 850～1 100 小时；中熟品种 1 000～1 600 小时。一般结束自然休眠的时间在 1 月中下旬。据美国犹他大学对果树通过自然休眠低温冷量单位的研究，葡萄通过休眠的适宜低温范围为 2～9℃，最早扣棚升温的时间应在 12 月下旬至 1 月上旬，否则因需冷量不足，导致萌芽不整齐。如想提早萌芽，需使用破眠药剂催芽。

2. 化学药剂打破休眠

采用石灰氮（$CaCN_2$）或单氰胺溶液涂芽，可有效打破休眠。涂抹后将葡萄枝蔓顺行贴放于地面，上覆塑料薄膜，减低极性，保持湿度。近年北京农学院刘志民教授和北京昌平区秀花农庄联合进行设施葡萄—草莓间作试验，为保证草莓正常生长发育，不进行扣棚低温处理，在12月初用催芽剂涂葡萄芽眼，在多个品种上表现非常整齐。此项技术将对温室的高效利用、创造设施栽培的极高效益发挥重要作用。

3. 设施中温度的调控

设施栽培的实质就是通过设施增温，促进提早萌芽、开花和成熟。日光温室和大棚升温的主要方法是通过增加日照时数，利用太阳辐射来进行。如果本地气温过低，或要提早供应市场，就需要加温。

提高地温：扣棚前就应盖地膜，在扣棚前40天左右，地面充分灌水后盖地膜，当扣棚升温时，土壤温度应达到12℃左右。

不同生育期对温度的要求不同。升温初期，白天保持20℃左右，夜间10～15℃，以后逐渐提高温度。芽萌发至开花期，白天保持25～28℃，夜间15～20℃。果实膨大期，白天保持28～30℃，夜间18～19℃。果实成熟期，要求昼夜温差大，要适当降低夜间温度，夜间温度最好控制在8～10℃。

4. 设施中湿度的调控

设施较为密闭，湿度过大是常出现的主要问题，在室内会形成水雾，棚膜上形成水滴，影响光照。开花期湿度过大，花冠不易脱落，影响授粉受精，同时会导致灰霉病、葡萄穗轴褐枯病的发生。着色期湿度过大，影响着色，降低含糖量并引起果实裂果和病虫滋生。

不同生长阶段对湿度的要求：萌芽期85%，开花期60%～70%，幼果期65%～70%，上色成熟期65%以下。

通过灌水和通风调节设施内土壤水分和空气湿度。降低湿度主要靠地膜覆盖和通风，湿度大时要及时打开通风口散湿。

5. 光照控制

每季最好选用新的棚膜材料，及时清除棚膜上的灰尘污染，阴天时可采用LED灯光源补光。

（三）肥水管理

1. 施肥

应适当多施磷钾肥，少施氮肥。要以优质农家肥为主，化肥为辅。9月份每666.7平方米施用优质农家肥5000千克以上。

2. 灌水

修剪后：灌透水。萌芽期：需水量较多，要灌透水。开花期：要求空气干燥，暂时停止灌水，有利于授粉受精。幼果生长期：需要灌小水。果实膨大期：要求水量大，可灌 1～2 次透水，可促进果实迅速生长。果实开始成熟至采收期：一般不灌水。落叶后：要灌透水，可防止冻害和抽条。

（四）生长季树体管理

1. 抹芽、抹梢、定枝

如前述，室内无风，可早定枝。每亩留枝 3 000～4 000 条。

2. 引缚、除卷须、摘老叶

当新梢长到 30～50 厘米，基部半木质化时，及时均匀地引绑新梢到架面，梢与梢间距 10 厘米。果实转色初期可摘除部分老叶、黄叶，改善通透性。

3. 摘心与副梢处理

一般在花前 7 天至初花期进行。强梢在花序上留 5～6 叶摘心，中梢留 6～7 叶摘心，弱梢可不摘心。坐果好的品种，主梢摘心可晚些，副梢根据叶片大小留 0～1 叶断后摘心，顶端留 1～2 个副梢，3～5 叶反复摘心。预备枝和营养枝在其中部需保留 2～3 个副梢，留 6～9 叶摘心，使之成为来年的结果母枝。

4. 疏花疏果疏粒

大穗品种每枝留 1 个花穗，弱枝不留。小穗品种适当多留。花前 7 天内进行花穗整形，除去副穗和基部若干支穗。落果后疏粒整形，疏去过密、内生、异形小粒等。无核处理后坐果率高，可在处理后立即蔬果。巨峰系欧美杂种，一般每穗保留果粒 50 粒，大穗型欧亚种保留 60～80 粒。

（五）植物生长调节剂调控

巨峰、巨玫瑰、醉金香、京亚等一些落果重的有核大粒优良品种最好进行无核化栽培，使用无核剂或果美可保证 90％以上的坐果率，而且可以去掉果实的种子，将大粒的有籽葡萄变为无籽葡萄，"吃葡萄不吐葡萄籽"。还可以使成熟期提前，含糖量增加，着色好，是促成栽培和一年多收生产精品果的必用措施。

（六）套袋

果穗套袋可有效防止果实病、虫害，减少农药污染，增加果面光洁度，提高外观商品性。套袋时期，疏果定梢后，果实在黄豆大小时进行套袋，套袋前果实必须喷洒杀菌剂。套袋材料宜用专用白纸袋。纸袋大小，视果穗大小而定，袋底要有漏水口。纸袋套在果穗梗上用 22 号细铅丝封扎袋口。在采收前 7 天除袋或把纸袋沿两条缝线向上折开成伞状，这样有利果实上色。紫黑色的品种，可连袋采收装箱。设施葡萄套半透明葡萄袋，便于观察采摘，可带袋装箱，省工本。

（七）采收

设施栽培一定要生产高档精品果，当果实糖度达到品种优质标准，呈现最好的色泽、风味和香气时及时进行采收。采收宜在上午进行，同一树体成熟并不一致，应分批采收。采收后直接装入果箱。果箱规格以 2.5～5.0 千克，放一层为宜。箱内应有分隔，单穗装带孔塑料薄膜袋。箱上还必须印上商标、品名、规格等。长途运输宜采用保鲜果箱，冷藏运输为好。

三、设施葡萄一年两次结果技术

葡萄是落叶果树中唯一一种一年多次结果的果树，合理利用葡萄一年多次结果的习性，可以提高单位面积产量，延长鲜果采收供应期，提高单位面积的经济效益。葡萄在自然生长的情况下，冬芽萌发的主梢结果后，主梢及其叶腋间萌发的夏芽副梢不会再开花结果，只有人为的逼迫冬芽萌发，才能使葡萄一年多次大量结果。葡萄每节叶腋间有两个芽，一个夏芽，一个冬芽。冬芽在正常生长的情况下，一般不萌发，当年分化花序（葡萄是无限花序）和花器，经过越冬休眠后，春天继续分化性孢子，所以叫做冬芽。夏芽具有早熟性，随着新梢的生长自然萌发抽生出副梢，冬芽和夏芽在当年的形成和发育过程中，在芽内即分化花序原基，但夏芽很快萌发并不断生长导致营养不足会使花原基退化成卷须或卷须花穗。要想使葡萄一年多次结果，必须对副梢摘心或人工逼迫冬芽萌发。下面介绍设施栽培条件下一年两次结果的方法。

（一）葡萄一季两收栽培技术

利用营养梢结二次果，当营养稍长到 6～7 片叶时，进行摘心；利用结果枝结二次果，当结果枝果穗以上长到 6～7 片叶时，进行摘心，控制主梢生长并保留顶端两个夏芽副梢。延缓主梢上的夏芽萌发，促进花芽分化。其余副梢一律抹去。待保留下来的副梢达到半木质化时，从基部剪除，促进主梢上的冬芽萌发，结二次果。从主梢摘心至冬芽副梢分化出花序，以 20～30 天为宜。为了控制植株的负载量，使树势健壮、新梢成熟良好，每个第 2 次结果枝上只留 1 个花序，并在第 2 次结果枝的花序上留 4～5 片叶摘心。对第 2 次结果枝上发出的副梢也同样留 1 片叶摘心，并随长随摘。这样，8 月末至 9 月初可收第 1 次果，10 月末至 11 月初收第 2 次果。在 9 月初，为了保证第 1 次果正常成熟。第 2 次果生长旺盛，温室内白天室温控制在 27～30℃，夜间控制在 20℃左右。于白天及时覆盖塑料农膜（夏季撤下），夜间需盖保温物。若白天室温超过 30℃，需通风排湿。11 月末至 12 月初进行冬季修剪。

（二）葡萄一年两收栽培技术

中国南方和北方温室葡萄冬芽促萌一般在第 1 茬果采收后进行，此时枝条正在木质化，需促萌芽的节间的叶片已经老化，老化的叶片会抑制冬芽的萌发，需要采取人工破眠技术才会萌芽整齐。方法是：采收后将结果后的主梢留 6 节左右剪截，然后，将先端两节的叶片除去，之后在冬芽上涂抹破眠剂（石灰氮或单氰胺），即可打破其休眠，使之正常萌发。

温室葡萄第 1 茬果在 5－7 月采收，第 2 茬果则根据上市时间可在 11 月至第二年 2 月采收。一般主梢修剪摘叶破眠后 10～16 天之内发芽，从发芽后计算生长天数，可以预计二次果成熟时间，即二次果的成熟时间可以通过修剪来控制。早收二茬果的在 6 月促萌，迟收二茬果的最晚在 9 月上旬促萌。如果温室没有加温措施，北方 12 月下旬温度过低，如葡萄在 12 月中旬以后才成熟，果实可溶性固形物较一次果低，12 月下旬以后成熟，可低于 15％，品质、风味降低，且有可能遇霜冻。因此冬季不能加温及保温不好的温室，应把二次果成熟时间控制在 12 月上、中旬。即巨峰修剪时间最晚不宜超过 8 月上旬，红双味、玫瑰香、醉金香、巨玫瑰最晚不宜超过 8 月中旬。

一年多次结果使树体营养消耗显著增加，因此相应的管理技术一定要跟上。如水肥管理、土壤管理、病虫害防治等，在肥料管理上要在定植时施足底肥并重视全年均衡施肥，适当增加追肥次数。在水分管理上要注意夏秋季多雨季节的排水防涝和后期防旱工作，同时要高度重视病虫害防治，确保功能叶的健壮生长。在栽培管理上尤其要重视合理负载和适时采收。在一年多次结果的情况下，负载量过大不但影响果实的品质和成熟时期，而且对第二年树体生长发育及产量和品质也有重大的影响。因此，必须强调合理负载，如何决定一次果和二次果的产量比例，可根据树体生长情况、栽培目的及管理状况来确定，如把冬季成熟的二次果作为重点，可少留一次果，甚至全部疏除一次果花序，促使树势强壮，重点生产二次果。目前，一年两次结果技术，已在国内外许多地方取得成功。

1. 日本方式

日本冈山县农家在实践中总结出大棚葡萄一年两茬高产栽培新技术，其主要技术环节是采取人工照明技术，延长日照时间，促进新梢生长。第 1 茬的管理与传统方式相同。以大粒无核葡萄先锋为例，在每年 1 月中旬到 2 月初期间，对大棚葡萄采取加温措施。从 6 月开始直至 7 月上旬即可采收。其后在 7 月下旬至 8 月上旬修剪一次，到 12 月则能进行第 2 茬收获。一茬品种的冬季修剪，原则上仅保留枝上 1～2 个花芽，作短截修剪。但是，对于二茬的夏季修剪，在保留一定量的花穗数的同时，应保留 6～9 个花芽，并作短截修剪。

二茬收获结束后，留存一茬收获结束后留在一茬结果枝上的 1~2 个花芽，再作短截修剪。

（1）温度管理。每年 9 月下旬开始将夜间棚室内温度提高到 18℃左右，到坐果膨大期的 10 月期间，棚室温度则要连续保持在 20℃左右。即使是在初冬的 11 月，夜间棚室温度亦应维持在 15℃以上。这样，可以延缓叶片衰老和落叶。12 月收获时，为保证果实成熟，其室内温度至少应保持在 10℃上下。第 2 茬采收结束后至 1 月中旬无需给大棚加温。

（2）延长日（光）照时间。从 8 月下旬二茬花穗期至 10 月上旬坐果着色期，实施电光照明处理。此外，自 1 月下旬大棚加温开始，到开花的 4 月上旬为止，这期间也是短日照生长环境。到花穗后期，新梢生长也出现了减缓的趋势。因此，作为先锋品种，在大棚内加强电光照明是必不可少的管理措施。具体操作如下：

①荧光灯的选择和设置。选用光波长为 66 纳米、近似红色光的荧光灯。1 000 平方米大棚设置 50~60 个（约 20 平方米 1 个），设置在树体上方 1 米处。夜间棚内光照度达到 20 勒克斯以上。

②光照时间控制。先锋品种的光照时间应保持每天 16 小时。第 1 茬从 1 月下旬起，应采取电光照明措施。自真叶长出至开花 2~4 周后，仍不能中断电光照明。4 月下旬以后无需人工照明。二茬生长期的电光照明是从 8 月下旬花穗期开始的，一直到采收。

光照处理可采用日出前与日落后的"朝夕采光"法或深夜照明 3 小时的"暗期中断"法。二茬人工照明处理的效果 10 月上旬就能显示出来。具体表现是：叶面积增大，坐果率较高，果实均匀，品质提高。

③应注意的问题。采用电光照明处理，要加强土肥、水分及温度的管理。否则，会由于树体内贮藏营养不足使根系发育不良，树势弱，效果不尽如人意。

2. 中国露地和设施葡萄一年多次结果技术

中国大陆葡萄一年多次结果技术经历两个阶段。2004 年以前的做法，是采取自然逼迫未成熟绿枝冬芽萌发一季两收的办法，在一次果膨大期开始生产二茬果，成熟期多在 9 - 10 月。实际上，这种做法葡萄的一次果和二次果生长期是重叠的，叶果比例往往不够，如果留果过多葡萄浆果的品质会受到影响，因此一次和二次果的产量都不能高。

（1）广西露地葡萄一年两收栽培技术。中国大陆真正意义上的一年两熟栽培始于 2004 年。2004 年广西农科院大胆引进台湾的经验，与台湾专家一起共同投资立项实施了该项技术的引进工作。经过一年多的实践与改进，在露地成功栽培出一年二熟的巨峰葡萄。第一季果于 2 月上中旬催芽，结果母枝留 6~

10个芽修剪，修剪后用50%单氰胺20倍溶液（加适量胭脂红方便检查是否漏涂）均匀涂抹在结果母枝冬芽上，但顶端1～2个芽不处理。处理前后必须灌水。其他管理如前述。在第1茬葡萄充分成熟采收后，主梢留4～6节左右短截，除去顶端两节的副梢和叶片，用单氰胺或石灰氮溶液只涂顶芽，只让顶芽萌发结果，其余基部芽作第二年结果用。修剪时间根据上市时间来确定，一般于8月下旬修剪并点药催芽。这样，一年内可以生产成熟期完全不重叠的两茬果，要注意在第1茬果采收完后，加强肥水管理和病虫害防治，让树体经过一个月左右的恢复期。因为1茬果成熟时，树体的营养几乎全部输送到果实，如果立即修剪，不但萌芽无力，且花穗短小，因此，须待树势恢复后才修剪枝条，再用催芽剂催芽，这是保证第2茬葡萄产量和品质的重要环节。

（2）北京延庆设施葡萄一年两收栽培技术。北京延庆县在以前的基础上，对这项技术进行了发展，于2008年春在日光温室成功进行了葡萄一年两收栽培试验示范，在同一温室中实现当年促早、延迟栽培两项目标。第一次果：平均每栋温室产量为644.5千克，售价80元/千克，可收入5.15万元；第二次果：每栋温室平均产葡萄426.5千克，单价能卖100元/千克，每栋温室可收入4.27万元，平均每栋可实现产值9.42万元。关键栽培技术如下：

①大肥大水，边促边控。栽前在温室南侧挖好1.0米宽、1.0米深的定植沟，回填20厘米秸秆，每栋施牛粪20立方米，与沟土掺匀后回填至地表，沟内灌水，3天后用沟外表土做成1.2米宽、高于地面20厘米的畦。3月中旬栽植催根绿苗，及时浇水覆膜。萌芽后每周用鸡粪水浇灌，适当浇水。保持畦内土壤水分。当幼苗长到1.5米以上时轻摘心控制徒长，对两侧副梢留2叶连续摘心，促进幼树增粗。据12月18日调查：葡萄植株生长量平均达到5.5米，基部粗2.2厘米，最短的枝条也可达到3.0米以上，12月仍然是枝壮叶绿。从日光温室幼树生长量来看：栽植时间越早，生长时间就越长，生长量就越大，这与露地栽植有很大不同。最迟5月底将棚膜揭开，以促花促果。

②涂抹石灰氮，促进萌芽，提早结果。2008年12月对温室内满是绿叶的葡萄进行长梢带叶修剪。采用龙干形水平棚架。剪口粗度为1.0厘米，剪留长度最长不超过棚面的4/5。

修剪后，及时在冬芽上涂抹20%的石灰氮。若白天温度达到15～20℃以上，晚上最低温度不低于12℃，20天后即可萌芽。

③促二次结果。二次结果的前提是先促进冬芽形成花序原基。要求最迟6月底之前必须揭棚增加光照，适时控水，保持适度干旱有利于花芽形成。

第1次果采摘后于8月上中旬将所有叶片打掉，对枝条剪留3～5节，基部芽和剪口芽不涂石灰氮，其他各芽均涂抹石灰氮20%。20天左右冬芽就可萌发。

④温度和光照调控。温度控制。第2次果采收后，即可进行带叶修剪，随后立即扣棚降温，10～15天后可揭棚加温，立即涂抹石灰氮，白天室温保持15～20℃，夜间保持12℃以上。也可将枝蔓放下来，设置小拱棚，即可保持夜间温度，又可提高白天小拱棚内温度，这样升温快，保湿效果好，萌芽早且整齐。

四、设施葡萄资源的超高效利用——周年生产技术

葡萄10月下旬落叶后，翌年2月萌芽，到4月新梢叶片覆盖满架，葡萄架下的土地空间可以有5个月的照光时间。一般认为落叶果树都有自然休眠习性，如果低温累积量不够，达不到果树需冷量，没有通过自然休眠，即使扣棚保温，给予生长发育适宜的环境条件，果树萌芽也会不正常，往往萌芽不整齐。冬季扣棚遮阴降温才能使葡萄正常生长发育。因此，需冷量是决定扣棚时间的首要依据。满足果树的需冷量，使其通过自然休眠后扣棚是设施栽培获得成功的基础，只有这样才能使果树在设施条件下正常生长发育。多数专家认为葡萄的需冷量（0～7.2℃低温）在1 000～1 500小时，所以，要解除葡萄的休眠，11月至12月中下旬要扣棚遮光降温，这样限制了许多作物的间作和生长期。

近年北京农学院刘志民教授和昌平秀花农庄联合探索葡萄冬季不扣棚技术，充分利用温室不同高度的空间和自然资源，利用草莓植株矮小，较耐弱光，根系浅，成熟期早，采收期长，经济效益高的特点，葡萄架下间作草莓。草莓和葡萄高低错落、物候期互补、和谐共生，互不妨碍通风透光，无水肥矛盾和共同的病虫害，能充分利用温室的空间和物候的时间差，进行合理高效的立体栽培，实现了温室周年生产。研制高效破眠剂打破休眠，采用新技术克服了草莓重茬问题，在葡萄架下进行草莓无架立体栽培，葡萄无核化优质栽培等一系列高新技术，取得成功，总结出一套设施葡萄—草莓超高效连续间作生产技术，实现了不加温温室果树一年四季不间断生产。使葡萄与草莓间作成了天作之合，并获得了可观的经济效益。秀花农庄在葡萄和瓜类、甜糯玉米等作物间作方面的探索也获得了成功。现简介如下：

（一）设施葡萄—草莓间作关键技术

（1）葡萄架式和整形。葡萄定植在距南屋脚0.5～1米的位置，东西向，株行距1～1.5米，棚架，南北独龙干形，温室内空间宽敞，便于间作。

（2）草莓立体栽培。9月施肥整地作立体栽培垄，可增产1/5以上。

（3）有机克服草莓重茬新技术。实施此项技术可使草莓重茬问题不再存在，可有机安全的进行连作。

（4）大苗栽植。9月下旬至10月上旬，将已在田间备好的营养钵草莓苗

栽在垄上。1月草莓即可成熟采收,可一直采收到4月中旬。

(5)葡萄修剪及破眠。10月下旬,将葡萄结果母枝短截修剪,修剪后对结果母枝进行保水处理,每月浇水一次。12月底涂高效催芽剂进行破眠处理,确保萌芽整齐。

(6)无核优质栽培技术。选择巨玫瑰、醉金香、巨峰等适宜温室栽培的浓香型葡萄品种,实行无核化栽培。坐果率高,穗形美观,成熟提前,含糖量高,着色好。含糖量达20%以上,巨峰葡萄果色蓝黑,果粉厚,达到了精品葡萄标准。葡萄2月中旬萌芽,3月中旬开花,6月下旬至7月中旬成熟。

(7)施足腐熟的有机肥。葡萄定植沟肥料与表土1:1,葡萄和草莓每年施用腐熟有机肥10~20吨。

一般占地400平方米面积的温室,保证各项技术措施实施到位,可产草莓2 000~2 500千克、葡萄750千克。以目前价格,草莓和葡萄产值均在5万元以上,二者合计10万元以上。

此技术将对设施葡萄和草莓栽培带来重大技术改进或突破,或可创造设施葡萄栽培的未来。设施葡萄冬季无需扣棚遮阴降温,葡萄架下可以间作蔬菜、药材、瓜类等任何矮秆作物和食用菌类。应用价值巨大,前景广阔。

(二)葡萄—蔬菜瓜类间作技术

架上葡萄从10月落叶到4月布满架面,共有5个月的时间,下面可以间作叶菜及果菜以及小型瓜类的任何种类。间作果菜类应该提前育苗,假植在花盆中,待葡萄落叶后,按株行距作畦(或垄)定植在温室内。

(三)葡萄—药材的间作技术

与天麻间作。二者也属绝配,天麻是较贵的药材,葡萄占天不占地,天麻占地不占天。天麻喜凉爽、湿润环境,怕冻、怕旱、怕高温,并怕积水。天麻无根,无绿色叶片,2年的整个生活周期中,除有性期约70天在地表外,常年以块茎潜居于土中。营养方式特殊,专从侵入体内的蜜环菌菌丝取得营养,生长发育。宜选腐殖质丰富、疏松肥沃、土壤pH5.5~6.0,排水良好的砂质壤土栽培。管理粗放简单。设施葡萄架繁茂的枝叶真好可以起到遮阴的作用,可满足天麻所需要的生态环境条件。

温度的高低直接影响天麻的生长、产量和质量。天麻的最佳生长温度为15~25℃,超过30℃时,蜜环菌和天麻的生长就会受到严重抑制;而当温度低于15℃时,天麻的块茎生长速度又会减慢并停止;低于5℃时,天麻的块茎将受冻害而腐烂。因此温度控制是天麻栽培成功的关键。所以温室的保温性要好,冬季地温要保持在5℃以上,并注意地面遮阴,避免阳光直射。

设施葡萄架下还可与多种药材间作。

五、葡萄避雨栽培

避雨栽培是设施栽培的一种特殊形式。避雨栽培特别适合于多雨的南方地区，是单纯以避雨为目的，在支架顶部构建防雨棚，其上覆盖薄膜遮断雨水的一种栽培方式。以前南方雨水多，湿度大，葡萄病害严重，限制了葡萄尤其是欧亚种葡萄的栽培，20世纪70年代，日本已广泛应用。在我国，1985年，浙江农业大学首先报道用架膜覆盖进行白香蕉葡萄的避雨栽培试验。1993年，上海市农业科学院报道了用宽顶篱架搭建避雨棚栽培巨峰葡萄的结果。李向东（1995）把避雨栽培应用于欧亚种葡萄，并取得较好效果，推动了欧亚种葡萄在南方的栽培。

近年来，避雨栽培在南方兴起，使得南方可以栽培任何品种的葡萄，加上破眠剂的应用，使得栽培区域向南推移，湖南、江西、福建中南部、广西、广东地区可实现露地葡萄一年两收。选择极晚熟的欧亚种葡萄品种，如魏可、圣诞玫瑰等进行避雨栽培可延后采收，迟至国庆节上市，达到调节市场、增加效益的作用。

避雨栽培栽培可以减少喷农药次数，减少病害，果面污染减轻；减少病害侵染，可增加坐果率，提高产量；叶片病害少，叶片完好，可提高果实品质。避雨后避免雨水浸泡果实，可减轻裂果。南方降雨日多，避雨可避免雨日误工，保证了各项技术措施的及时实施。

六、葡萄及设施栽培在城市屋顶绿化上的利用

由于葡萄适应性强，且是蔓性植株，可下架埋土防寒，占天不占地，不仅在山坡、庭院、盐碱地、荒漠戈壁等立地和自然条件下栽培，而且可以用于城市楼顶绿化。城市屋顶绿化用草坪等植被，只有改善生态环境的功能，将葡萄用于屋顶绿化，除了生态功能以外，管理得好还可以产出可观的经济效益。还具有休闲观光的功能，市民不远家门，免除交通拥堵之苦，就可以观光采摘，在葡萄架下品茗娱乐休憩，远眺城市风光夜景，也会心旷神怡。另外，因为楼顶硬地环境不适宜病害生存，所以病害很少，有利于生产有机葡萄。

城市楼顶葡萄栽植需注意事项。在建筑设计时应预留栽培槽，栽培槽要具有保温透气等功能；基质土壤要肥沃，保肥保水力强；葡萄品种要选择生长旺盛，叶片抗性强，绿叶期长，坐果率高，品质好，生长季极少修剪，管理省工的品种；注意防止果实日烧、气灼，枝蔓抽条；采取省力化的栽培技术。

最好是园艺专家和建筑方以及设计师合作，在城市屋顶上进行设施葡萄栽培，将会产生多重效益，是一个有待开发的广阔领域。城市屋顶绿化是货真价实的都市农业，将大有可为。

第五章

葡 萄 酒 文 化

....

第一节　葡萄酒历史

一、葡萄酒的起源

　　酒贯穿在人类文明演进的全过程中。在人类的先祖由树上来到地面，开始直立行走时，"猿酒"就与其相伴了。在"猿人"以前，猿猴主要生活在树上，每天吃的果实是抬头伸手采摘的新鲜果子。后来，从猿猴被称为"猿人"开始，我们的先祖经常会从地面捡拾一些落在地上的果实。这些果实或者是由于过分成熟而自然脱落，或者由于遭受虫鸟啄食受伤而脱落，或者被风雨吹落。过分成熟或者受伤的果实天然地发生奇妙的变化，那就是发酵（包装盒中破损并开始腐烂的水果散发的酒精气味就是这个原因造成的）。那时起，先祖们就开始有意无意地开始"食用""酒"了。在酒的发展历程中，这种"酒"被称为"猿酒"。这是人对果酒最原始阶段的推断和描述。

二、葡萄酒的传播

　　最早种植葡萄的不是埃及人，但他们是最早记录葡萄酒酿造过程，并把所有细节都清楚地刻画下来的人。大约 3 000～5 000 年前，酿造葡萄酒的技艺已被完全掌握了，那时埃及已经有能辨别不同品质葡萄酒的专家，他们的自信绝不亚于 21 世纪法国波尔多的葡萄酒经纪人。在埃及的古墓中所发现的大量珍贵文物和艺术作品，特别是浮雕，清楚地展现了古埃及人栽培、采收葡萄和酿造葡萄酒的情景（图 5—1）。

图 5—1　葡萄酒壁画

　　公元前 2000 年，古巴比伦的《汉谟拉比法典》中已有对葡萄酒买卖的规定，对那些将坏葡萄酒当作好葡萄酒卖的人进行严厉的惩罚,这说明当时的葡萄和葡萄酒生产已有相当的规模,而且也有一些劣质葡萄酒充斥市场。

欧洲最早开始种植葡萄并进行葡萄酒酿造的国家是希腊。一些航海家从尼罗河三角洲带回葡萄、葡萄种植和葡萄酒酿造技术并逐渐传开。大约在公元前1000年左右,希腊的葡萄种植已极为兴盛,希腊人不仅在本土,而且在其当时的殖民地西西里岛和意大利南部也进行了葡萄栽培和葡萄酒酿造活动。公元前6世纪,希腊人把小亚细亚原产的葡萄酒通过马赛港传入高卢(即现在的法国),并将葡萄栽培和葡萄酒酿造技术传给了高卢人。罗马人从希腊人那里学会葡萄栽培和葡萄酒酿造技术后,很快在意大利半岛全面推广。随着罗马帝国的扩张,葡萄栽培和葡萄酒酿造技术迅速传遍法国、西班牙、北非以及德国莱茵河流域,并形成了很大的规模。直到今天,这些地区仍是重要的葡萄和葡萄酒产区(图5-2)。

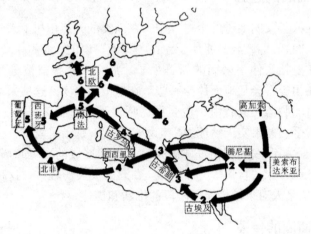

图5-2 葡萄酒在欧洲传播

15-16世纪,葡萄栽培和葡萄酒酿造技术传入南非、澳大利亚、新西兰、日本、朝鲜和美洲等地。16世纪中叶,法国胡格诺派教徒来到佛罗里达,开始用圆叶葡萄(Vitis Rotundifolia)酿造葡萄酒。16世纪,西班牙殖民者将欧洲的葡萄和种植技术带入墨西哥、加利福尼亚利。大约在同一时间,英国殖民者将欧洲葡萄带到美洲大西洋沿岸地区,但由于葡萄根瘤蚜、霜霉病和白粉病的侵袭以及这一地区的气候条件原因,欧洲种葡萄在美洲的栽培失败了。19世纪60年代是美国葡萄和葡萄酒生产的大发展时期,1861年从欧洲引入葡萄苗木20万株,在加利福尼亚建立了葡萄园,但由于根瘤蚜的危害,几乎全部被摧毁。后来用本地葡萄作为砧木嫁接欧洲种葡萄,防治了根瘤蚜,葡萄酒生产才又逐渐发展起来。现在,南北美洲均有葡萄酒生产,阿根廷、美国的加利福尼亚以及智利均为世界闻名的葡萄酒产区。

三、葡萄酒在中国的发展历程

中国葡萄酒业的发展肇始于汉武帝时期（前 140 年—前 88 年），此后，经历了魏、晋、南北朝时期葡萄酒业的发展与葡萄酒文化的兴起、唐太宗和盛唐时期灿烂的葡萄酒文化、元世祖时期至元朝末期葡萄酒业和葡萄酒文化的繁荣等几个时期，清末民初是葡萄酒工厂化生产的开端。

关于葡萄酒的最早记载始见于《史记·大宛列传》，记录了汉使张骞出使西域期间包括葡萄和葡萄酒在内的见闻。东汉以至盛唐，葡萄酒一直为达官贵人的奢侈品。如东汉时，据《太平御览》卷九七二引《续汉书》中记载：扶风孟佗以葡萄酒一斗遗张让，即以为凉州刺史。苏轼对这件事感慨地写到："将军百战竟不侯，伯良一斛得凉州。"唐朝是中国葡萄酒酿造史上很辉煌的时期，葡萄酒的酿造已经从宫廷走向民间。酒仙李白在《对酒》（《全唐诗·李白卷二十四》）中写道："蒲萄酒，金叵罗，吴姬十五细马驮。黛画眉红锦靴，道字不正娇唱歌。玳瑁筵中怀里醉，芙蓉帐底奈君何"。记载了了葡萄酒可以像金叵罗一样作为少女出嫁的陪嫁，可见葡萄酒普及到了民间。另外，唐朝王绩的《题酒家五首》、刘禹锡的《蒲桃歌》，宋朝陆游的《夜寒与客挠干柴取暖戏作》，以及元朝的《马可波罗游记》，元曲、明清小说中都有大量关于葡萄酒的生产、消费的描述。其中最脍炙人口的著名诗句当数唐朝王翰所作的《凉州词》："葡萄美酒夜光杯，欲饮琵琶马上催。醉卧沙场君莫笑，古来征战几人回"。而在元朝《农桑辑要》等官修农书中，更有指导地方官员和百姓发展葡萄生产的记载，并且栽培技术达到了相当高的水平。明代徐光启所著的《农政全书》卷三十中也记载了我国栽培的葡萄品种。

现代中国葡萄酒的发展有三个标志性阶段：1892 年华侨张弼士在烟台栽培葡萄，建立了张裕葡萄酿酒公司，这是我国葡萄酒规模化发展的开端（图 5—3）。1980 年建成中法合营天津王朝葡萄酒公司，这是中国葡萄酒现代化、国际化发展的标志，这也是国家改革开放接纳外来事物的开端。2000 年开始建设的中法合作葡萄种植与酿酒示范农场（现在的中法庄园），这是广泛利用专业苗木、规范化种植的庄园式葡萄酒发展的标志。

图 5—3　张弼士

研究中国葡萄酒产业现代化、产业化发展，必须提到科技与教育的推动作用。1985 年西北农业大学（现西北农林科技大学）创办了葡萄栽培与酿酒专业，是我国葡萄酒专业高等教育的开端。1994 年西北农大在此基础上创办了葡萄酒学院，这也是亚洲第一所葡萄酒学院，十几年来这里毕业的几千名学生工作在葡萄酒行业的第一线，构成了现代中国葡萄酒产业技术队伍的生力军。

截至 2010 年，中国葡萄酒产业获得生产许可证的企业有 940 户，其中规模以上企业 248 户；规模以上葡萄酒制造业完成工业总产值 309.52 亿元，同比增长 29.85％。山东省葡萄酒制造业完成工业总产值 166.63 亿元，同比增长 29.15％，占全国规模以上葡萄酒制造业的 53.84％，居全国同行业首位。河北省以 26.36 亿元，居第二位，吉林省以 19.78 亿元居第三位。新兴葡萄酒产区产值增长迅猛，安徽省以 986.52％的增长速度居第一位，广东省以 270.79％的增长速度居第二位，新疆以 112.17％的增长速度居第三位。2010 年，中国葡萄酒产量 108.88 万千升，同比增长 12.38％。山东省葡萄酒产量达到 37.54 万千升，同比增长 4.79％，占全国总产量的 34.48％，居全国首位；吉林省葡萄酒产量 20.83 万千升，居第二位；河南省葡萄酒产量 15.03 万千升，居第三位；葡萄酒生产大省河北省居第四位，产量 9.95 万千升。全国葡萄酒新兴产区产量大幅度增长，宁夏以 416.93％的增长速度居第一位，福建以 188.39％的增长速度居第二位，新疆以 186.24％的增长速度居第三位。

四、葡萄酒文化在我国传播过程中的问题与对策

最近十几年来葡萄酒在中国变得越来越火热，虽然它不是中国传统文化的构成部分，但是，中国消费者一旦发现它的美妙也就开始享用。在 20 世纪末期，中国消费者由于"法兰西悖论"的影响，而大赞葡萄酒的健康功效，甚至有人虔诚地用量杯计量，每天坚持饮用——为了自己的健康。为了健康而喝葡萄酒，成了推广葡萄酒的主要理由。然而，故事讲久了，就会有人仔细去思考：葡萄酒毕竟是一种酒精饮料，酒精对于人体的影响好比一把双刃剑，摄入酒精，增加了肝脏负担，法国人肝脏发病偏多这一事实，被有意无意地忽视了。在人们津津乐道的"法兰西悖论"中指出：法国人由于饮用较多葡萄酒而少患心脑血管疾病，大力推动这个言论传播的，肯定都是卖葡萄酒的。因为，在这个调查中，也提到了"法国人食用较多的橄榄油"。心脑血管疾病发病率低归功于谁，还很难说。

劝说消费者"为了健康而选择消费葡萄酒的理由"家喻户晓后，也有人进行五花八门的创新："喝葡萄酒很时尚"就是其中一个创新理由——葡萄酒杯为透明玻璃（或者水晶）高脚杯，透过杯壁看葡萄酒液，那种晶莹剔透的色彩确实诱人，纤纤细指轻轻捏着细细的杯脚，再加上参加葡萄酒会（或者晚宴）往往对着装有要求，置身于这种氛围，似乎端起高脚杯的那一刹那，突然就时尚了、有品位了。广告里常常做如此渲染。殊不知，相对于葡萄酒的几千年发

展历史，高脚玻璃杯的历史实在微不足道：17 世纪末期，人们才开始制作透明的玻璃高脚杯。而今天对于葡萄酒杯选择使用的技术与理念，也不过是最近几十年的事情。端起高脚杯就时尚了、有品位了？

一方面"葡萄酒"作为一个名词很是火热，另一方面葡萄酒消费在中国酒类市场中无论是消费额还是消费量，却不温不火——远比不过啤酒、白酒和黄酒。在世界葡萄酒生产相对于消费持续呈过剩状态下，再加上世界经济不景气，各路人马都寄希望于经济持续增长的中国葡萄酒消费市场。"希望与现实的强烈反差"也在提醒我们，肯定是我们推广葡萄酒的什么地方有问题了。

再回到那个问题：葡萄酒是什么？它不过是一种食物（饮品），一种具有丰富滋味的食物（饮品）。从产生和几千年来的传播来看，人们一直将葡萄酒当成一种食物，一种具备一定作用、功能的食物。葡萄酒的产生，本是劳动人民认识自然现象并为己服务的简单过程。葡萄酒是大众的，所以也就没有产品过剩的烦恼。今天，越来越多的人在神化葡萄酒的运动中推波助澜，葡萄酒被神圣化，"神"不能成群而存在的，于是，"被神化的葡萄酒"也就必然会出现过剩的烦恼。走下神坛，将"为有限的贵族服务"转变成"为无限的大众服务"，似乎才是解决葡萄酒产业产品过剩的有效出路。

在中国，与葡萄酒有关的礼仪也被推至崇高的地位——很多时候，消费者战战兢兢地尝试接触葡萄酒时，却被一只无情的大手打掉了仅有的那点勇气——消费者总是被告知这也不对那也不对，于是消费者说我还是喝白酒和啤酒吧，没有人会批评我。让消费者先喝起来，不用在乎形式与方式，只要喝的是葡萄酒，久而久之，总有一部分消费者会主动研究那些"葡萄酒文化"的知识。只有建立在一个广泛的消费群体基础上，成熟的消费群体才能够足够强大，进而引领葡萄酒消费市场，不要在开始迈步之时就划定过多的清规戒律，让消费者轻松地端起葡萄酒杯吧。

第二节　葡萄酒原料

一、葡萄酒的原料与葡萄酒的品质

一个酿酒师可能把优异的酿酒原料酿成平庸的葡萄酒，但是，再优秀的酿酒师也不可能把平庸的原料酿成优异的葡萄酒。中国有句古话，叫做巧妇难为无米之炊，意思是说巧妇再有能耐，没有米，还是无法做出米饭。引申一下，我们还可以这样理解：出自巧妇之手的美味佳肴，一定受到原料的影响。酿酒师酿造葡萄酒也不例外。

　　酿造葡萄酒的葡萄原料本质上是一种农产品，葡萄在适宜的温度条件下，根系吸收土壤中的营养物质和水分，接受光照，合成自身生长发育所需要的物质，其生长过程受到自然气候条件、土壤状况以及栽培技术的影响。从表5-1可以清楚地看到葡萄酒中风味物质的来源，也可以看到葡萄的质量与葡萄酒质量之间的联系。

表5-1　葡萄酒中风味物质的来源

风味物质	主要来源	
	葡萄	工艺
水	果肉	—
酒精	糖	酒精发酵
有机酸	酒石酸、苹果酸、柠檬酸	乳酸、琥珀酸
色素	果皮	
单宁	果皮、种子、果梗	橡木桶
矿物质	果汁	
香气物质	果皮	发酵与陈酿

　　红葡萄酒的红颜色来自于葡萄皮中的色素，采用红葡萄（确切地说是黑葡萄）带皮发酵，即可获得红颜色的葡萄酒。葡萄皮中的各种物质不可能全部转移到葡萄酒中，色素、单宁等酚类物质也不例外，因此如何最大限度地将葡萄皮中的各种风味物质转移至葡萄酒中，也就成了红葡萄酒酿造的核心环节。聪明的酿酒师总是将自己的关注超越酒窖，着眼于葡萄园。在葡萄园里，酿酒师最为关心的两个问题是产量和葡萄的成熟度。对葡萄成熟度判定标准，这是酿酒师与园艺师经常出现分歧的缘由。葡萄果实转色及至果粒出现明显的弹性、种子也开始转变颜色，这就是植物学上果实的"成熟"，但是对于酿造葡萄酒而言，这还不够，仍需要等待一段时间，及至果实表皮变脆、种脐变褐，才是酿酒葡萄完美的"成熟"。如此一来，在这等待的过程中，会有量的损失。再者，这种状态的果实只能手工采摘，并且必须采用小筐装载，葡萄园至发酵地距离不能太远（很多产区以技术规范的形式限定了葡萄园至发酵车间的距离）。

二、影响葡萄酒原料质量的因素

（一）影响葡萄生长的气候因素

1. 温度

　　温度决定浆果、枝条在当地能否成熟。葡萄生长发育的各个阶段都有其对温度需求的最低、最高和最适点。一般当温度稳定在 10℃时，葡萄开始萌芽，气温在 16℃左右时，葡萄开花，如温度过低，会造成授粉受精不良，坐果少；而气温超过 35℃时，葡萄生长又会出现高温抑制。温度对葡萄生长影响表现在以下几个方面：

（1）积温。积温是一定时期内温度的总和。葡萄从萌芽到成熟期，不同品种对≥10℃以上的活动积温要求不同，特别是对于酿酒品种，生长季积温等温度指标对不同酒型是重要指标，这些指标数值已得到国际公认。但是在中国，应当考虑大陆性气候年际间气候变化大的特点，不能简单地照搬这一标准。

（2）最热月份温度。酿酒葡萄通常要求果实成熟后保持有足够的含酸量，尤其是起泡酒以及蒸馏酒要求酸度更高。生产优质干白葡萄酒地区最佳为具有较冷凉气候的地区，夏季温暖而不过热，最热月平均气温 20℃，生产干红的酿酒葡萄种植区域的温度可以略高。

（3）最冷月份温度。处于休眠状态的欧亚种葡萄成熟枝条、芽眼在−18～−20℃时开始遭受冻害，根系−4～−5℃为受冻害温度。在中国，酿酒葡萄主要种植于多年极端低温平均值低于−15℃的地区，冬季必须进行埋土防寒。

（4）生育期长短。不严格地来说，葡萄的生育期可以用无霜期来衡量。世界上主要栽培酿酒葡萄的地区，其生育期的长短可以通过选择不同熟性的葡萄品种与之相适应，但是在中国，无霜期短通常是栽培晚熟品种和极晚熟品种的重要限制因子。中国尽管很多产区的有效积温可以达到甚至超过葡萄生长所需要的有效积温，但是，因无霜期过短，限制了酿酒葡萄种植的发展。

2. 降水

葡萄对水分需求最多的时期是在生长初期，快开花时需水量减少，花期需水量少，以后又逐渐增多，在浆果成熟初期需水量达到高峰，以后又降低。水分变化过于剧烈，对葡萄生长不利，如果长时间下雨后出现炎热干燥的天气，叶片可能干枯甚至脱落；相反，长期干旱后突然降雨，则常常引起裂果。一般认为在温和的气候条件下，年降水量在 600～800 毫米较适合葡萄生长发育。但是，评价年降水量对酿酒葡萄生长的影响，还要考虑降水的月份分布。世界主要酿酒葡萄种植区，其降水主要集中在冬、春季，雨热不同季，这是优质酿酒葡萄品质的天然保障。而在中国降雨主要集中在炎热的 7、8、9 月，容易滋生病害，影响果实的成熟和果实的品质。降水是确定葡萄种以及品种群选择的重要指标，在品种区划中具有重要意义。

3. 日照

日照时数对葡萄生长和果实品质有重要影响，光照对葡萄果实着色也有很大影响。日照与降水一般呈反比，在西欧葡萄酒产区的生长期内（4—10月）

日照时数不低于 1 250 小时是生产优质葡萄酒对光照条件的最低要求。中国各主要葡萄产区日照条件基本能达到葡萄生长要求。除了日照长度对葡萄生长的影响外，日照的强度也会对葡萄的正常生长产生影响，日照强度在一定的范围内，光照强度与葡萄叶片的光合速率呈正比，但是，通常自然光照一般不会成为葡萄光合作用的限制因素。

（二）土壤条件与葡萄的品质影响

土壤对葡萄的生长不仅具有营养作用，还可以提供支持、保护葡萄树体。葡萄可以在各种各样的土壤中生长，许多不适合大田作物的土地，如沙荒、河滩、山坡等，都能成功地种植葡萄，这要归功于葡萄拥有强大的根系。但是土壤条件也会对葡萄健康生长造成影响。

1. 土层的厚度

土层厚度是指表土与成土母岩之间的厚度，这个厚度越大，葡萄根系分布就越广泛，这不仅是葡萄获得良好营养的基础，也能保证葡萄树体生长更平稳。

2. 土壤的结构

土壤结构影响土壤的水、气、热状况，以及土壤对水分和营养的保持能力，因此土壤结构也是影响葡萄生长的因素。沙质土壤的通透性好，土壤热容量小，导热性差，夏季辐射强，土壤温差大，葡萄糖分积累容易；但是其有机质含量低，保水、保肥性能差。黏土保水保肥性能好，但是通透性差，容易板结，葡萄根系分布浅，葡萄抗逆性差。所以，通常比较理想种植葡萄的土壤需要沙、砾与土具有合适的比例。

3. 地下水位

葡萄良好地生长需要一定的土壤含水量，但是地下水位过高不适合种植葡萄。比较适宜的地下水位应保证不少于 2 米。当然在可以人工灌溉的区域种植葡萄，即使地下水位很低，也不会造成葡萄生长障碍。

4. 土壤的化学性质

土壤中化学物质的成分对葡萄营养意义重大，葡萄对盐分具有很好的耐受能力，即使在苹果、梨等果树不能良好生长的盐碱土壤中，葡萄仍可以生长。另外，葡萄对土壤的酸碱性耐受能力也比较强，通常可以在 pH6～8 的土壤中正常生长。

三、常见酿酒葡萄品种

葡萄作为一种经济作物，有 8 000 多个品种，常见的酿酒葡萄品种也有几百个之多，了解酿酒葡萄不是一蹴而就的事情。"橘生淮南则为橘，生于淮北则为枳"，到底是"橘"还是"枳"，应视产地而定，了解酿酒葡萄的风味特点，如将其与特定的产地联系起来就容易多了。通常酿酒葡萄按照其成熟时的色泽，被分为"红""白"两大系列："红"实为深红，多为黑色；而"白"实为黄绿至浅黄色。

(一) 红色酿酒葡萄

1. 赤霞珠

赤霞珠（Cabernet Sauvignon）与美乐（Merlot）是世界上分布最为广泛的红色酿酒葡萄品种（图5-4）。其酿造的葡萄酒年轻时往往具有类似青椒、薄荷、黑醋栗、李子等果实的香味，陈年后逐渐显现雪松、烟草、皮革、香菇的气息。来自美国加州纳帕山谷的赤霞珠与法国波尔多产区的相比较，前者更富有成熟果实的味道。由赤霞珠酿造的葡萄酒，受葡萄采收时果实成熟度影响很大，若果实未完美成熟时采摘，所酿的酒会显现出更明显的青椒以及植物性气味，相反，果实成熟完美，甚至是过熟状态，那么所酿造之酒会呈现出黑醋栗酱气息，口感似果酱。赤霞珠的典型产区为法国波尔多左岸以及格拉夫产区（Graves），美国加州以及澳大利亚南部的库纳瓦拉（Connawarra）和西部的玛格丽特（Magrite）。

图5-4　赤霞珠

2. 美乐

单品种美乐（Merlot），通常口感柔和，如丝绒般的口感，具有梅子气息，其陈酿成熟速度快于赤霞珠（图5-5）。美乐酿造的酒有三种类型：柔和，果味丰富，单宁含量少的；果味充足，富含单宁并且单宁结构明显的；色泽偏棕，具有赤霞珠风格的。美乐酿造的葡萄酒的香气往往具有樱桃、草莓、黑莓以及桑葚的气息。美乐葡萄的起源地和典型产区是法国波尔多产区右岸的圣达米利翁产区（Saint Émilion）和波美侯产区（Pomerol）。圣达米利翁产区部分酒庄也会使用少量品丽珠或赤霞珠与美乐进行调配，而波美侯产区几乎完全是采用美乐酿酒。用单品种美乐酿造出来的新鲜型葡萄酒呈漂亮的深宝石红带微紫色，果香浓郁，常有樱桃、李子和浆果的气味，酒香优雅，酒质柔顺，早熟易饮。

图5-5　美　乐

3. 品丽珠

品丽珠（Cabernet Franc）酿制的红葡萄酒较赤霞珠柔顺易饮（图5-6），

口感细腻，单宁平衡，有覆盆子、樱桃或黑醋栗、紫罗兰、菜蔬的味道，有时会带有明显的削铅笔气味。不同产区的香气会有差别，冷凉产区品丽珠酿制的红葡萄酒往往会具有青椒气味。紫罗兰气息则是品丽珠品种识别的主要典型特征。在法国波尔多，由于赤霞珠葡萄酿出的葡萄酒结构太强，需要单宁稍少、结构稍弱的品丽珠来调和，使之结构适中且又耐陈酿。对于美乐，品丽珠丰富的果香可以使其酿出的酒香气更加浓郁、更具有层次感。因此，品丽珠在法国波尔多主要用来与其他品种（如赤霞珠、美乐等）配合以生产出高品质的红葡萄酒。

图5-6　品丽珠

4. 黑皮诺

黑皮诺（Pinot Noir）为早熟的酿酒葡萄品种（图5-7），通常种植于气候偏冷凉地区，其所酿造的葡萄酒色泽往往不似赤霞珠或美乐深厚，但

是成熟度好的黑皮诺往往具有很好的陈年潜质，口感优雅细腻。香气往往具有黑樱桃、草莓、覆盆子、成熟的西红柿、紫罗兰、玫瑰花瓣、黑橄榄等气息。用黑皮诺酿造的葡萄酒年轻时主要以樱桃、草莓、覆盆子等红色水果香为主；陈酿后，又会出现甘草和煮熟甜菜头的风味；陈酿若干年后，带着隐约的动物和松露香，还有甘草等香辛料的香味。黑皮诺通常被认为是一个非常挑剔、难以伺候的葡萄品种，酿造出品质优异的黑皮诺成为很多酿酒师的追求。黑皮诺也是红葡萄酿造白葡萄酒的代表品种之一，香槟地区出产的

图5-7　黑皮诺

香槟，很多是添加了黑皮诺酿造的。黑皮诺的典型产区为法国的勃艮第以及香槟区。

5. 西拉

西拉（Shiraz/Syrah）作为一个被广泛种植的酿酒品种（图5-8），其广泛程度，在红色品种中可能只有美乐和赤霞珠能与其相比。其酿造的葡萄酒，风味与香气尽管与气候、土壤以及工艺有很大关系，但是，通常具有紫罗兰以及黑色水果、巧克力、咖啡以及黑胡椒气息，尤其黑莓、胡椒是其典型香气，陈酿后出现皮革、松露气息。由于西拉葡萄风味浓郁，单宁较多，通常需要很好地陈年后方能适饮。

图5-8　西　拉

（二）白色酿酒葡萄

1. 霞多丽

霞多丽（Chradonnay）作为世界上分布最为广泛的白色酿酒葡萄品种（图5-9），其风味特色主要有以下几种类型：夏布利（Chablis）为代表的冷凉气候霞多丽葡萄酒，这种类型霞多丽葡萄酒往往具有青苹果、桃子以及矿质气息，口感清爽活泼，酒体中等；法国南部、澳大利亚以及美国加州等炎热气候类型霞多丽葡萄酒，往往具有菠萝、哈密瓜、甚至蜂蜜气息，口感厚实圆润；另外还有以勃艮第的朋丘（Cote de Beaune）为代表的气候类型下出产的霞多丽，这样的气候特点介于前两者之间，该产区的葡萄酒以蒙哈榭（Montrachet）、高登－查理曼（Corton－Charlemagne）以及墨索（Meursault）出产的最为知名。霞多丽的另一

图5-9　霞多丽

个重要舞台是香槟。用于酿造香槟或者起泡酒的霞多丽通常生长在偏冷地带，在完全成熟前就采摘，以保证其高酸爽口的特点，由此赋予了香槟清新的香气和活跃的口感。一般而言，霞多丽采用比例越高，风味越清新爽口，带有浓郁的果香与蜂蜜香。由霞多丽所制的起泡酒以法国香槟区所产最佳，其中以白丘（Cote de Blancs）最为著名。

2. 雷司令

雷司令（Riesling）葡萄不仅有一个动听的名称，其所酿造的葡萄酒也是备受推崇（图5-10）。由雷司令葡萄酿造的酒风格多样，从干酒到甜酒、贵腐型酒、冰酒，乃至干浆果酒等各种类型的酒应有尽有。由于种植区气候和土壤的特点，使其成熟采摘时的糖酸比较低，通常酿成低酒精含量、略带甜味的葡萄酒，以加强其果味。雷司令葡萄酒通常具有很好的陈年潜质，在年轻时往往

图5-10　雷司令

具有清新的花香以及柠檬、矿物质等气息，口感清新、清爽、活泼；而陈年后香气出现明显的石油、燧石气息。

3. 长相思

长相思（Sauvignon Blanc）葡萄所酿造的葡萄酒（图5-11），通常是作为识别品种的经典样本，其独特的香气，往往是消费者极端喜欢或者不喜欢的理由。这种独特的香气被描述为猫尿味，或者黄杨木气味、番茄叶子或者割青草气味。法国卢瓦河谷地区的桑赛尔（Sancerre）和普依弗美（Pouilly Fumé）产区出产的长相思葡萄酒具有香气柔和、清新，口感柔和细腻，往往具有清新

的酸度和矿物质的口味。与此相对应的是新西兰马尔博勒（Marlborough）地区出产的长相思葡萄酒，香气浓烈，口感活泼、爽直，往往酒体偏薄。在智利以及美国加州等偏热地区也出产长相思葡萄酒，但是其风格特点为果味浓郁，具有蜜桃气息，口感圆润。

图 5—11　长相思　　　图 5—12　赛美容　　　图 5—13　白诗南

4. 赛美容

赛美容（Semillon）一直被遮盖在长相思的影子中（图 5—12），由于其酸度低而口感相对丰厚，与长相思酸度高口感偏瘦正好互补，在波尔多地区无论是酿制干白还是甜白，这两个品种都是相互搭配使用。而在澳大利亚猎人谷，赛美容往往与霞多丽搭配使用。用赛美容酿出的葡萄酒颜色金黄，酒精含量高，酸度较低，果香较淡。新鲜的赛美容葡萄酒会散发出一种淡淡的柠檬和柑橘类香气，隐约表现出药草、蜂蜜和雪茄的味道；经过橡木陈酿后，又会拥有一种羊毛脂的味道。

5. 白诗南

白诗南（Chenin Blanc）葡萄有馥郁的香味（图 5—13），常带有桃子、核桃干果、杏仁、蜂蜜等味道，随着陈酿逐渐变为羊毛脂和腊质香。干型的白诗南还会带些青苹果、青梅的味道，加上些花香、矿物质的味道和甘草的气息。有时即使是完全的干型白诗南酒，如位于法国卢瓦河上游的武弗雷（Vouvray）产区出产的白诗南，闻起来也会有一点甜味。白诗南干白酒、起泡酒和甜酒的品质都不错，大多适合年轻时饮用，有的也可陈年。另外白诗南也适合酿制迟采收和贵腐甜白酒，以里永山坡（Coteaux du layon）的卡特德晓牟（Quartsde Chaume）和包呐早（Bonnezeaux）知名。白诗南产区主要在法国卢瓦河地区，此外，白诗南在南非也有上乘表现。

第三节　葡萄酒酿造

一、葡萄酒酿造设施与设备

　　尽管葡萄酒是在人类无主动意识下产生的，但是，毋庸置疑，葡萄酒品质的极大提升，却是从人类认识微观世界之时开始的。1857 年法国科学家路易·巴斯德借助荷兰人列文虎克发明的显微镜，认识了葡萄酒的微观世界，揭示了葡萄之所以转变为葡萄酒，是通过酵母的作用，而不是外来的"神力"。葡萄酒之所以会变酸而坏掉，也是由于形体微小的醋酸菌影响。自此，人类在酿造葡萄酒过程中，充分地发挥着主观能动性，极大地提升了葡萄酒的品质。可以说，葡萄酒发展的历史长河中最后的这 150 多年里，人类的贡献超过了以往全部过程——但是此前的那个过程是不能取代的。

（一）环境对葡萄酒酿造的影响

　　自然界中，任何事物的产生，都离不开环境的影响，葡萄酒也不例外，环境条件对于葡萄酒的酿造产生着不可忽视的影响。先不谈环境条件对葡萄酒原料——葡萄的影响，在由葡萄转变为葡萄酒的过程中，环境因素对葡萄酒的品质也会产生至关重要的影响，其中温度以及卫生条件的影响最为显著。

1. 温度对葡萄酒酿造的影响

　　葡萄酒是一种自然的产物。葡萄成熟于凉爽的秋季，果实破碎后表皮上的酵母在这种凉爽的温度下，将果汁中的糖转化为酒精。在夏季，酵母也可以启动发酵，但发酵是一个产热的过程，如果环境温度过高，发酵产生的热量不能向环境中散失，发酵中的酵母在其使命完成前就会因为温度过高（超过 35℃）而死亡。凉爽的秋季，这种现象几乎不会发生，以至于今天人们在酿造葡萄酒时，总是要考虑温度的人工控制——甚至在温度过低（低于 14℃）时还会进行人工加热。

　　酒精发酵结束后，气温进一步降低，葡萄酒也"正好"需要一个低温澄清的过程，借助冬季的低温，葡萄酒中悬浮的各种固体颗粒物（酵母残体、果渣等）在低温下沉降出来，葡萄酒由浑浊逐渐变得清亮起来。

2. 环境卫生对葡萄酒酿造的影响

　　这里所说的环境卫生，肯定包括各种灰尘以及污染物对葡萄酒的影响，对这些视觉可见的杂物影响，心智正常的酿酒师总是会有办法加以避免。但是，有害微生物的影响，却会让酿酒师一不小心就会中招。能够对葡萄酒产生影响的微生物可分为两大类别：真菌和细菌。

　　酵母就是一种真菌，酵母的种类很多，并且在自然界中广泛存在，在一个特定的老葡萄园中，经过自然的长期选择，酵母的类型也会相对稳定——这也是"风土"特征的一部分。现代葡萄酒酿造，人们更倾向于使用经过严格人工筛选的优种酵母。有害的真菌主要是各种霉菌，灰霉主要通过腐烂的果实影响葡萄酒的品质，这种影响可以在葡萄园中加以避免，而在酒窖中还有其他的有害真菌，如黑霉菌等各种霉菌，它们利用喷溅散落的果汁等作为营养，在酒窖的各个角落以及通过酒桶等各种木制容器，给酒带来不良的气味。

细菌在葡萄酒中也广泛存在，有益的如乳酸菌——可以将葡萄酒中口感尖刻、不稳定的苹果酸转化为具有宜人的香气、口感柔和的乳酸，但是如果这种菌发酵过度，也会利用苹果酸以外的底物给酒带来苦味等不良口感，并且，适合乳酸菌生长的条件，也是有害的醋酸菌等其他细菌类微生物适宜繁殖的条件，酒种如果出现醋味、汗味、马厩味等，都是这个原因引起的。

因此，保持酿酒环境的卫生，不仅是为了视觉的愉悦，也是提升葡萄酒品质的基本要求。

（二）设施条件

葡萄酒发酵需要在厂房中进行。葡萄酒酿造需要的厂房主要构成为：原料处理区、发酵区、陈酿储酒区/酒窖、灌装区以及成品库房等，各个区域功能不同，建设条件也就有所区别（图5-14）。

图5-14　酒庄平面布局图

1. 原料处理区

需要开放的空间，便于原料快速进出，是一个比较脏乱的区域，通常规划于总体建筑视觉的中心以外。

2. 发酵区

需要采光与通风良好，因为发酵过程中会产生二氧化碳，为了避免环境中聚集过高浓度的二氧化碳，发酵区需要良好的通风设施，甚至强制通风的设施，并且要绝对避免与地下区域直接连通，避免二氧化碳沉降积累。

3. 陈酿储酒区/酒窖

陈酿区域，需要冷凉的条件，不需要过强的光照，如果是木制容器，还需要特定的环境湿度。

4. 灌装区

在灌装区对葡萄酒进行稳定、澄清、过滤以及灌装，该区域需要良好的卫生保障。

5. 库房

存放成品的区域，需要低温、相对避光、避免干燥、远离异味等条件。

（三）葡萄酒酿造设备

1. 原料处理设备

原料处理设备主要包括分选平台、除梗机、破碎机、原料输送泵以及压榨机（图5—15）。

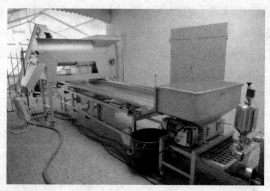

图5—15　原料处理设备

2. 分选平台

即使是手工采摘的葡萄，采收工在掌握标准时仍然会有差异，所以，运送至厂房等待发酵的原料，仍然需要人工再次挑选。分选平台，其实就是一个传送带，将葡萄果穗平摊在传送带上，由分列于两旁的挑选工进行手工挑选。有些资金雄厚的精品酒庄，还会进行一次除梗后的逐粒挑选。

3. 除梗机

入选的果穗，进入除梗机，除梗机内有两个组件——中央转轴，其上是按照螺旋形均匀分布的搅动侧杆，外部配有筛状圆桶，两个部件呈相反转动，果粒被"撸"下来，由重力作用自筛网孔落下，而枝丫的果梗只能在中央转轴上侧杆的推动下水平移动排出，这就完成了果梗与果粒的分离。

4. 破碎机

除梗后的果粒经破碎机适度破碎，方能进入发酵罐，破碎的目的是为了榨出部分果汁并将果肉外露，增加酵母接触糖分的机会，以利于促进发酵。破碎机结构很简单，就是一对相对转动的齿状橡胶辊子，将果粒挤压破碎。也有的酒庄不进行果粒破碎，而是整粒入罐发酵。完整果粒过多，会增加发酵不彻底、挥发酸含量高的风险，对发酵管理技术要求较高。

5. 原料泵

经过破碎的果粒，顷刻转变成了果汁、果肉、果皮以及种子的固液混合物，有时也称为"醪"，输送这样的混合物，需要特殊的泵——不易被堵塞、又适应频繁开停。

6. 压榨设备

压榨设备俗称压榨机，在白葡萄酒、桃红葡萄酒以及起泡葡萄酒酿造时用于压榨果实；而红葡萄酒酿造时又可以用于压榨皮渣，主要有螺杆式连续压榨机、框式垂直压榨机、气囊压榨机等不同类型。螺杆式连续压榨机工作效率较高，但是对种子破碎率较高，因此压榨质量不高。框式垂直压榨机压榨质量好，但是装卸较为费事，多为精品酒庄选用作红葡萄酒酿造中的皮渣压榨。气囊压榨机的压榨动力来自于高压的气囊，压榨柔和，通常可以做成封闭式外胆，可以避免果汁接触空气，避免氧化，通常是白葡萄酒酿造首选原料压榨设备。

7. 发酵容器

按照材质区分，发酵容器可以分为三种类型：一是木制发酵罐。通常使用橡木材料，容量为几吨，或者是白葡萄酒发酵使用的几百升容量的小桶，往往在相对冷凉的地区使用较多。这种容器往往清理比较麻烦，在规模生产中越来越少使用。二是水泥发酵罐。这种发酵罐的骨架由水泥等构成，内涂食品级的树脂材料，这种罐的造价低、保温效果好，但是内胆需要经常更新，卫生保持难度大，在新建酒厂中少有使用。三是不锈钢发酵罐。新建造的葡萄酒厂往往采用不锈钢发酵罐，这种材质强度大，易于保持卫生，方便控温又不会与酒发生物质交换（图5—16）。

图5—16　发酵容器

按照使用目的不同，发酵罐区分为红葡萄酒发酵罐和白葡萄酒发酵罐两种类型。红葡萄酒与白葡萄酒发酵主要的区别是是否带有皮渣，因此要求所使用的发酵罐结构也就有所区别。红葡萄酒发酵罐为了方便发酵结束后排渣，通常，罐门要直通至发酵罐最底部，并且罐内出酒阀口处要有筛网，以免堵塞。白葡萄酒发酵罐（也可用于桃红酒发酵）为了分离酒泥，罐底往往是锥形。

8. 存储与陈酿容器

储酒罐的外形与白葡萄酒发酵罐类似，不同之处是没有控温的结构，而且罐容往往较大，呈细高状。陈酿工艺还会使用橡木桶，橡木桶的容量规格以225升居多（图5—17）。橡木桶陈酿主要有三个方面的优势：首先，单体容量小，利于澄清；其次，橡木与不锈钢材料相比，具有通气性，透过的微量氧气促进葡萄酒成熟；最后，橡木经过烘烤，具有特殊的风味，经过橡木桶陈酿的葡萄酒还可以增添橡木的风味。

图 5—17 橡木桶

9. 稳定与过滤设备

通常，葡萄酒经过适当时间的陈酿后，需要通过下胶、冷冻、过滤等操作，实现澄清与稳定。下胶不需要专门的设备，在储酒罐内或者橡木桶内即可完成；而冷冻需要专门的冷冻罐，除了具有储酒罐的基本结构外，冷冻罐需要保温与搅拌装置，以实现长时间、均匀的低温冷冻效果。

10. 灌装设备

目前，葡萄酒厂使用较多的全自动成套灌装设备，主要包括洗瓶机、灌装机、打塞机、缩帽机、贴标机、装箱机。有些自动化程度高的灌装线，空瓶上线、装完箱码垛等也是自动化设备完成。

二、原料处理

成熟、完好的葡萄经过细心采摘，用小筐装载的葡萄运至发酵车间时，应当尽快进行分拣、除梗、破碎并入罐。装罐之前，酿酒师首先需要获得重量以及每个批次果实的糖、酸含量以及果汁的 pH 等基本数据，为后续工艺参数的确定提供依据。与此同时，酿酒师需要进行罐内预先填充二氧化碳、原料处理的过程中及时添加二氧化硫（此时二氧化硫的用量大约在 40～60 毫克/升）等措施，保护破碎的果实免遭氧化。入罐结束后，需要进行第一次"打循环"（Pomp Over），目的是为了"均质"，再次测定罐内发酵醪的糖、酸含量以及 pH、温度、相对密度，一并将上述添加物记载入档。

三、发酵

入罐结束后，通常经过大约 12 小时，开始添加酵母。确定分量的酵母经过重新活化，添加至发酵醪中，并通过"打循环"将酵母在发酵醪中混匀（图 5—18）。酵母添加后，如果温度合适（20℃左右），发酵很快启动，发酵启动后，如果将耳朵贴近罐壁，能听到轻微的"嘶嘶"声，在罐的顶口也能看到"泛泡"现象。发酵醪的相对密度和温度也在发生着变化：相对密度逐渐下降，温度逐步升高。如前文所述，如果温度不加以控制，会出现酵母大量死亡直至发酵终止的风险，因此，发酵罐通常有控温装置。为了使发酵醪液均匀地同步进行，需要经常地进行"打循环"操作，同时，也促进了果皮中各种物质的溶出。为了更好地促进果皮物质溶出，有时还要进行"压酒帽"操作。

图 5—18　打循环

发酵过程中"相对密度逐渐下降，温度逐步升高"只是一种表象，而醪液内部发生了物质的变化：首先糖被酵母转化为酒精，与此同时还有大量的发酵副产物形成，如：甘油、乙醛、乙酸、琥珀酸、乳酸、酯以及高级醇。

当发酵结束时（醪液相对密度达到 0.997 以下时），如果原料质量足够好，为了获得经年耐储的葡萄酒，还需要继续带皮浸渍一段时间，时间长短根据品尝确定。因为葡萄皮中的单宁物质易溶于有机溶剂，只有当发酵开始，酒精出现时才开始溶出，换言之，单宁的溶出与发酵相比有滞后性。此期间，要尽量少搅动罐内醪液，保持酒帽上部湿润的状态，"喷淋"多采用封闭式。

四、调配

（一）概述

"调配"，法语为 Assemblage，有时也称为 Coupage，对应英语为 Blending，是葡萄酒酿造工艺中的重要环节。抛开葡萄酒工艺，字面的意思可以理解为"混合"之意。"调配"就是将不同批次（可能因品种、产地、地块、前工艺、年份等而区分）的葡萄原酒，根据其自身特点、目标成品要求以及各批次原酒的量，按照适当的比例制成具有特点、特色的葡萄酒，是葡萄酒工艺中的重要环节。如果说葡萄种植技术决定了葡萄酒的先天质量，那么，"调配"则是葡萄酒质量的后天表达系列工艺中的重点。简而言之，"调配"是为了加强或减弱原酒的某些特点，最终使酒变得更好，如使酒符合标准、酒体平衡、风味丰富、经济上最优化。另外，在一定的限度内纠正原酒缺陷也是调配目标之一，如原酒过酸或酸偏低，酒精度过高或过低，单宁不足或过强，风味过于平淡等等。但是，对于存在严重缺陷的酒，是无法用调配来修正的。有时候，某些风味过于浓烈的葡萄品种，常用一些平淡的品种加以稀释，使之怡人、可口。

调配，首先要对不同批次原酒进行评价，分别作出理化评价、技术评价和感官评价，前两者是辅助，后者为主要的方式。理化评价内容包括葡萄酒当前的基本理化指标，如挥发酸、总酸含量，酒精度，以及 pH 等；技术评价内容包括葡萄生长发育过程、葡萄采收时质量状况、发酵管理技术以及每批次原酒的数量等。感官评价不同于仪器分析，需要具有相当水平的品评人员组成品评小组，对不同批次原酒进行视觉、嗅觉以及味觉等方面综合评价，然后由酿酒师最终决策。可见，酿酒师以及品评小组的感官经验、水平对于葡萄酒调配相当重要。

（二）种类

1. 不同品种原酒间的调配

不同的葡萄品种具有各自的特点，采用不同品种酿制的原酒进行调配，可以相互弥补，强化葡萄酒的个性风格。如在波尔多地区，无论是红葡萄酒还是白葡萄酒都是采用多品种酿造、调配而成，而在法国南部著名的教皇新城产区高达 13 个法定品种，是多品种葡萄酒的极端个例。

2. 同品种不同批次原酒间的调配

为了质量的稳定与同一，即使单品种葡萄酒也需要进行调配。在不同葡萄园或同一葡萄园的不同地块上生长的葡萄质量可能存在差异，为了减少葡萄质量差异对葡萄酒质量的影响，酿酒大师采用"独立地块独立发酵"技术，独立发酵可以针对葡萄不同的质量特点，进行专门的发酵管理，发酵后，将这些原酒进行调配，作出质量同一与稳定的葡萄酒。如在法国勃艮第产区红、白葡萄酒都是采用单品种酿造。

3. 不同橡木桶培养的葡萄酒调配

橡木桶如同葡萄，既存在品种间的差别，也存在产地间的差别，另外个体间差别也是显而易见的。如：法国橡木、美国橡木以及匈牙利橡木存在显著的差别，另外在橡木桶内培养时间的长短，也会显著改变葡萄酒的风格。因此，对这些由于橡木桶因素造成的葡萄酒需要进行精心调配，方能造出高质量的葡萄酒。

4. 不同产地原酒间调配

一般情况下，不同产地的葡萄酒不进行调配，因为在欧盟原产地保护体系下，产品原料来源必须与标注产地相符。如标注 Appéllation Bordeaux Controlée 的，必须 100％产于波尔多地区；标注 Vin de Pays de France 的葡萄酒必须产于法国，但原料可以来自于法国不同产区；而对于标注 Vin de Table 更为宽松，原酒甚至可以是来自于不同国家。可见，来自于不同产地的原酒只能用于调配成比其原产地低一级的产地标识葡萄酒。在法国，一种葡萄酒商（Négociant－éleveur）的经营模式中，大量的工作就是调配。他们采购葡萄、葡萄酒，生产自己品牌的产品，为了保障质量的提升、稳定、批次间一致，需要进行大量的调配工作。

5. 不同年份原酒间的调配

一般情况下高档葡萄酒不混合不同年份的葡萄酒。但是，作为极个别的特例，如法国的香槟酒（Champagne），西班牙的雪莉（Vinos Jerez/Sherry / Xérès），可以采用不同年份的原酒进行调配。当然，对于大多数葡萄酒企业进行调配葡萄酒，可能涉及上述方法的多种。调配不是简单的原料加、减，调配工作只有原则，没有一成不变的配方，就如同艺术的表达。

第四节　葡萄酒陈年

一、葡萄酒陈年过程中的变化

（一）概述

发酵结束后刚获得的葡萄酒酒体粗糙、酸涩，饮用质量较差，通常称之为生葡萄酒。生葡萄酒必须经过一系列的物理、化学变化以后，才能达到最佳饮用质量。在适当的贮藏管理条件下，我们可以观察到葡萄酒的饮用质量在贮藏过程中的如下变化规律：开始，随着贮藏时间的延长，葡萄酒的饮用质量不断提高，一直达到最佳饮用质量，这就是葡萄酒的成熟过程。此后，葡萄酒的饮用质量则随着贮藏时间的延长而逐渐降低，这就是葡萄酒的衰老过程。因此说，葡萄酒是有生命的，有其自己的成熟和衰老过程。了解葡萄酒在这一过程中的变化规律及其影响因素，是正确进行葡萄酒贮藏陈酿管理的基础。

（二）主要变化

葡萄酒在陈酿的过程中，其酒精、总酸以及糖分基本不会发生变化，陈酿过程中，葡萄酒发生的变化主要表现在色泽、香气以及单宁的口感。

第一，色泽和口感的变化。在葡萄酒的贮藏和陈酿过程中，单宁和花色素苷不断发生变化：氧化、聚合、与其他化学成分化合等。氧气促进这些反应，而二氧化硫则抑制这些反应。由于氧化作用，葡萄酒中花色素苷单体部分由于氧化而沉淀，还有一些与单宁结合，这两种变化都会造成花色素苷呈现的色泽发生变化——酒由原先的鲜亮紫红色转变为红色或棕色，但是这种由花色素苷与单宁聚合体所呈现的色泽是相对稳定的。同时，单宁也在发生着一些微妙的变化，原来生涩的单宁单体逐渐聚合为分子量更大的单宁聚合体，此变化带来的口感变化就是：口感顺滑，不再生涩。

第二，香气变化。香气变化也是陈酿中发生变化的主要表现在生葡萄酒中，应区别两种香味，即果香和酒香。果香，又叫"一类香气"或"品种香气"，是葡萄浆果本身的香气，而且随葡萄品种的不同而有所变化。它的构成成分极为复杂，主要是萜烯类衍生物。酒香，又叫"二类香气"或"发酵香气"，是在酵母菌引起的酒精发酵过程中形成的，其主要构成物是高级醇和酯。在葡萄酒陈酿过程中形成的醇香，又叫"三类香气"或"醇香"，是生葡萄酒中香味物质及其前身物质转化的结果。醇香的物质非常复杂，这是因为醇香的形成是一个非常长的变化过程，一方面，当葡萄酒在大容器中陈酿时，是在有控制的有氧条件下进行；另一方面，葡萄酒陈酿是在瓶内完全无氧条件下进行的。通过这些变化形成了一些新的香气（如林中灌木、杂草气味、动物气味等），而且有的气味是只在开瓶时才形成的——它们只出现在适于陈酿因而浓厚、结构感强的葡萄酒中，它们是葡萄酒包括挥发性物质以外的其他成分深入的化学转化的结果（酯化、氧化还原作用等）。由生化作用形成的醛、醇和酯都在葡萄酒的香气中起作用。

（三）葡萄酒瓶储过程中的沉淀

葡萄酒是一种高度复杂的混合物，也可以说是一种胶体溶液，随着保存时间的延长或者保存条件发生较大的变换，原先溶解状态的物质，就会结晶析出，就是我们通常说的沉淀，酒石（酒石酸氢钾）沉淀是最常见的一种。葡萄酒中酒石酸氢钾的溶解性主要受温度、酒精含量和 pH 的影响。温度越高、酒精含量越低、pH 接近

图 5-19　葡萄酒瓶底形状

3.5，酒石酸氢钾的溶解性就越大。色素与单宁经过氧化后，也是形成沉淀的主要物质来源。葡萄酒装瓶、经过一段时间储存后，或多或少都会出现这样颗粒状、粉末状或者片状的沉淀物，这是一种正常的现象，尤其是一些没有经过冷冻、过滤的葡萄酒，沉淀更是明显，葡萄酒瓶的底部做成凹陷状，也是为了便于收集分离这些沉淀物（图 5-19）。

二、葡萄酒陈年的环境与设施条件

葡萄酒是有生命的，在保存的过程中，其品质会发生变化，无论保存条件如何，这种变化是不可阻止的，但是，变化的速度可以通过调控保存条件加以控制。储存葡萄比较理想的场所是酒窖和酒柜。

（一）酒窖

如果没有商业经营使用需要，单纯的私人酒窖，往往不需要多大，甚至有人在自家别墅的客厅内建造出令人满意的酒窖。建造一个酒窖，需要考虑以下基本条件：

第一，温度。长期储存葡萄酒的理想温度条件是 12~14℃，但是通常 5~20℃温度范围都是可以接受的，只要温度相对恒定。在此范围内，温度越高，酒成熟得越快，反之，温度越低，酒成熟得越缓慢。

第二，湿度。湿度是储存葡萄酒的另外一个重要环境条件，理想的环境湿度为 70%~75%，湿度过大，容易造成生霉、打湿酒标；而湿度过低，容易使酒因挥发损失过快。

第三，光照。保存葡萄酒需要避光，即使由于人的进出需要光照，也应当选用黄光、红光等光源。

第四，气味。酒窖中绝对要避免异味物质，并且应当具备人工强制通风条件，以备不测。

（二）酒柜

居住公寓式楼房的人不具备开凿私人地下酒窖的条件，这也不妨碍私人储存葡萄酒，家庭电子酒柜可以满足这一需求。常见的电子酒柜按制冷方式分类有半导体制冷酒柜、压缩机制冷酒柜。

1. 电子半导体酒柜

电子半导体酒柜就是通过给半导体制冷器接上直流电，通过吸收电热而制冷，几分钟就可以小范围结上一层冰霜。半导体酒柜具有以下几个方面的特点：一是无振动，因为是采用电子芯片制冷系统，无压缩机运行，所以基本无振动；二是无噪音，无压缩机运行，噪音特小，可保持在 30 分贝以下；三是无污染，没有压缩机，无制冷剂，无二次污染；四是重量轻，由于没有压缩机及复杂制冷系统，重量大为减轻；五是价格低，相对便宜。半导体酒柜的缺点是制冷效率低、控温范围有限（很难达到 10～12℃）、对使用环境温度要求高，使用寿命短等。

2. 压缩机制冷酒柜

压缩机制冷酒柜是以压缩机机械制冷为制冷系统的电子酒柜（图 5－20）。压缩机制冷酒柜具有以下几个方面的特点：一是制冷快，压缩机制冷速度较快，重新制冷时间更短，压缩机制冷时间约为半导体制冷时间的 20%～30%；二是制冷效果好，最低温度能到 5℃；温控范围大，一般在 5～22℃。压缩机酒柜受环境温度影响比较小，即使是高温环境，酒柜内温度依然能达到葡萄酒的理想储藏温

图 5－20　电子酒柜

度，而半导体酒柜只能比环境温度低 6～8℃；三是性能稳定，采用压缩机制冷技术，技术成熟，性能稳定，不容易出故障。因为技术成熟，而且一般使用变频技术，压缩机间歇性工作，所以压缩机酒柜使用寿命比较长。缺点是压缩机制冷酒柜往往价格高，重量大。

第五节　葡萄酒享用

一、葡萄酒与健康

葡萄酒在当代中国的传播，可以肯定地说与其被推广的"健康功效"有关。中国人崇尚食疗同源，总是期望在吃的同时，能吃得更健康，以至于在中国形成了一个强大的"保健食品"产业。对于被当成"健康""保健"饮品的葡萄酒，具有良好的接受度。

（一）"法兰西悖论"

谈到葡萄酒与健康，最具有鼓动力的话题是："法兰西悖论"（French Paradox）。20 世纪 70 年代，美国民众备受冠心病困扰，当时民众已经接受的

共识是防控冠心病，应当远离烟草、酒精以及高脂、高热量食物。但"MONICA"健康调查表明，法国人高脂高热量食物摄入量高于美国，而法国的心脏和心血管疾病的发生率、死亡率却比其他地方低。医学家因此做出了理论推理：造成这一现象的主要原因是法国人饮用更多的葡萄酒。美国记者将这个发现制作成了一个"60分钟"谈话节目，在美国引起轰动，极大地促进了葡萄酒在北美的销售与消费。从那时起，科学家们也开始展开研究关于葡萄酒与健康的话题，并且以1997年美国科学家John Pezzuto在《科学》杂志发表《葡萄的天然产物白藜芦醇的抗癌活性》作为标志，关于"饮用葡萄酒促进健康的证据"研究在世界范围广泛展开。恰逢此时，中国消费葡萄酒的热潮刚好到来，葡萄酒甚至被"某某国际组织列为10大健康食品"（尽管无从查其来源）。凡此种种，饮用葡萄酒有益于健康开始在中国广为流传。

（二）葡萄酒中的有益成分

确实，饮用葡萄酒能够促进健康是具有的科学证据的。第一，酒精的影响。有调查表明，习惯性饮酒者比不饮酒者或者酗酒者心脏病发病率都低，葡萄酒中的酒精或许是"法兰西悖论"成因。第二，白藜芦醇的作用。白藜芦醇已经在各种实验中被证实具有抗肿瘤、减少脑细胞氧化应激、减少脑缺血自由基损伤、减少抑郁症、延迟老年痴呆症发生以及抗炎等作用。第三，多酚的作用。尽管关于白藜芦醇的医学研究更为详细，但是葡萄酒中白藜芦醇的含量似乎不足以解释"法兰西悖论"。也有研究人员研究发现，葡萄酒中的原花青素以及单宁等多酚物质也具有抗氧化、减少心脑血管疾病发病的作用，并且，葡萄酒中这些物质的含量很显著，即使两杯红葡萄酒（125毫升/杯）就含有足以产生效果的剂量。

毋庸置疑，饮食肯定会影响健康，但是这种影响是复杂的，单一食物的影响是难以成立的。非要说葡萄酒与健康有某种关系，如果能在法国生活一段时间，或许你会把这种简单推理修正为：与其说饮用葡萄酒促进了健康，倒不如说有葡萄酒的生活方式促进了健康，这样说会更令人信服。

（三）葡萄酒与健康

怎样解释那个诱人的"法兰西悖论"更客观呢？无论是什么关于饮用葡萄酒促进健康的研究，都是以法国人作为正面的研究对象，我们不妨把法国人的所有饮食习惯、生活方式罗列一下，看看除了葡萄酒以外，是不是还有能降低其心脑血管疾病发病的因素。研究人员指出，"法兰西悖论"或许与法国人的下述饮食习惯有关：脂肪摄入主要是来源于乳制品，如奶酪、全脂奶、酸奶等；食用大量的鱼；少食多餐并且主张慢餐的进食习惯；低糖饮食（与此相反的是，美国人喜爱低脂甚至无脂但是高糖食物）；正餐间不吃零食；很少进食美国人通常大量食用的苏打饮料、油炸食物、零食、加工的半成品食物等。因为有了这样的饮食结构和饮食习惯，即使不怎么饮用葡萄酒的法国人，也很少像美国人一样出现体重超标的问题。所以我们有理由认为，法国人相对健康的心血管不只是因为他们饮用葡萄酒。葡萄酒对健康有益，但不应夸大其对健康的作用。

二、葡萄酒具

（一）开瓶器

开启葡萄酒瓶需要专门的开瓶器——有时也被称作酒刀（图 5－21）。当然，也有越来越多的葡萄酒使用螺旋盖等新的封堵方式，可以徒手开启。普通开瓶器主要由两个部分构成：螺旋状锥和手柄——螺旋锥用于钳住软木塞，通常是金属材质，要求坚固，不易变形；手柄与螺旋锥呈垂直，要求具备一定强度，这是最简单的 T 形开瓶器。有人开玩笑说：葡萄酒本是劳动人民的一种饮料，所以早期的开酒器就这么简单，因为开酒的人力气很大，没有问题。后来，喝酒的人"退化"了——有很多不再是体力劳动者，而是手无缚鸡之力者，所以出现了"侍酒师之友"这样省力气的开瓶器。

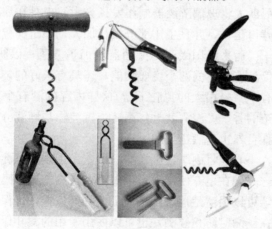

图 5－21 各种类型开瓶器

其他的开瓶器都是在这种基本结构上演变而成，尤其是增加了借助杠杆原理的支杆，可以使开瓶的动作更为优雅。在这个支杆的对角处，又增加了一个用来割胶帽的小刀片。在各种酒刀中大名鼎鼎的是"侍酒师酒刀"，但不适合初学者使用。

开启老酒时，既需要技术，更需要适合的工具，因为老年份的葡萄酒，其软木塞可能很脆、失去弹性，容易断塞或掉渣。有些酒不仅酒特殊，开瓶器也很特殊，比如老年份的波特酒开瓶器，更像是一个火钳，烧热后夹在玻璃瓶的颈脖处，然后用湿凉毛巾裹住，瓶颈的玻璃经历短时的热、冷而断裂开来，免去木塞掉渣的苦恼。如果开启的酒是老年份的酒，或者明显出现酒石、色素沉淀物的酒，需要将酒瓶小心地由存放处平移至酒筐内进行上述操作。

（二）醒酒器

醒酒器的主要作用有两个：滗酒与醒酒（图5-22）。

图5-22　各种醒酒器

古罗马人就已经开始利用玻璃加工醒酒器了，只是随着罗马帝国的衰落，玻璃加工技术也受到影响，才出现银质、金质以及铜质等其他材料的醒酒器。文艺复兴后，威尼斯人将玻璃醒酒器制作发扬光大，也是在那时，威尼斯人将玻璃质醒酒器细脖口延长，并且主体部分横径加大，那时的醒酒器的形状已经很接近今天的样子。后来英国人又将醒酒器增加了塞子，以防止香气的损失。现在，醒酒器不仅具有上述的两个主要功能，还具有很好的装饰效果。

醒酒器往往有个直径很大的"肚子"，这样内存的酒有个很大的表面积以促进酒释放出复杂的香气。滗酒就是将酒瓶内沉淀物与酒液分离开来。醒酒要透气，滗酒的过程自然也是酒透气的过程。

将酒开启后，小心地将酒缓慢倒入醒酒器，为了观察沉淀物的位置，可以点燃一根小蜡烛——现在也有使用专用手电筒，将酒瓶置于眼睛与蜡烛的中间位置，透过光源，可以很清楚地看到瓶内沉淀物的位置，确保沉淀物不会进入醒酒器内。为了在倒酒时防止溢酒，也可以使用专用的漏斗以及过滤网。

醒酒器使用后应当尽快使用温水冲洗干净，清洗时不要使用清洗剂，因为其形状特殊，很难洗净残留物。如果需要清理或者擦拭内部某个部位，可以使用潮湿的亚麻布卷成细卷塞进瓶颈，转动清理。或者使用专门的尼龙刷（不能使用金属丝刷）清理。如果污垢较多，可以装入专门的不锈钢珠，然后晃动醒酒器来完成。

（三）酒杯

葡萄酒杯由三个部分组成：杯身、杯脚和杯托，通常为透明、无色的玻璃杯或水晶杯（图5—23）。餐桌上用的葡萄酒杯有时会进行雕刻或者装饰，而品酒杯则不允许有这些装饰。品酒杯的标准是由法国标准化协会（AFNOR）制定的，目前国际上采用的是 NFV09—110 号杯。标准品酒杯由无色透明的含铅量为 9% 左右的结晶玻璃制成，不能有任何印痕和气泡；杯口必须平滑、一致，且为圆边；能承受 0~100℃ 的温度变化，容量为 210~225 毫升。标准品酒杯是一种通用品酒杯，适合品鉴各种类型葡萄酒。如果条件允许，品酒杯的选择还可因葡萄酒的类型不同而不同。至少可以区分为起泡酒杯（习惯上称香槟杯）、白葡萄酒杯、红葡萄酒杯以及烈酒杯。

图5—23　不同类型酒杯

1. 香槟杯

香槟杯有两种常见类型：细高杯身称为笛形香槟杯（Flute）和广口矮身称为香槟碟（Coupe 或者 Saucer）。因为香槟酒也可以被视为白葡萄酒，所以郁金香形杯身的白葡萄酒杯也适合饮用香槟。香槟碟由于杯身浅而口广，因此气泡散失很快，对于早期甜型香槟尚可，但是不适合享用干型的香槟，现今多在婚庆搭建香槟塔时使用。这种酒杯最早于 1663 年出现在英国。笛形香槟杯延长了杯身，缩小了杯口，减缓了气泡散失的速度，细长的杯身为饮用者观察连续不断、串串、丝丝的气泡创造了条件。香槟杯虽然美观，但是由于过于细高，在酒会中经常会出意外。新世纪革新不断，笛形香槟杯被做成了双层玻璃杯，一方面基层中的空隙延缓酒液的升温，更重要的是，内层仍然保留原先笛形香槟杯的形状，而外层被加工成圆柱状，拿捏自如。

2. 红葡萄酒杯

红葡萄酒杯往往个头比较大，就其自身而言，杯身横径与杯高比较大，是为了有利于葡萄酒接触空气，经过氧化后释放出更为丰富的香气。常见的红葡萄酒杯有两种风格：波尔多型与勃艮第型。后者拥有更为宽广的杯身，而杯口沿外翻。

3. 白葡萄酒杯

白葡萄酒香气脆弱，因此品饮白葡萄酒酒杯杯身横径与杯高比介于笛形香槟杯与红酒杯之间，对于那种口感复杂、香气丰腴类型的白葡萄酒，宜选用杯口相对宽的白葡萄酒杯，而对于口感清爽、酸度较高类型的白葡萄酒则相反。

三、葡萄酒服务

图 5—24　静止葡萄酒开瓶演示图

(一) 静止葡萄酒开瓶步骤（图 5—24）

（1）割胶帽。

（2）清理瓶口。

（3）将酒刀的螺旋锥旋入瓶塞。需要把握两个原则：螺旋锥旋入瓶塞后要保持垂直，并且尽量在瓶塞中央。

（4）拔出瓶塞，利用瓶口为支点，将瓶塞拔出：先用一手将酒刀支杆短节固定在瓶口，另一只手抬升手柄的远端，瓶塞被拔出一截后，松开固定支杆的手，下压已经抬起的酒刀手柄，再次将酒刀支杆的长节固定在瓶口，再次抬升手柄的远端，及至瓶塞即将被完全拔出时，手捏住瓶塞，轻轻拔出，以防止瓶塞掉渣。

（5）再次清理瓶口。将瓶塞旋下，置于盘中以备展示给客人，再次用干净口布擦拭瓶口。

（6）试酒。侍酒师首先进行品尝，确认酒质完好时，再由主人或主人指定的人进行品尝，以确认。

(二) 起泡葡萄酒开瓶步骤

开瓶的过程中注意，起泡酒开启前一定避免摇动，起泡酒瓶内压力很大，如果任塞子自由飞出是很危险的（图 5—25）。

（1）割开或者撕开铝帽。

（2）解开金属丝。将瓶塞向外倾斜，指向无人、无易损物品之处。一手拇指按住瓶塞，其余四指握住瓶颈，另一只手小心解开绑扎塞子的金属丝，确认塞子稳定（不会飞出），去除金属丝、金属盖；如果不能确定塞子的状态，也可不去除。

图5—25　气泡酒开瓶演示图

（3）拔塞。一手拇指与中指、食指扣住塞子，无名指与小指抓住瓶颈，另外一只手握住瓶底，双手向相反方向转动，当塞子即将弹出时，握塞子的手轻轻翻转手腕，以降低塞子弹出瓶口造成的响声。

（三）正确的饮用温度

不同类型的葡萄酒，其风味口感在不同的温度下表现不同，通常酒体薄、酸度高的葡萄酒需要在相对低的温度下饮用，酒体重、酒度高的葡萄酒需要在相对高的温度下饮用。简单地说按照甜葡萄酒、起泡酒、白葡萄酒、红葡萄酒分，不同类型的葡萄酒最佳饮用温度大致在4～18℃范围依次升高。但是，这只是一般原则，视具体酒的特点可能有些差异，比如：意大利的普洛塞克起泡酒，年份香槟同为起泡酒，但是二者适宜饮用温度差异很大，前者通常6～8℃即可，而后者往往需要在10～12℃下饮用。

表5—2　常见的葡萄酒适宜饮用温度

葡萄酒类型	举例	适宜饮用温度（℃）
酒体偏轻的甜酒	德国的TBA，波尔多贵腐	6～10
白起泡葡萄酒	五年份香槟	6～10
香气浓郁酒体偏轻的白葡萄酒	雷司令，长相思	8～12
酒体饱满的甜酒	马德拉酒，奥罗索雪利酒	8～12
红起泡酒	西拉起泡酒	10～12
中等酒体的白葡萄酒	夏布利，赛美容	10～12
酒体偏轻的红葡萄酒	宝祖利新酒，普罗旺斯桃红	10～12
酒体饱满的白葡萄酒	橡木桶陈酿霞多丽，隆河谷白葡萄酒	12～16
中等酒体红葡萄酒	特级勃艮第，桑吉维塞	14～17
酒体饱满红葡萄酒	赤霞珠，内比奥罗	15～18

（四）饮用顺序

如果一次品饮多款葡萄酒，那就需要确定先后顺序——当然如果你是整箱饮用，就不需要这么麻烦了。给多款葡萄酒排序的基本原则是：由轻到重，就是说香气与口味由轻到重。如果是不同类型的葡萄酒，往往是按照这样的顺序品饮：起泡酒－白葡萄酒－红葡萄酒－甜葡萄酒，同一类型中，年轻的在先，老酒在后。

四、葡萄酒配餐

（一）餐配酒——餐酒是伴侣

如果以葡萄酒风味特点为出发点，选择与之搭配的餐食，需要在考虑葡萄酒酸度、甜味、单宁以及葡萄酒的香味特点之后进行。

1. 酒的酸度

葡萄酒通常具有显著的酸度，口味比较强烈的食物、鲜嫩的食物或者具有奶油汁的食物，都是搭配具有较好酸度的葡萄酒的佳选。比如口味比较强烈的鸭肉搭配酸度突出的红葡萄酒，贝壳类海鲜搭配清爽的白葡萄酒，奶油意大利面搭配酸度好的葡萄酒等。相反，酸度低的葡萄酒需要带有酸味的菜肴，但是，要注意菜品过高的酸也会破坏葡萄酒原有的平衡口感，特别是加了醋的各式沙拉或酸菜，最好搭配口味中性的桃红葡萄酒，尤其是半干型葡萄酒。

2. 酒的甜味

甜葡萄酒当然需要搭配甜食享用，但是有时也可以搭配鹅肝酱、蓝莓奶酪或者带有辣味的菜品。带有甜味的菜品不能搭配干型的葡萄酒，除非是酒精度很高的葡萄酒。

3. 酒的单宁

葡萄酒具有明显的涩感，产生这种涩感的主要是各种酚类物质，其中主要是单宁。红葡萄酒单宁也是其口感骨架的构建成分，这种涩感能很好地搭配肉品坚硬的口感。所以，通常用红葡萄酒搭配肉菜，也就是我们习惯上说的"红肉配红酒"。如果红葡萄酒搭配过甜、过咸的食物，会使酒的涩感加重。

4. 酒的香味

如果酒的香气比较突出，那么选择与之搭配的餐食之气味，也要与之协调。香气重的菜肴，可以用来搭配香气浓的葡萄酒，比如，用哈密瓜搭配琼瑶浆或者玫瑰香、威欧尼，不仅能获得良好的口感，香气也很和谐。同样道理，搭配香辣的川菜，可以考虑半干或半甜的雷司令、琼瑶浆。

（二）酒配餐——酒是主角

如果以餐食风味特点为出发点，选择与之搭配的葡萄酒，不仅要考虑食材原味，还要考虑酱汁以及加工手法的影响，亚洲餐食更是如此。

1. 菜品味道浓淡

选择配餐的葡萄酒与所搭配的菜肴味道浓淡的差距不能太大，味道清淡的菜肴自然应与口感清淡的葡萄酒搭配，反之亦然。如果用口味清淡的葡萄酒搭配具有浓甜酱汁的菜品，会使葡萄酒更加淡而无味；或者用口感细腻雅致的菜品，伴以口感粗犷浓重的葡萄酒，菜品之细致优雅则荡然无存。

2. 肉色

肉色原则就是通常说的"白酒配白肉，红酒配红肉"的基本原则。白肉通常包括海鲜、鸡肉、鱼肉，还包括猪肉和小牛肉；而牛羊肉、野味以及鹅肉、鸭肉则是通常意义上的红肉。白肉味道清淡，如果加工时忠于食材原味，选用酱汁清淡，需要搭配味道清淡的白葡萄酒，如用白葡萄酒搭配日餐；红肉味道浓重，有时又有腥膻之气，加工时需要用浓酱汁，因此适合搭配口感厚重的红葡萄酒，如用隆河谷红葡萄酒搭配野味。白酒配白肉，红酒配红肉，这个原则只是在菜肴的烹调手法使肉食忠于原味的情况下才成立，使用五花八门调味料进行烹饪的亚洲餐食则另当别论。

3. 香料

菜肴中香辛料的香气往往是葡萄酒的杀手，添加香料的菜肴需要香气浓郁，口感浓重，甚至带有甜味的葡萄酒搭配。前文提到的原则下不能搭配红葡萄酒的食材，比如海鲜类，当添加了香料烹饪后，也能搭配一些红葡萄酒；添加了许多葱、蒜等调料的菜肴通常难于搭配葡萄酒，选用酒精度高的浓厚白葡萄酒或许会有意外收获。

4. 辣味

亚洲餐很多具有辣味，前文提到，川菜馆中搭配辣味的经典饮品是酸梅汤，那么选用酸度明晰、口味清淡、饮用温度偏低的葡萄酒，肯定不会有错。

5. 甜味

带有甜味的菜品，肯定需要带有甜味的葡萄酒与之搭配，但是，除了甜之外，还要考虑菜品口味的其他特点。比如，搭配东坡肉微甜、嫩滑以及油质的口感，选用半甜的雷司令；而配有黑巧克力食品，只能是选用高酒精度、带有甜味的红葡萄酒。

第六章

推进北京葡萄文化创意产业发展

第一节　文化创意产业发展重要性

一、创意产业的概念

创意产业是无边界产业，它可以融合到任何产业里，并以一种新的思维方式提供新的发展模式，实现产业的创新。创意农业借助创意产业的思维逻辑和发展理念，人们有效地将科技和文化要素融入农业生产，进一步拓展农业功能、整合资源，把传统农业发展为融生产、生活、生态为一体的现代农业，即现在所谓的创意农业。农业创意产业是农业与文化创意产业的融合产物，当现代农业遇到文化创意产业，农业文化创意产业便应运而生了。农耕文化的多样性、现代农业的多功能性、消费需求的多样化是现代农业与文化创意产业融合的主要基础。

约翰·霍金斯在他的《创意经济》中认为，创意是有两个阶段，一个阶段是和个人的成就相关，属于个人，是人类所共有的，就是我们所说的社会和文化。在这个阶段就体现了创意的两个特性：个人性和独创性。创意的最初是从一个人的头脑中创造出来，它是全新的或者是对业已存在的东西的再造。另外一个阶段，创意是可以生产出产品。创意的意义在于创意对于自身还是其他人或组织都有实际的应用价值。当创意的价值意义不断的扩大，通过产品将创意的价值体现，并且通过创意，使产品的价值也在不断提升，创意就成为了一种产品，最后形成了创意产业，也是创意的第三个特性——有意义。而这两个阶段的关系是第一种创意不一定转换出第二种的可以制造出产品，但是第二种创意需要第一种作为前提，从而产生了创意产业。

创意产业或称创意经济是将具有独创性想法、主意或点子进行产业化，并形成价值带来就业的产业。基于此，联合国教科文组织对创意产业界定为：按照工业标准生产、再生产、储存及分配文化产品和服务的一系列活动。但各国根据自己政治经济文化背景，都有着自己的理解。文化经济理论家凯夫斯对创意产业给出了以下定义：创意产业提供我们宽泛地与文化的、艺术的或仅仅是娱乐的价值相联系的产品和服务。它们包括书刊出版、视觉艺术（绘画与雕刻）、表演艺术（戏剧、歌剧、音乐会、舞蹈）、录音制品、电影电视等。霍金斯在《创意经济》一书中，把创意产业界定为其产品都在知识产权法的保护范围内的经济部门。知识产权的产生和开发是具有创造财富的巨大潜能的文化产业。而创意经济的先驱，著名德国经济史及经济思想家熊彼得早在 1912 年就明确指出，现代经济发展的根本动力不是资本和劳动力，而是创新，创新的关键就是知识和信息的生产、传播、使用。

从文化经济学角度，美国经济学家理查德·凯夫斯将创意产业作为一门新的经济学来研究，创意产业是提供广泛与文化、艺术或与娱乐价值相联系的产品和服务的产业。从城市创意产业集群的实证研究角度，Weiping Wu（2005）认为，创意产业是依赖于个人创造力和天分不断推动产品和工艺的发展和创新的一系列知识密集型产业，用产业经常被专利授予的数目来衡量。从创意产业的发展路径的角度，金元浦（2005）认为，创意产业是以高科技手段为支撑，以网络等新传播方式为主导的文化艺术与经济全面结合的新型产业。从创意产业的主要来源的角度，王缉慈（2005）认为：创意产业界是具有自主知识产权的创意性内容密集型产业。从创意产业特征的角度，张京成（2006）认为：创意产业是具有一定文化内涵，来自人类的创造力和聪明才智，并通过科技的支撑作用和市场化运作可以被产业化的活动的总和。综上可见，各国学者虽然从各个角度出发来界定创意产业的概念，但对其理解都非常相近，均强调了创意产业的内涵关键是创意和创新，是创意产业三个关键要素产业源泉、产业路径和产业社会效果的核心源头，并认为创意产业可以与任何产业自由融合，与之产生出科技附加值高、文化附加值丰富、创新度新颖的产业创意产业。

二、发展创意产业的必要性

创意会衍生新技术、新产品、新市场和财富产生的新机会，是实现经济发展的新动力源泉。发展文化创意产业，有助于保持经济增长和培育新增长点。2006 年全球创意经济的总产值为 3.2 万亿美元，约占世界贸易额的 8％，到 2010 年达到 4.6 万亿美元。文化创意产业正成为继资本、技术之后推动经济转型增长的重要驱动因素。文化创意产业在对国民经济中各产业进行渗透、融合和优化，改变产品的观念价值，创造新技术、新产品和新市场的同时，创造出更大的社会财富。

文化创意产业还具有软驱动取代硬驱动、价值链取代生产链，以及消费导向取代产品导向的内在特征，有助于加快经济增长方式的转变，推进集约型经济增长。在金融危机中，文化创意产业是转变经济增长方式的"加速器"，是培育经济增长亮点的"孵化器"，是促进经济复苏的"助推器"。创意产品富有精神性、文化性和娱乐性，能改变居民消费观念，增进服务型消费，优化消费结构。发展文化创意产业，有助于扩大内需和消费升级。文化创意产业改变了传统产业的生产销售模式，以消费需求为导向，以科技创新为手段，通过价值创新提升产品的观念价值，引导生产和消费环节的价值增值，使其更富有精神性、文化性和娱乐性。当前，我国城乡居民消费水平总体上应迈向发展性和享受性消费阶段，对文化艺术、休闲娱乐、网络服务、时尚设计等精神消费需求将日益增长。然而，目前我国人均文化消费水平只是发达国家的 1/4，以文化创意产业为代表的"新兴服务业"远没有发挥应有的作用。

发展文化创意产业不仅有助于启动城乡消费市场，而且有助于优化城乡消费结构，增进服务型消费，对于扩大内需和实现消费升级大有作为。文化创意产业具有高知识性、高融合性、低资源消耗的特点，能加速第一、二产业的"三产化"和第三产业内部结构合理化。发展文化创意产业，有助于调整结构和产业升级。从产业属性上看，文化创意产业本身既是生产型服务业，也是消费型服务业，不仅包含设计、研发、制造、销售等生产销售领域的活动，而且包含艺术、文化、信息、休闲、娱乐等消费领域的服务。其中，创意农业就是一个典型案例。它是以传统农业生产为重要依托，咨询策划、金融服务、旅游餐饮等现代服务业为支撑，带动了服装服饰、玩具箱包、纪念品等加工制造业的发展，实现了传统产业与现代产业的有机嫁接，第一、二、三次产业的融合互动，推动传统单一农业和农产品食用向现代创意服务和时尚创意产品的转化。文化创意产业加速了产业融合，提高了第三产业占 GDP 的比重，推进了以创意产业为代表、服务性产业为主导的现代产业体系建设。

创意产业的核心是设计。大力发展创意经济和设计产业，有助于我国制造业在金融危机中升级换代，改变"低成本、低附加值、低端市场"的发展模式，实现"中国制造"向"中国创造"的转变。设计能提升产品价值，是创意设计产业经营的价值所在。我国制造业长期以来的"低成本、低附加值、低端市场"发展模式，导致其"大而不强，快而不优"，迫切需要引入创意设计来推动"中国制造"向"中国创造"的转变。

把设计作为提高技术创新水平和企业竞争力的战略工具，可以使我国企业改变依赖模仿的思维惯性，通过开发差异化产品来增加产品附加值和提高市场占有率。据美国工业设计协会调查统计，美国企业平均工业设计每投入 1 美元，销售收入为 2 500 美元；在年销售额达到 10 亿美元以上的大企业中，工业设计每投入 1 美元，销售收入甚至高达 4 000 美元。我国"十一五"发展规划纲要明确提出"要鼓励发展专业化工业设计"。这一战略性决策标志着我国政府已充分认识到设计在创意产业中的核心地位。发展设计产业是实现"中国创造"的重要途径，是实现产业升级和结构调整的必然选择。

创意企业具有活跃的创业创新活动内容，创意人才富有创造激情。发展文化创意产业，有助于企业培育创业创新精神，激发全社会的创业创新热情。创意本质上就是一种创新，其创新活动伴随着创意企业生产和营销的整个过程。在将创意市场化的过程中，创意产业的发展本身就在鼓励创业、激励创新。创意产业是创意市场化、产业化的产物，是技术、经济和文化相互交融的结果，是创新要素与金融资本相结合，向企业集聚的结晶。创意成果的产生离不开创意人才的创新精神；而创意财富的实现，更离不开由创意企业家主导的，以创新型企业为主体的创业活动。与其他产业相比，创意企业的创业活动显得更活跃。

三、文化是创意产业发展的源泉

创意和文化的融合，文化是创意产业的创造源泉。文化的经济意义和对社会生产发展的推动作用变得越来越突出。文化在国民经济中所占的比例不断增大，对国民经济贡献率日益提高，因文化产业的发展而形成的经济活力越来越明显。在许多情况下，文化的发展不仅自身创造了雄厚的经济效益，而且成为带动一国经济发展的重要的原动力。比如韩国认定文化是 21 世纪最重要的产业之一，基于这样的战略思考，韩国大力发展文化产业，用文化产业来带动和推进整个国民经济的发展。1995 年韩国电影出口金额只有 21 万美元，2001 年已高达 1 100 多万美元。电影产业出口额在 2005 年达到历史最高值（7 600 万美元）之后，2006 年减少为 2 500 万美元。2011 年音乐产业出口额为 1.961 亿美元、韩剧出口额为 2 亿美元、电影产业出口额仅有 1 582 万美元。现在韩国已成为公认的文化产品出口大国，并借助文化之帆拓展市场，迅速实现了经济的再崛起。可见，文化产业在国民经济中的地位越来越重要，它已成为世界经济发展的支柱产业之一。

文化在经济发展中越来越成为一个关键性的因素。社会越发展，经济越发达，文化的作用越突出。美国学者亨廷顿在冷战结束后，曾有一个很著名的观点：21 世纪的竞争不再是经济的竞争、军事的竞争，而是文化的竞争。产业文化，是指现代产业发展中文化要素、科技要素越来越具有举足轻重的作用。在工业发达国家，高科技、高文化大量进入产业，使当代产业结构发生根本性变化。

世界各地都在积极发展创意产业，农业方面更是极为丰富，特别是以葡萄文化为基础的葡萄创意产业，更是迅速发展起来。

第二节　世界葡萄文化创意产业发展

一、国外主要葡萄节

以农业命名的节日叫农业节。这里的"农业"是大农业的概念，除了农林牧副渔各业外，还包括农业文化、民族风情等。但农业节多以当地的特色农业品种进行命名，节日的时间一般选在这一农业品种成熟、采摘的某一天或一段时间。农业节具有区域性（某地）、连续性（年年）、固定性（某天或某几天）、专业性（某一品种）、社会性（政府主办、社会参与）等特点。传统的农业节多局限农产品贸易、庆丰收。现代农业节多以农为媒，在突出某一品种农产品促销的同时，还开展多方位的贸易洽谈，进行旅游活动，宣传推介区域形象。农业节已成为农民增收、农产品促销、发展当地经济、树立地区形象的有力举措。

（一）法国波尔多葡萄酒节

法国葡萄种植与酿酒历史达 2 000 多年，有丰富多元的葡萄酒种类和整体优越的品质，加之有得天独厚的土壤、温度和气候条件，形成丰富多元的葡萄酒种类和整体优越的品质。法国葡萄注重实行区域化种植，培育地方特色。由于长期的栽培，形成了各式各样最优质的品种和品种的区域化种植技术，再加上传统与现代并举的酿造工艺以及严格的品质管理系统，共同建立了法国这个令人向往的葡萄与葡萄酒天堂。法国 13 个大葡萄产区内有百十个分区，每区都有 2～3 个符合自己自然条件的区域优良品种及其酿造的各式各样的葡萄酒。

波尔多区（Bordeaux）是法国葡萄主产区。曾经有人这么说："如果没有喝波尔多葡萄酒，就无法成为葡萄酒专家。"波尔多既是一座城市又作为酒的名字，迄今为止是法国最大的精品葡萄酒产地，并且被视为法国著名的产区。波尔多区位于法国西南部，加龙河、多尔多涅河和纪龙德河地区。该区地域广大，东西长 85 英里，南北 70 多英里，有葡萄园近 110 220 万公顷，年均产酒 7 亿瓶左右。波尔多酒享誉全世界，红酒不浓不淡，细腻而不会有太浓的酒精味，颜色多呈美丽的红宝石色泽，而且上佳的红葡萄酒具有愈陈愈好的特质。主要产区为：美道区（Medoc）、圣爱米伦（St-Emilion）、玻玛络（Pomerol）、格拉夫（Graves）、索坦（Sauterne）。在波尔多，几乎所有的波尔多红酒都由不同的葡萄品种混合酿制而成，主要为赤霞珠，以及一定比例的美乐以及品丽珠。

波尔多素来享有"世界葡萄酒中心"的美誉。1998 年，波尔多市市长阿兰·朱佩（Alain Marie Juppé）在这个联合国教科文世界遗产腹地首次创办波尔多葡萄酒节。从此，每年的 6 月底，波尔多近万个酒庄有了同一个精彩的节日。节庆期间，各葡萄庄园免费向世界各国游人开放，游客可自由采摘品尝到新鲜的葡萄，并自愿为庄园主采收葡萄，还允许用葡萄互相投掷嬉戏取乐或到盛满葡萄的大木桶中跳上几跳，踩碎桶中的葡萄（此为酿造葡萄酒的一道工艺），帮着一起酿造葡萄酒，更可以品尝到最鲜美的葡萄酒，给游客带来无穷的乐趣。波尔多葡萄酒节除可品尝各种知名葡萄酒外，亦同时提供一个机会，让旅客到访这著名葡萄酒出产区及其知名酒庄。

（二）匈牙利葡萄节

匈牙利四周为陆地，是典型的大陆型气候，夏季酷热冬季严寒，西部大湖巴拉通湖（Balaton）为欧洲最大湖泊，是该国重要的葡萄酒产区之一。匈牙利秋季特殊的气候，惯有的阴霾常笼罩天际，有利于酿造出可口的贵腐甜酒。匈牙利海拔最高的马特拉山的山麓地带风光秀丽，并拥有该国最大的葡萄种植区，面积达 7000 公顷。此地的葡萄酿酒业历史悠久，形成于 13－14 世纪之间，15 世纪时已经产生有组织的葡萄酒贸易。匈牙利最重要的 4 大葡萄酒产区：马特拉、埃格尔、布克、杜卡伊。东北部地区以生产优质葡萄酒而闻名，主要是得益于这里的土壤、地形和气候十分适合葡萄的种植。

匈牙利托考伊镇地区，是举世闻名的葡萄产地，这里的葡萄园漫山遍野，简直是一个"葡萄世界"。托考伊葡萄园坐落于匈牙利首都布达佩斯东北部大约 200 公里的地方，靠近斯洛伐克和乌克兰。大部分的土壤都是由黏土构成，但是，靠近南部的大部分土地特别是托考伊山麓还有黄土成分。黏土和黄土的土壤组合种植的葡萄可以酿造酒体圆润、香气充足并且酸度较低的托考伊葡萄酒。托考伊人民早在 1 000 多年前已开始种植葡萄，他们为本地能够出产优质葡萄而感到自豪。1945 年后，在每年的 10 月间葡萄收获的季节举行隆重的庆祝活动，欢庆"葡萄节"。节日期间，托考伊镇沉浸在一派热闹而欢乐的气氛之中。街道两旁鲜艳的彩旗和彩带迎风飘扬，商店的橱窗布置一新，很多小商小贩在自家门前挂起醒目的招牌，向国内外游客兜售经过多年酿制的上乘优质葡萄酒。大街小巷熙熙攘攘，人山人海。人们身着节日的盛装，喜笑颜开，相互间致以节日的问候。居民家家户户都用花朵、花束装饰得非常漂亮。节日的上午，要举行浩浩荡荡的彩车大游行，整个托考伊镇一片欢腾。用丰硕的葡萄和彩画装饰的一辆辆彩车在大街上缓缓前进，精神抖擞、面带丰收喜悦的小伙子们或骑着威武雄壮的骏马，或迈着矫健整齐的步伐随着彩车前进，打扮得花枝招展的姑娘们则载歌载舞跟在后面。节日的下午和晚上，托考伊镇变成群众性歌舞的海洋。大街上、公园里、剧院前，人们尽情地跳着各种优美的舞蹈。而最迷人的舞蹈是"葡萄收获舞"，一群姑娘以丰富的感情、优美的舞姿采撷葡萄，将丰收后的喜悦心情以及对美好生活的向往情真意切地表现出来，博得观众们的阵阵掌声。这种群众性的歌舞场面通宵达旦，热闹的狂欢场面一直要持续到次日清晨。

（三）瑞士葡萄节

瑞士的葡萄酒历史非常悠久，至少可以追溯到罗马时代。一些考古发现证明，瓦莱州的葡萄酒历史在罗马时代之前就存在了。在桑希朗谢附近的一座公元前2世纪的古墓中，人们发现了一些陶瓷的罐子，上面的铭文证实这些罐子是盛放葡萄酒的。瑞士23个州里有20个州的葡萄种植面积达到15 000公顷。葡萄园都是沿湖泊建立，为的是利用河流经过而产生的小气候。根据瑞士联邦农业局的统计，2009年瑞士的葡萄酒产量已超过1.1亿升，其中约52％为红葡萄酒。

每年9月底至10月初即开始"香气四溢"的葡萄酒节庆祝活动。其中较为难得的是韦维市的庆典，要隔好多年才举行一次（要在葡萄未成熟时由专业人士考证是否是丰收的年头）。韦维市位于日内瓦湖畔，是瑞士的著名葡萄产区，当地的葡萄节源于12世纪，葡萄节为这座具有"医治国际政治创伤的医院"之称的城市，添上了浓艳的一笔。节日里还会有世界各地的人前来参观。活动主要形式是长长的游行队伍，由6匹大马拉着金色大型马车开路，上坐"酒神"巴克斯，车上有酒桶和成捆的葡萄藤蔓，仙女般的"丰收女神"舞行其后，队伍都穿古代服装，高唱《葡萄曲》，青年男子高举大旗，威风凛凛。在一个大的露天场所，有一个最有象征意义的仪式，酒神和女神向葡萄果农赠送金桂冠。几千名的演艺人员和群众载歌载舞。

那沙泰尔是瑞士酒乡之一，大约从10世纪即开始栽种葡萄、酿制葡萄酒。从1925年开始，居民们以节庆活动来表达对葡萄的尊重及喜爱。每年9月末至10月初的一个周末，那沙泰尔州的人们举办传统的华丽的葡萄节（一年最好的产品——葡萄酒），表示对葡萄酒和葡萄园的敬意。这样的庆祝活动从星期五到星期天通宵进行，很多装饰物布满了广场和城市的中心街道，数千名观众在感叹游行活动和装饰品的同时也沉浸在欢乐中。孩子们的游行活动在星期六下午进行，晚上本地及被邀请的外来乐队将展开游行活动。星期天下午有大型葡萄节游行活动，用鲜花铺衬镶有许多装饰物的马车，是乡村人们通过想象力表现出来的平凡而美丽的主题。由乐队助兴，幽默且具有特色的各种团体掀起了阵阵高潮。

二、葡萄酒庄

（一）葡萄酒庄的概述

酒庄已经不仅仅是一个生产葡萄酒的地方，更是一位人类发展历史的见证者，一种对待生活的态度和理念，一种信仰，一种人与自然和谐相处的哲学，形成一种独有的酒庄文化。随着葡萄酒市场的发展以及葡萄酒文化的推广，酒庄文化深受社会关注。酒庄的定义和文化起源于法国，它是一个葡萄酒的生产单位，拥有自己的葡萄园，在葡萄园内精工细作，严格控制产量，且必须使用自己葡萄园内的葡萄进行生产、酿造、灌装等生产过程全部在本酒庄内完成，生产的葡萄酒体现本地风土的独特风味。即种在酒庄，酿在酒庄，灌在酒庄，一瓶酒在上市销售之前所经历的"生活"都在酒庄内实现。在酒庄里，人类敬畏自然、尊重自然、回归自然，人与自然如此亲近，小心呵护着上帝赐给人类最美好的礼物——葡萄酒。大部分酒庄的庄主都会参与酒庄的生产过程，而且酒庄生产活动大部分时间都是在葡萄园里，所以拥有一个酒庄又被称为"贵族们的农民生活"。

（二）有代表性的葡萄酒庄

1. 法国葡萄酒文化

"一串葡萄是美丽、静止与纯洁的，但它只是水果而已；一旦压榨后，它就变成了一种动物，因为它变成酒以后，就有了动物的生命。"法国的葡萄酒文化是伴随着法国的历史与文明成长和发展起来的。葡萄酒文化已渗透进法国人的宗教、政治、文化、艺术及生活的各个层面，与人民的生活息息相关。作为世界政治、经济与文化大国，法国葡萄酒文化也影响着全世界人们的生活方式与文化情趣。

"Cru"是一个非常古老的法语词汇。法国著名的葡萄酒大师埃米尔·比诺（Emile Peynaud）在他的著作中对"Cru"这个词描述到："我们获得这个古老的法语词汇，就像拾得一块江河中的鹅卵石一样，它原本是一块坚硬而遥远的巨石，经过各种各样激流的冲刷，发生了无数次的变化而形成的。这些激流包括人群、语言、科学、管理、法律等。"在波尔多，Cru 体系是独特的，Cru 具有更多限制性的特色。即使都是原产地命名的葡萄酒，不同的葡萄种植业主，不同的酒庄，就是相隔很近的邻居，其产品都有个性化特征。他们的酒有很强的现场特性，往往是现装瓶出售。把生产、运输和销售三种活动联结在一起，紧紧抓住小地域的地理特征和给与它有声誉的命名不放，使其成为一个有名的商标。有些地区商标上去掉 Cru，在这儿商标和 Cru 已成为一个同一体。经过业主的精心关照和质量传统被肯定，Cru 便具有了一个特色商标的价值，使其区别于其他产品。

2. 澳大利亚玫瑰谷酒庄

澳大利亚阳光充足、气候优良并且稳定、土地矿物质丰富，是不受污染的最佳天然环境，因此能种植出世界上最好的葡萄。玫瑰谷庄园的酿酒师家族经过 4 代人不懈努力，从他们在猎人谷种下第一株葡萄开始，他们酿造了澳大利亚最棒的希拉子葡萄酒、世界最棒的莎当妮白葡萄酒。

玫瑰谷酒庄形成了从葡萄采摘、压榨、陈酿、灌装、封口、贴标、装箱、存储、运输完整的一体化生产线，是兼具传统工艺与现代化工业生产相结合的专业葡萄酒公司。酒庄的优质葡萄酒，根据葡萄成熟不同采取分批的人工采摘，这样对葡萄酒的伤害最小，得到的葡萄酒也会有较高的品质。在压榨的过程中，红葡萄酒通过含有红色素的果皮来获得颜色，之后被加入酵母进行发酵，从而使葡萄中的糖分转化为酒精。玫瑰谷庄园生产的葡萄酒产品具有在酒窖中陈年酿制，使之增加优雅饱满浓郁口味的传统。木桶发酵通过混合橡木的处理来实现，一部分的莎当妮和希拉子放入美国的或法国的新橡木桶中，另一部分放入有 1~2 年的老橡木桶中。

玫瑰谷酒庄的葡萄酒来自澳大利亚最著名的 2 个产区：猎人谷和巴罗莎谷。猎人谷位于悉尼东北方，是澳大利亚最古老的酒乡，有超过 150 年的制酒历史，所酿出的红、白酒质素顶级，得奖无数。巴罗莎谷以出产全澳大利亚最出名的希拉子（穗乐仙）而闻名于世。

3. 意大利葡萄酒文化深入人心

葡萄酒自然是体现生活品质的上佳之选。早在亚历山大大帝时期，意大利人就开始种植葡萄，并将葡萄的栽培术传入到整个欧洲。在罗马帝国统治时期，携带着葡萄株苗的僧侣们从意大利出发，足迹遍布德国、法国、西班牙等欧洲各国，寻找适合葡萄生长的地区。

意大利是葡萄酒生产和出口的传统强国。根据农产品市场服务组织和农业部观察机构统计数据，2010 年意大利原产地命名葡萄酒生产企业 32.9 万家，生产葡萄酒约 30 亿升，总量价值约 78.2 亿欧元；其中出口 39.3 亿欧元，同比增加 12%，对中国的出口约 4 900 万欧元，同比飙升 108%。作为意大利的传统产业，日积月累、历史沉淀形成的葡萄酒文化，已经在某种程度上渗入每个消费者的血液，普及到亚平宁半岛的每个角落。对于大多数意大利人来说，葡萄酒更多意义上是一种生活中必不可少的营养饮料，是一种有益身心健康的食品，而不划入"酒"的范畴。意大利几乎每个地方均有自己特色的葡萄酒，餐桌上，常常听到意大利人对自己家乡的葡萄酒赞不绝口。正是这种深厚的文化底蕴，营造出一个能酿造各色浓郁芳香葡萄酒的社会环境。

作为意大利最主要的葡萄酒产区之一，地处东北部的维纳图（Veneto）拥有比其他产区更多的法定产区。以维罗纳为起点延伸开去的一片山坡是整个维纳图地区最适合种植葡萄的土地。马西酒园（Masi）的历史相当于维罗纳地区葡萄园的发展史。马西酒园得名于 Vaiodei Masi，此小山谷于 18 世纪晚期由

Boscaini 家族购入，且直到今天仍然由此家族所有。此酒园通过细心购入威尼斯地区最好的葡萄园和种植区，使公司不断成长扩大的同时也向着成功不断迈进。Boscani 家族拥有简单却意义深远的哲学理念——好酒源自好葡萄。他们一直坚持着葡萄种植的艺术，通过在此特定的区域将种植传统与科技相结合，从而酿造出拥有伟大灵魂且极具创新性的葡萄酒。通过将传统的种植经验和来自于现代科技研究相结合的专业方法，实现葡萄园中能够出产最高质量，极具个性和特色的好葡萄。

三、葡萄园文化景观影响深远

农业文化遗产对于保存具有全球重要意义的农业生物多样性、维持可恢复生态系统和传承高价值传统知识和文化活动具有重要作用，它更强调人与环境共荣共存、可持续发展。葡萄园文化景观展示了人类在长期的葡萄种植和葡萄酒酿造过程中，所形成和保留的传统资源利用方式、作业技术和文化景观，普遍价值突出，因而成为农业文化遗产的主要类型之一。葡萄园文化景观展示了在人类与自然环境长达数世纪之久的互动下，把当地资源做了最有效地运用，进而生产高价值酒品的杰出例证。在面对快速成长的城市聚落可能产生的危害时，当地的社区也为了这个地区提供了许多保护的途径。

葡萄园文化遗产种类繁多，包括葡萄种植园、酒窖、农舍、村庄、小城镇以及当地特殊的土地利用传统等。由于具有较高的风景和历史价值，而且可以为社区发展提供重要的经济支持，所以葡萄园文化遗产的国际认知度很高。截至 2011 年，在列入世界遗产名录的 23 项农业文化遗产中，葡萄园文化遗产就有 9 项（表 6—1），占农业文化遗产总数的 39%，是各类农业文化遗产中数量最多的一类。世界遗产登录标准的第 ii 条是"能在一定时期内或世界某一文化区域内，对建筑艺术、纪念物艺术、城镇规划或景观设计的发展产生过重大影响"。这一条着重强调了葡萄园文化遗产的技术价值，代表性遗产有奥地利的瓦豪文化景观和墨西哥的龙舌兰景观及古代龙舌兰产业设施。

表 6—1　世界葡萄园文化遗产概况

序号	名　称	隶属国家	批准时间	核心区面积（公顷）
1	圣艾米伦区 Jurisdiction of Saint-Emilion	法国	1999	7 847
2	卢瓦尔河谷 Loire Valley between Sully-sur-Loire and Chalonnes	法国	2000	85 394
3	瓦豪文化景观 Wachau Cultural Landscape	奥地利	2000	18 387

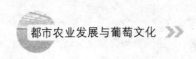

（续）

序号	名　称	隶属国家	批准时间	核心区面积（公顷）
4	葡萄酒产区上杜罗 Alto Douro Wine Region	葡萄牙	2001	24 600
5	托考伊葡萄酒产地历史文化景观 Tokaj Wine Region Historic Cultural Landscape	匈牙利	2002	13 255
6	莱茵河中上游河谷 Upper Middle Rhine Valley	德国	2002	27 250
7	皮库岛葡萄园文化景观 Landscape of the Pico Island Vineyard Culture	葡萄牙	2004	190
8	龙舌兰景观和特基拉的古代工业设施 Agave Landscape and Ancient Industrial Facilities of Tequila	墨西哥	2006	35 019
9	拉沃梯田式葡萄园 Lavaux Vineyard Terraces	瑞士	2007	898

资料来源：根据《世界遗产名录》http：//whc unesco org/en/list 整理。

标准中第ⅲ条是"能为一种已消逝的文明或文化传统提供一种独特的至少是特殊的见证"。这一条着重强调了葡萄园文化遗产的文化价值，代表性遗产有法国的卢瓦尔河谷和匈牙利的托考伊葡萄酒产地历史文化景观。标准中第ⅳ条是"可作为一种建筑或建筑群或景观的杰出范例，展示出人类历史上一个（或几个）重要阶段"。这一条突出了葡萄园文化遗产的景观价值，代表性遗产有法国的圣艾米伦区和瑞士拉沃的梯田式葡萄园。标准中第ⅴ条是"可作为传统人类聚居、土地利用或海洋开发的杰出范例，代表一种（或几种）文化或者人类与环境的相互作用，特别是由于不可扭转的变化的影响而脆弱易损，强调了人与环境的相互作用和相互影响"。这一条突出了人类活动与葡萄园文化遗产的互动价值，代表性遗产如德国的莱茵河中上游河谷和匈牙利的托考伊葡萄酒产区（表6—2）。可以看出，入选《世界遗产名录》的葡萄园文化遗产都充分体现了"突出的普遍价值"这一评价标准。

表6—2　世界葡萄园文化遗产的价值特征

序号	名称	所属国家	符合标准	价值特征
1	圣艾米伦 Jurisdiction of Saint-Emilion	法国	（ⅲ）（ⅳ）	葡萄栽培技术最早由罗马人引入这块肥沃的土地上，并在中世纪得以强化。该区纯粹而地道的葡萄种植景观是非常特别的，而且在乡镇和村庄里还有许多优美的历史遗迹

（续）

序号	名称	所属国家	符合标准	价值特征
2	卢瓦尔河谷 Loire Valley between Sully-sur-Loire and Chalonnes	法国	（i）（ii）（iv）	拥有最美最杰出的人文景观。几个世纪以来人类的卢瓦河流域开垦的耕地，这是人类和自然环境相互作用、和谐发展的结果
3	瓦豪文化景观 Wachau Cultural Landscape	奥地利	（ii）（iv）	依山傍水、景致旖旎秀丽，在悠悠的岁月长河中，完好地保存了其原有的历史旧貌。这里的建筑、居住区和土地的耕种，虽然随着岁月逐渐发展演变，但依旧保存了基本的中世纪风貌，呈现出一派和谐的景象
4	葡萄酒产区上杜罗 Alto Douro Wine Region	葡萄牙	（iii）（iv）（v）	当地人酿酒的历史可以追溯到大约2 000多年前。从公元18世纪开始，当地生产的葡萄酒就以质量好而世界闻名。长期的葡萄种植传统使得当地具有了独特的文化景致，展示着上杜罗的技术、社会及经济进步和发展
5	托考伊葡萄酒产地历史文化景观 Tokaj Wine Region Historic Cultural Landscape	匈牙利	（iii）（v）	代表了当地独特的葡萄栽培传统，这种传统世代延续，至今已有一千多年的历史了，却依旧保持着原汁原味，没有丝毫变化。托考伊景观既包括了葡萄园美丽的自然景色，也包括了周围历史悠久的民居，生动表现了当地特殊的土地利用传统
6	莱茵河中上游河谷 Upper Middle Rhine Valley	德国	（ii）（iv）（v）	河谷沿途的古堡、历史小城、葡萄园生动地描述了一段同多变的自然环境相缠绕的漫长人类历史
7	皮库岛葡萄园文化景观 Landscape of the Pico Island Vineyard Culture	葡萄牙	（iii）（v）	葡萄酿酒技术可以追溯到15世纪，是早期欧洲酿酒技术发展的一个见证，岛上拥有19世纪建造的庄园、酒窖、教堂和港口

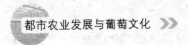

（续）

序号	名称	所属国家	符合标准	价值特征
8	龙舌兰景观和特基拉的古代工业设施 Agave Landscape and Ancient Industrial Facilities of Tequila	墨西哥	（ⅱ）（ⅳ）（ⅴ）（ⅵ）	自16世纪以来，人们就用这种植物生产龙舌兰酒。该景观内有很多酿酒厂仍在生产，反映了19世纪和20世纪全世界龙舌兰酒消费量上升的趋势
9	拉沃梯田式葡萄园 Lavaux Vine-yard Terraces	瑞士	（ⅲ）（ⅳ）（ⅴ）	展示了在人类与自然环境长达数世纪之久的互动下，把当地资源做了最有效地运用，进而生产高价值酒品的杰出例证。在面对快速成长的城市聚落可能产生的危害时，当地的社区也为这个地区提供了许多保护的途径

瑞士拉沃的梯田式葡萄园是一个典型的葡萄园文化遗产实例。该葡萄园始建于12世纪中叶，充足的阳光和湿润的气候使这里成为瑞士著名的葡萄酒产地，与法国葡萄酒文化一脉相承。800多年来，这片"世外桃源"始终坚持人与自然的和谐相处。20世纪70年代初，洛桑、沃韦、蒙特勒等地区的城市化进程加速，人口越来越多，城市面积也越来越大，大型公共建筑，如超级市场、娱乐场所、大型停车场等也相继建成，水泥和沥青取代了大片的鲜花和草地。城市化进程也威胁到介于这几座城市之间的拉沃。一些房地产商早就觊觎拉沃地区的湖光山色和林木葱茏的美景，试图在此建立高档别墅区，但这会使保持了几个世纪的葡萄园被毁灭殆尽。面对"过度繁华"的挑战，城市和旅游业扩张发展的威胁，当地人对梯田的爱如坚固的城墙，阻挡了一次又一次的冲击波。梯田的保护从一开始就是自下而上的。1977年起，当地人发起了"拯救拉沃"运动，两次促成全面公投保护该地区，最终推动了新法规的产生。几十年来，周围的城市发展日新月异，但梯田面积一直没有减少，葡萄园也充满生命力，原则上不再允许新建房屋和道路，即便是与葡萄种植有直接关系的新建筑，其面积、高度、颜色、建材来源等都有特别规定。此外，拉沃人还专门建立了一种被称作是"温和休闲旅游"的保护性旅游发展模式，游人只能通过路过的形式游览，或者乘小型游览车走马观花，或者步行于山间小道。葡萄园内所有村庄都不接待游客住宿，三十多年来，这里没有新建一座旅游饭店。为了方便游览而修建的铁路和高速公路

也都谨慎地修筑在梯田的边缘地带——湖滨或更高的山上。在地方政府和居民的共同努力下，2007年5月，历经8年的申报之路，拉沃梯田式葡萄园最终成功入选《世界遗产名录》。

第三节　中国葡萄文化创意产业发展

20世纪90年代以来，葡萄酒文化旅游在欧美、南太平洋地区、非洲等地的葡萄酒产区得到了迅速的发展。如作为旧世界葡萄酒产区的代表，法国勃艮第地区、波尔多地区、普罗旺斯地区及阿尔萨斯地区的葡萄酒庄园均是葡萄酒经典旅游线路的热点区域；而新世界葡萄酒产地如澳大利亚也是世界上开展葡萄酒旅游最早且最成功的国家之一，其开发的葡萄酒旅游产品在世界上享有盛誉。这些葡萄酒生产国为了扩大本国葡萄酒在世界上的影响，提高本国产品销售及市场占有率，把旅游业与葡萄酒产业有机结合起来。与此同时，葡萄酒旅游产业也成为相关国家和地区旅游业的重要组成部分，甚至是整个国民经济的关键产业。

科学化一直主导着葡萄文化的发展方向，人们在创造葡萄文化中也在始终不渝地追求着科学化。葡萄文化的科学化主要体现在葡萄栽培技术与葡萄酒酿造技术已日臻完善。从野生葡萄过渡到栽培葡萄，人类经过了漫长的岁月。从以成活为目的、以产量为目的、以效益为目的，到以质量为目的，不同的发展阶段展示了不同的时代特征，标准化操作，工厂化生产，无公害、绿色产品，成为当今葡萄发展的主流。葡萄酒的发展也不例外。从葡萄的落果并与空气中酵母菌结合自然发酵，到人工发酵酿酒再到适应不同需要、不同口味的葡萄酒的发明，无一不是人类智慧的结晶。葡萄文化的科学化是宝贵的精神财富，也是引领发展葡萄文化的方向标，来推动葡萄文化的科学发展。

一、国内主要葡萄节

举办葡萄节作为葡萄营销的一种有效途径，近年来被全国各地葡萄产区看好，而且形式在不断创新。突出"葡萄为媒"这个平台，让葡萄回归本色，让葡萄唱主角。通过葡萄节，去品尝飘香溢蜜的葡萄、倾听葡萄园里动人的情歌，感受葡萄架下风情歌舞。

（一）吐鲁番葡萄节

吐鲁番是世界著名的"葡萄城"，走进吐鲁番，就走进葡萄的世界。吐鲁番地区现有无核白、马奶子、红葡萄、玫瑰香等550多个葡萄品种，堪称"世界葡萄植物园"。葡萄是吐鲁番地区农业经济的支柱产业，2012 年葡萄种植面积 3.03 万公顷，占全疆种植面积 28.9%、全国种植面积 6.4%。年产葡萄 83 万吨，占全疆总产量 46.7%、全国总产量 10.1%。葡萄产值占吐鲁番地区农业总产值约 30%，占种植业产值约 40%，农民人均纯收入 32% 来源于葡萄及其加工产品。

中国丝绸之路吐鲁番葡萄节，是为纪念丝绸之路开通 2100 年而举办的，是国务院确定的 40 个重要节庆活动之一。丝绸之路在中国境内长达 4 000 多公里，仅在新疆境内就有 2 000 公里长，南、中、北三线横贯新疆全境。吐鲁番位居丝路中路要冲，是闻名遐迩的历史重镇，自西汉以来，一直是我国西域地区政治、经济和文化的中心之一。随着改革开放的深入，吐鲁番需要了解世界，世界也需要了解吐鲁番。1990 年 3 月，西北五省区第二次对外宣传会议确定：自 1990 年起，每年 8 月，在吐鲁番市举办中国丝绸之路吐鲁番葡萄节。

中国丝绸之路吐鲁番葡萄节节徽，是由绿、红、白三色图案组成。象征着生命和希望的绿色外圆图案，又蕴含着闻名遐迩的吐鲁番盆地，片片绿洲不断延伸，拓展的意境，表现了一种人定胜天的精神。内圈图案为红色，表示丝绸之路，象征悠久灿烂的丝路文化和通贯古今的历史，也是火洲人火热情感的展示。最里圈是白色，它即象征着吐鲁番盛产长绒棉，又包含着盆地经济一大支柱——盐、硝等化工产品飞速发展的含义。节徽中心部分是由 6 个排列有序的绿色小圆体组成的葡萄造型，果硕色粒的一串葡萄占据中央空间，突出了地域特色和葡萄节主题。节徽四周是用中英文写的"中国丝绸之路吐鲁番葡萄节"的字样，整个图案线条简洁明快，色调雅素和谐，含义丰富深刻，耐人寻味。

吐鲁番地区有葡萄干等特色农副产品专业批发市场 6 个、集贸市场 21 个，年交易量达 15 万吨，年成交额 10 亿元，直接带动种植户 3 万多户，辐射带动了哈密、甘肃敦煌等周边地区果品的生产、销售。吐鲁番市盛达干鲜果品交易市场荣获农业部"农业定点市场"和国家"双百市场"称号。吐鲁番地区有葡萄、瓜果专业合作社 74 个、会员 2 269 人，年销售葡萄百万元以上的农民经纪人 31 人。在集散、现货、代销等传统方式的基础上，产品对接展会、产品进超市等新型流通模式快速发展，特别是导入果品连锁专卖和电子商务，促进了现代多元化流通网络形成，推动了葡萄产品对外销售。

吐鲁番葡萄、葡萄干获得国家"地理标志产品保护"认证，葡萄基地通过国家绿色食品生产基地认证，2 家自治区级农业产业化重点龙头企业基地获得"全国优质葡萄标准化生产示范基地"。"丝路语果"葡萄干顺利通过有机食品认证。2012 年，吐鲁番被中国农学会葡萄分会授予"葡萄圣城"和"葡萄干生产、加工、物流中心"荣誉称号。

（二）怀来葡萄节

有"中国葡萄之乡"美誉的怀来县，葡萄栽培有 1 200 年历史，其"怀涿盆地"与世界著名葡萄产地法国波尔多、美国加州一起被并称为世界葡萄种植北纬 40°三大黄金地带。怀来葡萄栽培以其历史悠久、生产规模大、品质好而享誉全国，特别是以白牛奶和龙眼葡萄而著称。早在清朝光绪年间，白马奶和龙眼葡萄就被确定为宫廷贡品。新中国成立初期，白牛奶葡萄是国宴佳品，龙眼葡萄更被郭沫若先生称为"北国明珠"。

怀来葡萄产业早在 1976 年就被确定为国家葡萄酒原料基地。"白牛奶""瑞必尔""红地球"等鲜食葡萄品种先后十多次在全国获奖，白牛奶葡萄在 1995 年第二届全国农业博览会上获金奖，为全国四大金奖葡萄之一；1999 年昆明世博会上获银奖；"暖泉"牌白牛奶葡萄被河北省评为"河北地域十大名牌产品"。随着怀来葡萄产业的不断发展壮大，2000 年 3 月怀来县被国家林业局和中国经济林协会命名为"中国名优特经济林——葡萄之乡"；2001 年又被中国特产之乡推荐暨宣传活动组织委员会命名为"中国葡萄酒之乡"。

自 1999 年以来，怀来开始举办葡萄节。在一个月的节日期间，旅游者可以沿着"葡萄游"自驾车路线到葡萄园采摘葡萄，去县城城南的葡萄沟俯视"绿地毯"般的葡萄园，或深入葡萄酒生产场地，品尝原汁原味的葡萄酒。位于怀来县城沙城以南 7 公里处的"葡萄沟"，含石门湾、沙营子、暖泉、夹河四村，路边葡萄秧绵延十余里，形成了一个"十里葡萄长廊"。"葡萄沟"夏秋季节昼夜温差大，沙土性强，浇灌的是山泉水，出产的玫瑰香、龙眼等葡萄可直接鲜食。除观葡萄沟，尝鲜葡萄外，"喝葡萄酒"是怀来葡萄节的另一个重要内容。

截至 2012 年，怀来县把壮大葡萄产业作为发展县域经济的支柱产业来抓，致力于打造"距首都最近的葡萄和葡萄酒品游大区"，全县葡萄种植面积达到 1.67 万公顷，年产值达到 40 亿元。葡萄种植精细化、酒庄酒堡精美化、葡萄酒高端化发展步伐不断加快，全县发展了以葡萄采摘、观光品尝、温泉度假、文化体验为一体的葡萄文化旅游景区景点 29 个。张家口市葡萄酒加工龙头企业近 50 家，年产葡萄酒 30 多万吨，形成 8 大品牌、50 多个品种的葡萄酒系列产品，产品畅销全国并出口英国、德国、意大利等 20 多个国家和地区。中国怀来葡萄节连续成功举办，成为展示张家口葡萄产业发展成果的重要窗口，打造张家口葡萄酒文化品牌的有效平台，促进张家口扩大对外开放的桥梁纽带。

（三）青岛大泽山葡萄节

"西有吐鲁番，东有大泽山"。大泽山是我国著名的葡萄产地，已有 2 100

多年的葡萄种植历史，出产的优质葡萄被命名为"中华名果"，是"国家地理标志保护产品"。大泽山位于山东省平度市北部，是我国著名的葡萄产地。大泽山葡萄节原为平度市大泽山区独有的民间传统节日——"财神节"（农历七月二十二日），相传源于唐朝初年。

1987年，大泽山镇政府与当地实际相结合，以更加具有现代文明精神和地方特色为特点，将"财神节"引导演变为"葡萄节"。1991年，平度市政府决定在全市搞节庆活动，改名为"平度葡萄节"，并定于每年9月1日举行开幕式。近年为方便城镇游客参加盛会，一般选择周六开幕。1995年，大泽山镇被命名为"中国葡萄之乡"，现已被确定为"全国农业标准化示范区"。为提高大泽山葡萄的知名度，自1995年起将"中国葡萄之乡""中国北方重要石材基地""山东省风景名胜区"三块金字招牌推介到国内外市场，吸引更多的有识之士来平度市和大泽山镇开发投资和旅游观光、洽谈经贸。节庆主会场设在大泽山镇，定名为"大泽山葡萄节"，时间为一个月，横跨不同品种葡萄的盛果期，游客可以品尝到各种葡萄的美味。

每年葡萄节到来之时，八方宾客齐聚平度品尝葡萄、畅游大泽，使珍珠玛瑙般的大泽山葡萄充溢着浓郁的文化色彩。葡萄节期间，鉴评葡萄、葡萄知识竞赛、吃葡萄比赛、喝葡萄酒大赛、登山比赛等活动亦在各分会场展开，将节庆活动逐步推向高潮。1988年，著名诗人贺敬之来到大泽山并欣然题词："宝石异域，葡萄仙乡"。许多到过大泽山的文人名流，写下了无数优美篇章。原全国人大副委员长王光英曾感慨题词："西有吐鲁番，东有大泽山"。肯定了大泽山葡萄在全国的知名地位。

截至2013年，大泽山镇葡萄种植面积现已发展到近0.27万公顷，年产葡萄5万余吨，农民仅靠葡萄人均收入近10 000元。大泽山已成为我国葡萄科研的"硅谷"和全国镇级葡萄生产规模最大、品种最多、质量最优、效益最好的专业镇。如今，大泽山风景区、天柱山魏碑、五龙埠、天池岭、芝莱山等旅游资源，吸引着五湖四海的游客流连忘返。踏着区划调整的东风，新大泽山镇正着力擦亮"大泽山长乐，长乐大泽山"的镇域名片。大泽山镇政府正在为大泽山葡萄申请中国驰名商标，相信随着申请的深入和成功，大泽山葡萄必将飘香更远。

二、葡萄酒庄文化

酒庄概念最早起源于法国波尔多，在法语中，酒庄意同于城堡。作为传统的栽培酿造场所，酒庄负责从葡萄种植、酿制、陈年到灌装的全部生产过程。酒庄主人以酒庄为素材创造出葡萄酒这独一无二的艺术品。相关国家的酒庄文化不同程度地呈现了这个国家的历史及文化。酒庄不仅具有生产独具特色的优质葡萄酒、旅游、休闲、娱乐的功能，还具有传播葡萄酒文化的功能。建造酒庄需要优越的生态条件，独特的区位优势，需要生态资源和土地资源约束性，只有特定地域、特定条件才可以发展酒庄酒。酒庄产业是集葡萄种植（一产）、葡萄酒生产（二产）、酒庄观光休闲旅游（三产）于一体的真正一、二、三产融合的高效产业，可以给发展酒庄产业的地区带来巨大的经济效益。

（一）中国葡萄酒庄文化概述

中国葡萄酒已进入产区时代，对原料和工艺的考量越来越严格，一瓶好酒的出身尤为重要。发展酒庄产业、生产高端葡萄酒，烟台葡萄产区优势得天独厚。北纬 37°这一黄金纬度线上，汇聚了世界众多一流葡萄酒酿造区。一路向西，可寻到法国的波尔多、意大利的托斯卡纳、美国的加州纳帕山谷，那些都是浸泡在酒香中的著名葡萄酒之乡。一路向东，便可寻到中国葡萄酒工业的发祥地烟台。葡萄酒庄文化在中国主要集中在山东、河北一带。

2002 年中国葡萄酒龙头企业张裕公司与法国葡萄酒巨头卡斯特公司合作，在亚洲惟一的"国际葡萄酒城"烟台成立中国第一家专业化葡萄酒酒庄——烟台张裕卡斯特葡萄酒庄，明确提出了中国葡萄酒的庄园概念。随后几年，中国葡萄酒庄开始逐步涌现。张裕卡斯特酒庄位于烟台海岸，这里拥有历经一百多年沉淀的中西葡萄酒文化精粹。酒庄整体设计采用欧式庄园风格，兼纳中欧建筑精华，由 8 300 平方米的主体建筑、5 公顷的广场及葡萄品种园以及 135 公顷的酿酒葡萄园组成，气势恢宏。张裕卡斯特酒庄葡萄园种植的葡萄很多是世界知名品种，其中蛇龙珠、霞多丽、雷司令三大酿酒葡萄名种均由张裕在 1892 年最早引进。张裕公司还推出了中国首条葡萄酒文化经典旅游路线，以酒庄体验生活为主题，在欣赏葡萄园美景、品尝葡萄美酒的同时让游客感受葡萄酒的文化内涵。张裕卡斯特酒庄的建立，开创了中国生产高档葡萄酒的新模式，推动了中国葡萄酒从中低档向中高档转移的步伐。

（二）葡萄酒庄旅游

葡萄酒庄园通过种植园经济让葡萄种植园与文化产业、工业、旅游产业挂钩，汇聚四大产业的利润，将单纯作为生产要素的土地转变为可持续发展的城市资产，在国际国内都有巨大的发展前景。

张裕卡斯特酒庄、中粮君顶酒庄、国宾酒庄等酒堡群在烟台的建设运营，不仅带动了葡萄种植业、酿酒业发展，也促生了一种新型的旅游方式——酒庄游。这些酒庄将葡萄采摘、葡萄酒酿造、葡萄酒品尝、葡萄酒历史文化等融入到葡萄酒旅游之中，"酒庄之旅"逐渐成为烟台新兴的旅游线路。"吹海风、吃海鲜、品美酒"成为吸引观光客到烟台的新招牌。在葡萄成熟的季节，走进位于烟台开发区的张裕卡斯特酒庄，海风轻轻吹动翠绿的葡萄藤叶，一串串葡萄在阳光下闪着微光。庄园的葡萄经过采收、破皮去梗、浸皮与发酵、榨汁等酿造过程后，被送到酒庄地下大酒窖储藏，静静等待成为佳酿的那一天。游客们在酒庄里亲手采摘葡萄、DIY 葡萄酒。游客们坐在葡萄长廊下把酒临风，品葡萄美酒，令人好生惬意。漫游于烟台觥筹交错的葡萄酒庄园，游客们体会着"杯酒人生"的内涵。美好的酒庄游或可成为当下繁忙的都市人稍作停留的驿站。2012 年，烟台市仅葡萄酒旅游就吸引游客 200 多万人次。

北京房山国际葡萄酒庄产业集群项目规划以青龙湖为起步区，在 10 个乡镇重点打造葡萄酒庄园产业带，建设酒庄聚集区、红酒贸易区、加工物流区、科研教育区、生态办公区、人文涵养区等。汇集世界顶级专业酒庄、企业集团，使其成为世界红酒业百强企业在中国的旗舰店。产业项目包括生态农业、旅游观光、休闲度假和高端服务四类。产业定位及目标：以葡萄酒庄产业为载体大力发展一、二、三产业。以第一产业为基础（葡萄酒种植）；第二产业为辅（葡萄酒加工制造）；大力发展第三产业（葡萄酒庄文化休闲旅游业、高端服务业及高科技产业）。产业向循环经济和可持续方向发展，促进房山整体产业结构升级。

三、葡萄酒文化博物馆

（一）张裕酒文化博物馆

张裕酒文化博物馆于 1992 年建馆，坐落于山东省烟台市芝罘区六马路 56 号张裕公司旧址院内。该馆主要由百年地下酒窖和展厅两部分组成。大酒窖深 7 米，建于 1894 年，1903 年完工，历时 11 年，为当时亚洲唯一地下大酒窖。展厅通过历史厅、酒文化厅、荣誉厅、书画厅四大部分，比较系统地展示了张裕酒文化的百年历史，展厅还陈列了许多名人墨迹及藏品。十几年来，张裕酒文化博物馆，作为张裕对外宣传的一个重要窗口，先后接待了大量的中外来宾和知名人士，并被山东省政府和烟台市政府定为爱国主义教育基地，极大地扩大了张裕公司在国内外的知名度。馆内分上下两层，由综合大厅、历史厅、影视厅、现代厅、珍品厅及百年地下大酒窖等部分组成。百年地下大酒窖冬暖夏凉，拱洞交错，犹如迷宫，包括亚洲桶王在内的上千只橡木桶整齐排列，蔚为壮观。

张裕酒文化博物馆是中国第一家世界级葡萄酒专业博物馆。它以张裕 110 多年的历史为主线，通过大量文物、实物、老照片、名家墨宝等，运用高科技的表现手法向人们讲述以张裕为代表的中国民族工业发展史，讲述酒文化知识。翻开张裕的题词簿，往昔那些政要的题词比比皆是。博物馆之旅是民族工

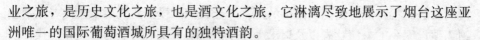

业之旅，是历史文化之旅，也是酒文化之旅，它淋漓尽致地展示了烟台这座亚洲唯一的国际葡萄酒城所具有的独特酒韵。

（二）新疆天山冰湖葡萄酒文化博物馆

新疆的葡萄酒是以工厂初加工原汁为主，还没有形成葡萄酒庄，葡萄酒文化更是缺乏。葡萄酒文化的主要载体是酒庄，酒庄最大限度地体现了葡萄酒丰富多彩的个性和高贵典雅的风格。新疆天山冰湖葡萄酒文化博物馆以历史和客观的目光注视着这个酒庄的诞生。这是新疆首家综合反映西域葡萄酒文化的专题博物馆，用大量的图片和实物将新疆和世界葡萄酒文化的发展历史展示给人们，让人们了解新疆葡萄酒文化的深厚底蕴。

在博物馆里，首先是万年传奇葡萄酒的展出，埃及壁画中的葡萄酒，希腊葡萄酒神，葡萄酒征服罗马人，波尔多葡萄酒的历史足迹，酒庄的历史，中国葡萄酒的历史，新疆——酿酒葡萄的天堂……大量的图片把葡萄酒万年传奇的历史演绎得真实而生动。博物馆的第二部分是葡萄美酒出西域，是对西域葡萄酒文化的直观解读。看着古代尼雅——沙海中的葡萄园，古代吐鲁番——跨越千年的葡萄酒酿造之都，古代龟兹——童话般的葡萄酒与大酒瓮世界……在这些历史的古城残片中，你有充分的理由相信，是它们见证了西域葡萄酒文化的历史，也是它们演绎了西域葡萄酒文化几千年的精魂。

（三）乌海葡萄酒博物馆

乌海葡萄酒博物馆由袁隆平院士题写馆名，是我国西部地区首家以葡萄酒文化为主题的博物馆。乌海葡萄酒博物馆位于内蒙古自治区乌海市海勃湾区沃野路以西，乌珠穆（蒙语葡萄之意）主题公园东南角，是以葡萄酒文化为主题，融历史性、知识性、观赏性、趣味性为一体，以传播葡萄酒文化在乌海的发展历程为主旨的专题性博物馆。

这座博物馆总建筑外形为葡萄酒橡木桶形状，主体建筑共五层，其中一、二、三层为展厅部分，四层为酒吧，地下一层为葡萄酒储藏与品尝区。博物馆通过实物、图片、雕塑、多媒体、现场讲解，再现葡萄种植的各阶段、以游客品尝美酒等形式，从多个方面、层次传播葡萄及葡萄酒文化知识，实现博物馆收藏、展示、研究、教育的功能，成为乌海市一处独具品牌特色的文化景观、科普教育的基地，也为提高人们对葡萄酒的认识创造了体验平台。

在布展方面，乌海葡萄酒博物馆主要以乌海葡萄产业发展历程为中心。展区共分为：神奇富丽的乌海、乌珠穆之路、葡萄酒与世界、葡萄酒与中国、葡萄酒与乌海、品味葡萄酒六大部分，重点向人们讲述葡萄种植和葡萄酒业发展为乌海这座黄河岸边的山水园林宜居城市在经济转型发展、城市绿化美化、文化品位提升、人民生活改善等各个方面发挥的独特作用；讲述葡萄酒文化在乌海的发展历程，透过葡萄酒酿造的过程，让人们感受到几代乌海建设者改造山河、建设家乡的豪情壮志以及追求美好生活、培育文明之花的心灵和情操；引领人们走进绚丽多彩的葡萄酒世界，结识世界各地的优质葡萄和葡萄酒，领略博大精深的葡萄酒文化。

第四节 北京葡萄文化创意产业发展方向和措施

北京农业是典型的都市型现代农业。这种都市型现代农业与大型的区域化、产业化农业的差别在于：一是由于靠近大城市多样化的消费市场，不论是产业结构还是产品结构都是多样化的，而大型的区域化、产业化农业则是区域专业化的、规模化的；二是由于大城市消费水平比较高，都市型现代农业的产品以高端化、精品化的特色农产品为主，而普通大路化的农产品在生产领域呈迅速减少或退出的趋势；三是都市型现代农业的生产方式更加园艺化、设施化、基地化，科技含量密集化和前沿化，更具展示、示范的功能；四是农业的生产功能与教育示范、休闲观光、展览展示等服务功能直接融合，派生出以农业为基础的服务业和文化创意产业，形成新的经济增长点；五是背靠国际化大都市的国际交流平台，依托强大的会展资源，便于举办各类农业会展活动，使北京农业更具窗口农业的展示功能和示范效应。北京市委市政府将北京农业定位于都市型现代农业，这是北京经济社会发展现阶段的客观要求，也是首都农业发展方向的必然选择。都市型现代农业是依托城市、服务城市、与城市相互交融的一种新型农业模式，是城郊型农业发展到较高水平的产物。会展农业的发展，必将为北京的都市型现代农业插上翅膀，使其发展上升到一个更高的水平与层次。

一、北京发展葡萄文化创意产业的条件

（一）北京农业文化创意产业发展迅速

文化创意产业是首都北京的重要支柱产业和战略性新兴产业。发展文化创意产业对全面落实科学发展观，推进产业结构升级和经济发展方式转变，提升首都文化软实力，实现经济社会文化全面协调可持续发展，加快建设具有国际影响力的中国文化中心和中国特色世界城市具有重要作用。北京是全国的政治中心、文化中心和国际交往中心。新世纪以来，市委、市政府高度重视文化建设，把文化产业作为战略性新兴产业纳入国民经济和社会发展总体规划。2005年年底，市委九届十一次全会审时度势，作出大力发展文化创意产业的重大战略决策。经过"十一五"期间的大力推动和快速发展，文化创意产业已经成为

首都经济的重要支柱和新的增长点，全国文化中心地位更加稳固。成功举办第29届国际奥林匹克运动会，使北京在全球的文化影响力和吸引力得到显著提升。积极申办世界设计之都，进一步加速了北京向世界城市迈进的步伐。

创意农业是以文化、创意为核心，运用知识和技术，产生出新的价值，是创意灵感在农业中的物化表现。它是文化与技术相互交融、集成创新的产物，呈现出智能化、特色化、个性化、艺术化的特点，创意产品的价值并非局限于产品本身的价值，还在于它们所衍生的附加价值。通过创意，不断创造出农业和农村的新观念、新技术和其他新的创造性内容，其典型特性是生产者在田间"生产"文化，让广大消费者"消费"文化。产业的创新催生发展新亮点，源于创意产业的创意农业，有效利用自然、文化、科技等资源，将传统农业发展为融生产、生活、生态为一体的现代农业的延伸。创意农业为都市型现代农业发展注入了新的活力，有效地提升了北京都市型现代农业的功能，是首都郊区新农村建设和发展都市型现代农业的一条新途径，是首都城乡和谐发展、富裕郊区农民的必然选择。创意农业的核心生产要素是信息、知识，特别是文化和技术等无形资产，是具有自主知识产权的高附加价值产业。传统农业的产出依赖于对自然资源的消耗，而发展创意农业主要"消耗"人的智慧。创意农业不仅能够提高农业综合效益，直接增加农民收入，而且能够拓展农民就业空间，实现多环节增收；有利于全面提高产品性能、劳动生产率和资源利用率，为社会提供智能化、特色化、个性化、艺术化的创意产品和服务，创意农业的科技和文化知识附加值的比例明显高于普通农产品和服务。

2006年，北京市提出大力发展文化创意产业和都市型现代农业，北京文化、科技、教育基础雄厚并拥有巨大的消费市场，郊区大力发展创意农业有着潜在优势。几年来，北京郊区以创意为理念，以农业资源为基础，以科技为手段，以市场为导向，以人才为支撑，积极开发创意农业产品，取得了积极成果，彰显出巨大的发展潜力和活力。怀柔桥梓农业公园、密云鱼街、门头沟樱桃园、大兴古桑园、平谷桃木工艺品、大兴玻璃西瓜、延庆豆塑画、门头沟麦秸画等极具特色和活力的农业新产业、新产品成为北京都市型现代农业的亮点。通州区的熏衣草、平谷区的桃木工艺品、延庆县豆塑画、大兴区的玻璃西瓜和彩色甘薯、门头沟区的蝶翅画等依托北京当地农业资源而创意设计的农业旅游产品，成为国内外观光游客的挚爱，更成为了北京都市型现代农业的夺目名片。

（二）会展农业发展快

北京的会展农业经历了从少到多、从小到大的发展历程，规模逐步扩大，场馆建设逐渐专业化，成为郊区经济发展的新亮点。"十一五"以来，北京市委、市政府对会展农业这一新概念、新产物和新形态持续加大理论研究和实践探索力度。对各郊区县的资源、区位、人文等客观条件作出科学判断，根据全市国民经济和社会发展的整体规划，以及会展业、旅游业发展规划，对全市会展农业发展的区域布局进行科学谋划，编制了切实可行的会展农业发展规划，研究出台具体的扶持和引导实施意见，引导全市会展农业步入有序的可持续发展之路。第七届世界草莓大会、第十八届世界食用菌大会、北京园林博览会、北京种子大会，等等，近年来，伴随着一系列世界性农业大会及区域性农业会展的成功举办，北京都市型现代农业新的实现形式——会展农业正以崭新的姿态走向国际舞台。

作为一个新崛起的业态，北京的会展农业内容已经涉及农产品、籽种、农产品加工、花卉园艺、农业生产资料、农业高新技术以及农业经济等多个方面，在开拓市场、扩大贸易、促进发展，以及丰富人们的生活上所起到的作用是其他产业无法相比的。从提升北京市都市型现代农业发展水平的角度看，会展农业将发挥越来越重要的作用。北京郊区的特色农产品很多，提到昌平区，人们的第一反应肯定是草莓；说起大兴区，大家肯定想到西瓜，这与北京市、区两级大力发展草莓节、西瓜节等节会密不可分。依托优越的现代农业产业基础和雄厚的会展业发展条件，北京会展农业将走上快速发展的道路，也会对北京郊区经济和社会发展起到更大的作用。北京会展农业的未来发展趋势：一是会展农业将成为北京市都市型现代农业发展的高端形态；二是会展农业将成为北京郊区农业产业全面升级和健康发展的"气象台"和"风向标"；三是会展农业将成为北京郊区农业文明和农耕文化的展示窗口；四是会展农业将成为北京郊区农业和旅游业的杂交后代，展现出其独特的优势；五是会展农业将成为国内外农业贸易和交流的重要平台。北京的会展农业目前主要有以下三种形态。

1. 以农产品和农业生产资料贸易为主的各类展销

连续举办 17 届的北京丰台种子交易会，规模已居全国四大"种交会"之首，为中国籽种产业的发展搭建了信息交流的平台、品种竞争的擂台、企业宣传的舞台和农民选种的看台，成为北京市会展农业的典型代表。成功举办 6 届的北京顺义区农博会暨旅游文化节，是展示顺义区都市型现代农业成果的重要平台。其紧紧围绕顺义区"现代国际空港、区域产业引擎、绿色宜居城市"的功能定位，充分发挥展示、招商、信息交流等多种功能，积极寻求合作，努力开拓创新，大力宣传了服务业大区、首都东北部旅游休闲中心的整体形象，有力地促进了当地农产品的销售，为农民增收开辟了新的渠道。

2. 以农业科学技术交流为主的专业性、学术性会议

在北京举办的第九届全国葡萄学术研讨会，第四届全国梨科研、生产与产业化学术研讨会，第四届国际板栗学术会，第六届全国草莓大会暨第四届中国（北京昌平）草莓文化节，以及由北京市科学技术委员会连续举办了两届的生物技术与农业北京峰会，等等，一方面展示了北京的农业科研成果、农业生产的科技水平等，另一方面也开阔了北京农业科研、生产、流通等领域人员的眼界，同时还促进了北京市与国内外的科技合作与交流。

3. 以展示农业文明并与旅游休闲融为一体的各类节庆活动

此种类型与商务性的展览和学术性的交流不同，实际上是会展农业与休闲旅游业的融合。目前，在行业标准上仍将其与会展农业相区别。但在北京这样的特大城市郊区，将农业观光旅游与会展农业融合起来，并结合农业产业结构调整，以及新农村建设和农村社会结构转型，以此全面提升郊区农村的现代化水平，更具有重大的现实意义。如大兴西瓜节、密云农耕文化节、采育葡萄文化节、怀柔板栗文化节、昌平苹果文化节、平谷大桃采摘节、海淀御杏采摘节、门头沟樱桃节和香椿节、通州张家湾葡萄采摘节，等等，不仅带动了乡村旅游、农村文化产业等各方面的发展和升级，而且还促进了当地农业的进一步发展。

二、北京葡萄产业发展情况

葡萄酒产业是一个文化创意产业，也是一个农产品深加工产业，更是直面"三农"、有利于山区农民持续稳定增收的高效种植业，可推进农业产业结构调整，促进一、二、三产业融合发展。北京作为中国葡萄酒传统生产地区，一直占据有重要地位。目前葡萄酒生产主要集中于南部大兴（逐渐在减少），西南部的房山，东北部的密云以及西北部的延庆，拥有龙徽、丰收、波龙堡以及新近建成的张裕爱斐堡等企业。

（一）延庆葡萄产业发展

延庆县地处北京市西北部，生态环境良好，生态资源丰富。在气候方面，延庆县属于大陆性季风气候，年平均气温 8.5℃，无霜期 165 天，昼夜温差大（13.6℃）、光照充足，全年大于等于 10℃的有效积温达 3 394.1℃，且同期降雨相对较少，适宜葡萄果实生长。在土地资源方面，延庆县北山和南山山前坡地的土壤多为石砾土壤和沙性土壤，这种土壤属于碳酸盐褐土，母质为洪积物及黄土母质，其特点是矿物质丰富、质地适中、疏松多孔，非常适宜葡萄生长。所以，在气候条件和土地条件上非常适宜发展高品质葡萄，被专家鉴定认为"北京市唯一能生产高档葡萄的产业园区"，同时也是全国最佳优质葡萄种植区之一。

延庆县栽培葡萄历史悠久，据史料记载可以追溯到 300 多年前的康熙年间。改革开放后，历届县委、县政府都十分重视、支持葡萄产业发展。2007年8月7日延庆县与西北农林科技大学葡萄酒学院签定协议，葡萄酒学院将为延庆县制定《延庆县葡萄及葡萄酒产业规划》，并负责指导实施，同时为实施这一规划提供长期的技术指导，对葡萄及葡萄酒产业从业人员进行专业培训。到目前，全县种植面积已达 1 000 公顷，且主要集中在张山营镇、永宁镇、沈家营镇、八达岭镇、康庄镇、旧县镇等地。其中以张山营镇为重点，目前，全镇已发展到 733.33 公顷，占全县种植面积的 73.3%，主要品种有红地球、黑奥林、里扎玛特、美人指、巨丰、赤霞珠、美乐等。2006 年，张山营镇前黑龙庙村有 46.67 公顷葡萄园获得了北京嘉禾认证有限责任公司的有机认证，成为北京市第一个获得葡萄生产有机认证的产区。历史上延庆县是以发展鲜食葡萄为主的，但随着产业规模的扩大和市场需求的发展，延庆人又看到了发展酿酒葡萄的机遇。目前延庆县已在张山营镇下营村等地发展酿酒葡萄种植，并规划建立葡萄酒酒庄。2014 年世界葡萄大会将在延庆举行。

（二）房山葡萄产业发展

房山区位于北京西南，地理环境适宜，土地资源优越，地势西高东低，属太行山山脉，拥有首都最大的山前暖区。全区有 10 个乡镇的 3 333.3 公顷土地处于北纬 40°酒用葡萄种植黄金线，适合种植酒用葡萄。房山区历年来与中国科学院、中国农科院等一批科研院所形成了良好的合作关系，推动了全区农业结构调整步伐，提升了全区农业产业的档次和水平。中国农业大学葡萄与葡萄酒研究中心主要开展现代优质葡萄栽培技术、优质葡萄酒酿造工艺、鉴赏艺术等研究，该中心的专家成为房山区发展酿酒葡萄的有力科技支撑。房山区从种植到酿造窖藏已经形成了一个跨整个产业链条的技术领先优势。

房山区委、区政府决定依托浅山区得天独厚的自然资源，大力发展国际葡萄酒庄产业。2010 年，房山区制定《高端葡萄酒产业发展若干意见》（试行），提出了以"三化两区"战略为统领，以市场为导向，按照政府引导、企业主体、科技支撑、高端定位，培育发展高端葡萄酒产业，打造首都都市农业观光度假区，推进城市化发展进程。充分利用山区、浅山区得天独厚的自然资源，以青龙湖镇为核心建设高端国际葡萄酒城。经过 5～10 年的努力，辐射带动浅山区建设以中西文化、田园风光为特色，集葡萄酒酿造、交易展示、餐饮娱乐、旅游观光、体育健身为一体的高端葡萄酒产业带。吸引国际、国内知名企业投资，使之成为中国葡萄酒文化对外交流中心和亚洲葡萄酒业研究基地，最终在国际葡萄与葡萄组织（OIV）占有一席之地。北京房山国际葡萄酒庄产业以"一樽一盏一心海，一房一山一世界"为主题。以青龙湖镇为核心起步区，进而带动城关等 10 个浅山区乡镇发展高端葡萄酒产业。房山区坚持原产地、高标准、高端酒庄酒的发展方向，建设以葡萄酒庄为载体、融商务、旅游、观光和文化等产业建设于一体的高端酒庄集群，全区 12 个乡镇建成 60 个酒庄，并在青龙湖核心区建成国际红酒城和葡萄酒研发中心。

（三）大兴采育葡萄产业发展

北京市大兴区采育镇位于北京市东南郊，是京津塘高速路高新技术产业黄金链环的重镇之首。面积 71.6 平方公里，辖 55 个行政村，3.2 万人。该镇历史悠久，古为外埠进京要道，今为北京市中心镇之一，尤其是采育的葡萄产业，在北京乃至全国也小有名气。采育镇位于北纬 40°，气候、水土等自然条件与世界著名的葡萄之乡——法国波尔多非常相似，十分适合葡萄的生长。采育葡萄品质较好，含糖量高，果形匀称，口感好，是京郊主要的葡萄产区，并有上百年的种植历史。

2002 年 6 月 30 日，采育镇被中国特产之乡推荐暨宣传活动组织委员会确定为"中国葡萄之乡"；2003 年，采育镇与新疆吐鲁番地区葡萄沟乡结为友好乡镇。在第五届采育葡萄文化节开幕式上，新疆吐鲁番地区科学技术局局长赛买提·艾义提将写有"北京吐鲁番"称号的铜牌正式授予采育镇，两地正式联手打造"吐鲁番"精品品牌。因此，采育镇又有"京城吐鲁番"之称。2013 年，全镇种植葡萄 0.15 万公顷，占北京葡萄面积的一半以上，种植着来自世界各地的葡萄 300 余种，酿造的高档葡萄酒享誉全世界，是北京市较大的葡萄种植基地。特别是有百亩面积的玫瑰香葡萄园，葡萄果粒匀称，甘甜不腻，是北京面积最大、历史最悠久的玫瑰香葡萄园。

自 2001 年以来，采育镇每年都举办一次"北京大兴采育葡萄文化节"，从 8 月 18 日开始，至 8 月 22 日结束，由采育镇人民政府主办，企业协办。节庆期间主要活动有：宾友联谊活动、消夏歌舞晚会、电影晚会、中国优质葡萄擂台，等等。节日期间，前来旅游、观光、采摘和慕名来洽谈项目的国内外客商云集采育，人们不仅可以品尝亲手采摘的葡萄，还可以欣赏到文艺晚会、马术比赛、葡萄园艺、书画笔会等精彩表演。葡萄节上还推出"特色之旅——采育一日游""相约采育自驾游"系列活动。人们可以尽情欣赏葡萄长廊的美景、品尝亲手采摘的鲜美葡萄、亲手酿制葡萄鲜汁、现场制作葡萄盆景。葡萄研究所及葡萄博物馆、葡萄园特色酒吧也对游客开放。游客在旅游、采摘的同时，还可在夜晚参加葡萄酒会，和着月色品味"葡萄美酒夜光杯"的美好感受，在享受欢娱的同时，了解采育古镇的民俗、文化、风情，与采育人民一起尽享采育葡萄丰收，体会回归大自然和向往新生活的朴实内涵。

（四）北京酒庄葡萄酒产业

目前，北京葡萄酒企业有龙徽葡萄酒有限公司、丰收葡萄酒有限公司、波龙堡酒庄葡萄酒有限公司、北京丘比特葡萄酒有限公司，在北京密云、房山、海淀和大兴等生产葡萄酒 15 000 升，占全国产量的 4%。但是，全市酿酒葡萄种植基地只有不到 667 公顷。最近，全国十大葡萄酒企业的张裕葡萄酒有限公司、华夏长城葡萄酒有限公司、御马葡萄酒有限公司、吉马葡萄酒有限公司等都到北京考察和建立基地，设计档次高，显示了北京酒庄葡萄酒产业良好的发展态势。更为可喜的是，延庆县委县政府正在规划延庆松山酒庄葡萄酒产业带，长城葡萄酒文化城也在设计之中。密云县也正在策划 101 葡萄酒产业带，平谷区正在研讨和规划新农村建设和农村旅游中葡萄酒产业的定位和建设。北京的葡萄酒企业也加大了葡萄酒的市场营销和文化推广活动，对北京葡萄酒产业的发展起了很好的推动作用。另外，中国农业大学 2002 年成立了葡萄与葡萄酒工程学科和葡萄酒科技发展中心，经过多年的建设和发展，目前，已成为国内领先的学科，多项科技成果达到国际先进水平，为北京葡萄酒产业的发展提供了科技支撑。

三、北京发展葡萄文化创意产业存在的问题

北京得天独厚的自然条件以及悠久的葡萄栽培传统，使北京成为我国重要的葡萄产区之一。随着葡萄基地趋势的加快，新建葡萄酒厂的增加和酒厂规模的扩大，对原料需求的增加，势必带来北京酿酒葡萄的快速发展和竞争的加剧。但北京葡萄酒业仍存在诸多问题，北京葡萄酒产业应找准存在的问题，采取有力措施，积极应对，才能在激烈的市场竞争中占有一席之地，真正将资源优势转化为产品优势和经济优势，实现北京葡萄酒产业健康持续发展。

（一）葡萄产业发展缺乏统一规划

从北京各区县来看，纷纷出台相关政策，但是在市级层面缺乏统一规划。缺乏全市葡萄酒产业发展规划。目前，北京尚没有一个全市的葡萄酒产业发展规划，而葡萄酒产业中的酿酒葡萄种植是葡萄酒产业发展的关键。就葡萄产业来看，一是在葡萄基地建设、品种区域布局、产业区域布局、品牌培育、葡萄酒开发、葡萄酒堡、酒庄建设等方面还没有形成整合现有资源、统一规划、协调发展的局面；二是葡萄种植与加工、栽培管理技术规程、市场营销策略等，没有形成统一协调机制；三是政府对葡萄酒这一优势资源的发掘、开发、政策及资金扶持需要加强；对市场秩序、企业生产、葡萄酒市场的监管有待进一步加强，小生产与大市场的矛盾依然存在；四是原料收购等级界定不规范，仍是企业单方面决定，缺少检测、评定手段，农民的合法权益得不到保障。

（二）葡萄市场销售方式较为传统

我国没有形成良好的葡萄酒文化氛围，葡萄酒旅游开发处于起步阶段，缺

乏对区域葡萄酒产业的宣传，原产地命名工作尚未开展。产品档次低、消费市场定位和市场空间的研究，营销模式单一。市场经济中，品牌是对产品品质的承诺，农产品同样需要品牌，如延庆地区生产的葡萄缺乏过硬的品牌。延庆县前黑龙庙村前几年已经申请注册的品牌"前龙"牌，虽然葡萄的品质良好，并且获得了北京市第一个有机生产认证，但由于宣传力度不够、组织营销不到位、包装档次较低等原因，其在销售上还未取得有机产品的明显优势，经济效益尚未体现出来，"有机葡萄"的金字招牌的效益不明显。延庆县其他地区生产的葡萄则大部分都没有品牌，市场销售除专业协会进行部分销售外，主要靠商贩到田间收购。其结果往往是果农被动接受商贩给出的压低价格，影响了经济效益。

（三）葡萄产业延伸链条仍需提高

以葡萄为原料的企业是葡萄产业发展链条的重要环节，而这一链条仍需提升。在重要的葡萄酒消费市场华南地区，"张裕""王朝""长城"三大品牌市场综合占有率之和超过 60％，长城葡萄酒在华北、华南、西南、西北 4 个地区的市场综合占有率均名列第一；张裕、通化葡萄酒则分别在华东、东北地区占据榜首。目前，葡萄酒产量超过万吨的企业已经达到 7 家，销售收入超过亿元的企业有 12 家。烟台张裕、天津王朝、烟台长城、沙城长城、华夏长城、烟台威龙和青岛华东 7 家企业的利税总额占本行业的 87.66％。北京本地品牌相对薄弱。如葡萄酒酿造企业在延庆县发展存在一定的政策性障碍。延庆县在北京市的功能定位上被定位为"生态涵养发展区"，严格限制有污染的企业在本区内发展。尽管在设计发展葡萄酒酿造企业时已经充分考虑了环保的要求，其解决污染排放的技术已经成熟，但环保部门认定葡萄酒酿造企业在发酵环节上存在一定程度的污染，在企业审批及发展规模上进行了限制。另外，在葡萄产业与丰富的旅游资源结合方面，已经进行了有益尝试，并取得一定成绩，但是能真正集休闲、观光、采摘功能于一体的葡萄园不多，其旅游功能尚未被完全开发。

（四）缺乏相关的产业扶持政策

葡萄酒产业是一个涉及一、二、三产业的综合产业，产业链长，涉及管理的相关政府部门多。由于目前产业的规模还较小，管理问题还未显现，但是，随着产业的发展，将会突显出来。此外，葡萄酒产业是一个直面"三农"的产业，对北京郊区产业结构调整具有重要意义，需要制定相关的产业扶持政策。目前，葡萄酒产业科技支持不足，我国在该领域的科技投入微乎其微，科技的投入主要来自于企业。而葡萄酒产业是一个高科技的产业，政府的支持和帮助是必要的。

四、北京葡萄文化创意产业的方向和措施

依托北京市先进的农业科技水平和良好的农业生产条件，以实现农业增效、农民增收和农村稳定为目的，以市场需求为导向，以做大做强葡萄产业为手段，积极发展都市农业、城郊型观光农业、休闲农业，进一步推动农村经济的快速发展。为使北京葡萄产业持续健康稳定的发展，形成强势优势产业，我们认为北京葡萄文化创意产业的方向和措施如下：

（一）制定北京葡萄文化创意产业扶持政策

尽快制定全市酒庄葡萄酒产业发展规划，以落实葡萄酒产业的种植基地、加工基地和旅游文化休闲设施建设的需要；特别是在规划中，加入葡萄酒产业，尤其是酿酒葡萄种植发展的建设内容。把葡萄酒产业发展作为实施优势资源转化战略，推进农业产业化经营及新型工业化建设的重要方面，纳入国民经济和社会发展规划，提上重要议事日程。建议由政府牵头，组织有关部门和行业协会共同建立葡萄酒产业专业管理机构，研究和制定葡萄酒产业发展战略，统一调整基地建设、品种栽培、葡萄酒企业区域布局，避免各葡萄酒企业恶性竞争，实现优势互补，整体推进葡萄酒产业发展。同时，落实相关管理部门，加快相关产业扶持政策的制定和实施，使葡萄酒产业尽快成为北京郊区的支柱产业，促进郊区经济的发展。葡萄酒更重要的是"种"出来的，没有优良的葡萄原料，就不可能酿造出优质的葡萄酒，要加快郊区酿酒葡萄种植业的发展。但是，目前，北京酿酒葡萄基地的发展是滞后的。因此，加大对葡萄酒原料基地的投资力度，有利于葡萄酒产业的快速发展，有利于郊区山区产业结构的调整和农民的增收。要配合北京社会主义新农村建设，重点做好延庆、平谷和密云等地高标准示范园的建设，引导农民和企业投资酿酒葡萄生产基地。同时，提高葡萄酒产业进入的门槛，加快葡萄酒绿色食品、有机食品的发展步伐，从起步就提高葡萄酒酿造业、种植业的水平。

（二）创建良好的北京葡萄文化创意氛围

首先是创建良好的销售文化。产品的销售是产业能否发展的关键和核心，而创产业名牌是实现销售的重要方式。品牌是企业的无形资产，是打开市场的金钥匙，农业产品要想占领市场必然也要重视品牌的力量。创立品牌一靠产品质量，二靠严格管理，三靠大力宣传。延庆葡萄在品质上确属一流，不仅鲜食葡萄味美可口，而且也非常适于酿酒。在发展鲜食葡萄方面应采取以下措施：一是进一步改善葡萄在种植上的中后期管理，保证葡萄品质不变。二是选好有营销能力的专业合作组织"掌门人"，引领专业合作社在市场中发展。三是加大品牌宣传力度，充分利用好网络、电视、报刊等媒体。四是要做好葡萄产品

的包装，使包装在环保的前提下特色化、精品化。五是充分利用延庆县现有的冷库保存葡萄产品、利用果实延迟成熟技术实现延迟采摘等方式，延长葡萄上市时间，打季节差，占领北京冬季鲜食葡萄市场，提高葡萄单价。

其次是发展酒庄葡萄产业重点在倡导葡萄酒文化氛围。一项产业的发展必需有一定的文化支撑，葡萄酒文化在延庆县乃至全国都是欠缺的，这就需要我们大力倡导葡萄酒文化氛围。全面创建以葡萄种植观光园区为基础、以葡萄酒酒庄特色为核心、以相关酒文化产品（音乐、书画、纪念品等）为辅助的全方位的葡萄酒文化。另外还要支持以葡萄酒为核心的文化创意产业的发展，广泛挖掘社会力量参与葡萄酒文化创建。发展鲜食葡萄产业则要提升葡萄生产园区的品质，为其注入文化内涵。例如，前庙的葡萄园连片种植，并且将水泥路硬化到葡萄园前，不仅方便农户劳作、游客采摘，而且把葡萄园独具的田园风光展现得淋漓尽致，提升了村庄的文化品质。另外，发展葡萄产业文化还要综合考虑延庆县特色，从地理、历史、人文、时尚、养生等多方面考虑文化的创建，形成有地方特色的文化体系。

（三）加大葡萄创意文化产业科研力度

葡萄酒是属于品牌认同感较强的产品，品牌建设要从突出区域化与特色化做起。对于世界市场来说，中国企业部比较弱小，实行区域化、特色化，打造适合中国市场，具有独有的文化底蕴，呈现出结构美、个性美、风味美和意境美的特征，能吸引中国消费群体的品牌，是抵御国外品牌进攻的有效策略。要加大北京葡萄和葡萄酒产业的宣传力度，全力打造北京葡萄酒产区品牌，提高国内外知名度，提高北京葡萄酒影响力。

葡萄酒产业的发展需要大量优秀的管理、科技人才。目前，中国农业大学已开始招收葡萄与葡萄酒工程专业，研究生教育也发展不错。但是，人才培养力度仍然太小。因此，加大对该学科的投入极其必要。中国农业大学葡萄与葡萄酒工程学科经过几年的努力，学科发展迅速，已具备建设成为北京重点学科和重点实验室的条件，给予一定的政策和资金投入倾斜，就可以建设成为具有北京特色和世界先进水平的学科。为了加快葡萄酒产业的发展，要加强都市葡萄酒会展业的发展，宣传、提高对葡萄酒文化的认识和健康、理性消费，营造一个健康的葡萄酒消费环境。

（四）发展会展农业

从北京建设世界城市的高度来着眼，北京市应该对会展农业给予财政上的大力度支持，使其发展成为北京支柱性产业，把会展农业作为提升农业现代化水平、带动农村产业结构调整升级和区域经济发展的重要举措。会展农业的发展，提高了农产品生产、加工、营销等产业化水平，实现了高产出、高品质、高效益。据了解，2012 年，在昌平举办的第七届世界草莓大会，让北京的草莓走向了世界，中国的草莓科研水平至少提速了 5～10 年。在这之后，昌平区年均接待草莓采摘游客 300 万人次左右，草莓观光采摘销售量约占总产量的六成。

加快会展农业与葡萄产业旅游服务业和文化节庆活动的高度融合，提升郊区服务业的发展水平。会展农业在北京已经进入快速发展的阶段，为了尽快形成成熟的产业形态和新的经济形式，市政府应抓紧研究制定会展农业的长期发展规划，完善相关的支持政策，明确部门分工，形成联动机制实际上，建立多部门联动的工作机制。同时组建专业队伍，培训专门人才。一是加快会展农业人才的培养；二是加强会展农业领域工作人员的业务培训；三是对各级各类农业部门的工作人员、农业生产管理人员、新型农民增加会展农业有关知识的普及和推广，以全面提高业界的整体素质。

第五节　葡萄产业园区规划思路及案例

一、国内著名葡萄酒庄品鉴

葡萄酒庄一词源于波尔多，法语为城堡之意，它是指一块陆地单位，包括葡萄园、酒窖、葡萄酒及其相关的建筑。经过几百年的发展，目前大多数的国外葡萄酒庄，都已发展成具有旅游功能的庄园。当今国际上顶级的红、白葡萄酒无不来自酒庄。

（一）酒庄概况

1. 卡斯特酒庄

烟台张裕卡斯特酒庄由中国葡萄酒业巨头张裕公司和法国葡萄酒业巨头卡斯特公司合资兴建，位于烟台至蓬莱的黄金旅游线上。酒庄占地 140 公顷，其中酿酒葡萄园 33.33 公顷，主体建筑 3.33 公顷，葡萄长廊、道路 1.33 公顷。烟台张裕卡斯特酒庄是一个集旅游、观光、休闲为一体，成为烟台市又一旅游景点；同时它又是张裕高档葡萄酒的酿造基地，还是引进、选育国内外优良葡萄新品种，进行相关栽培技术研究的重要场所。

酒庄建筑为欧式园林风格，葡萄园种植的葡萄都是世界知名品种，主要有蛇龙珠、赤霞珠、梅鹿辄、霞多丽、贵人香等优良无毒葡萄新品种。张裕卡斯特酒庄是张裕集团和法国葡萄酒销售量第一的卡斯特集团合力打造的中国第一座符合国际酒庄标准的专业化葡萄酒庄园，倚山临海，环境优美，十分符合国际上兴建葡萄酒庄的 3S 原则：大海（Sea）、沙滩（Sand）、阳光（Sun）。

张裕卡斯特酒庄的酒窖总面积 2 700 平方米，深 4.5 米，全部采用芝麻灰花岗岩吊顶，大青石铺地，是目前国内最现代化的酒窖。其主要功能是储藏葡萄酒，供游人参观品酒。酒窖共分为 4 个区域，品储区、瓶式发酵起泡酒储区、葡萄酒（干红、干白）。酒窖中现有从法国进口的橡木桶 1 200 多个。酒窖常年温度 12～16℃，湿度 75%～80%，充分保证了葡萄酒在良好环境中的缓慢酝酿和成熟。

卡斯特酒庄酒的陈酿和储藏，均在法国 ALLIER 地区进口的橡木桶中进行。法国 ALLIER 地区的橡木桶是举世闻名的，其中的橡木，具有树龄大树质密的特点，是法国最负盛名的橡木主产区，最适合储藏优质的葡萄酒。它含有丰富的呈香物质和酚类物质，制成的橡木桶绝不渗漏，而且能改善葡萄酒的香气和内在结构，将橡木中的多酚和芳香物质浸入到酒中，使酒更加醇和，因此非常适合高档干红葡萄酒的储藏和陈酿。

2. 中粮南王山谷君顶酒庄

中粮南王山谷君顶酒庄，由中国粮油食品（集团）有限公司与山东隆华投资有限公司在世界七大葡萄海岸之一———中国蓬莱南王山谷合资兴建，总投资超过 3 亿元人民币，是目前亚洲最大的酒庄。

按照中粮集团在食品行业的发展战略要求，依托已经拥有的自有葡萄庄园和蓬莱发达的旅游资源优势，从打造企业可持续发展力的战略角度出发，为进一步提升长城品牌形象，烟台长城南王山谷君顶葡萄酒庄项目于 2004 年正式启动。酒庄选址在已拥有 400 公顷优质酿酒葡萄基地的山东蓬莱南王山谷，未来庄园规模将扩大到 733.33 公顷，项目包括酒庄酒生产、地下酒窖、会所、葡萄酒文化观光旅游、酿酒葡萄苗木培育等。

酒庄基地引种的优质酿酒葡萄品种包括赤霞珠、梅鹿辄、西拉、泰纳特、霞多丽、雷司令等，酒庄不仅能够生产富有中国特色并与世界顶级酒庄相媲美的高品质酒庄酒，而且还将成为富有产区特色的葡萄酒文化园区，成为葡萄酒文化传播与发展的基地。

君顶酒庄作为中粮集团继"长城"品牌之后，进军中国高端葡萄酒市场、提升国际竞争力的重要战略举措，将倾力打造为以顶级葡萄酒生产为核心，涵盖优质酿酒葡萄苗木研发和种植、葡萄酒文化推广、世界顶级葡萄酒交流、葡萄酒主题休闲旅游、艺术经营等的产业集群，成为最具东方神韵的个性化葡萄酒庄，首创中国全方位葡萄酒文化体验之旅。

君顶酒庄以五千年华夏文明蕴涵的"天人合一"理念，融合旧世界葡萄酒的传统精深艺术和新世界葡萄酒的现代酿造工艺，使君顶葡萄酒完美体现人与自然的和谐，进而倡导以葡萄酒为主题的现代生活方式。

君顶酒庄的万亩葡萄园拥有优良的自然条件，凤凰湖与周围坡地形成了复杂多变的独特小区域气候，使得湖边的葡萄具备了最适宜的生长环境，从而孕育出温润细腻、柔顺和谐、独具东方特色的君顶葡萄酒。君顶酒庄为从根本上改善葡萄酒品质，与法国阿海威苗木公司合资成立国内首家生产优良脱毒嫁接苗木的专业公司，葡萄园苗木全部引进国外最优良的酿酒葡萄品种，通过品种园和示范试验园进行系统的品种试验，筛选出适合中国生态环境需求的酿酒葡萄品种，从而在根本上改善酿酒葡萄原料质量，提升君顶葡萄酒的品质，丰富酒庄酒的酒种，最终生产出与世界顶级葡萄酒相媲美的东方美酒。

3. 瑞事临酒庄

烟台瑞事临酒庄 2004 年落成于山东蓬莱 18 公里葡萄长廊解宋营东南部，距烟台 40 公里、蓬莱 25 公里，建筑面积 7 000 平方米，是目前中国首位民营企业家创建的具有国际水准的真正酒堡。

酒庄坐落在生长 8 年的 40 公顷优质葡萄园中，依山傍海，毗邻烟蓬旅游观光大道，交通便利，环境优美。酒庄布局为酒堡、绿色葡萄种植园和文化休闲服务山庄三个部分，总建筑面积达到了 7 000 平方米，其中酒窖面积占 2 500 多平方米。酒庄拥有自动化流水线两条，发酵能力 2 000 吨，自主葡萄园 66.67 公顷。酒庄生产车间为透明设计，游客可以亲眼看到葡萄酒的主要生产流程。

自 2005 年以来，酒庄发展定向于优质葡萄酒酿造、葡萄酒旅游、会议接待、休闲娱乐、餐饮食宿等工农业生态观光旅游为一体的服务体系。瑞事临酒庄将用自有葡萄园、晚收的优质葡萄酿造高档甜型葡萄酒，为游客提供有产区特色的优质葡萄酒品尝，这标志着瑞事临酒庄将由单纯的规模型葡萄酒生产企业向产品质量高、个性突出和综合服务方向发展。

4. 华东百利酒庄

青岛华东葡萄酿酒有限公司创建于 1985 年，是由英国人百利先生在中国青岛按欧洲酒庄模式建造的中国第一座葡萄酒酒庄，也是中国第一家按国际酒庄标准生产单品种、产地、年份高级葡萄酒的企业。

华东百利酒庄坐落在风景秀丽的崂山九龙坡，占地 66.67 公顷。酒庄里种植着从欧洲引进的莎当妮、薏丝琳、赤霞珠、佳美等为代表的 13 种数万株欧洲名贵酿酒葡萄品种，并在大泽山等地建立了万亩葡萄基地。

华东百利酒庄是中国第一座葡萄酒酒庄、国家级工业旅游示范点。华东百利酒庄背靠风景秀美的青岛崂山山脉，面临海滨游览圣地。酒庄内绿色葡萄藤纵横交错，掩映着风格各异的建筑雕塑。九龙坡上还建有 2 000 余米的葡萄酒文化长廊，刻有历代文人墨客励志诗词。徜徉其间，仿佛置身于一幅欧洲古老葡萄庄园的优美画卷。

5. 容辰葡萄酒庄园

河北怀来容辰庄园葡萄酒有限公司是一家中美合资经营、立足发展环保型生态葡萄酒，集种植、酿造、生态旅游为一体的庄园葡萄酒公司。拥有葡萄园、葡萄酒园和旅游度假村等。

容辰葡萄酒庄园位于八达岭长城以西的官厅湖畔，与官厅湖南岸接壤，环湖边界 2 000 米。受官厅湖面的影响，紫外线和散射光丰富。容辰葡萄酒庄园总占地 200 公顷。酒庄占地面积 4.3 公顷，一座 600 平方米的地下酒窖，考究而神秘，有橡木桶储酒区和瓶储酒区，可储藏葡萄酒 1 000 吨。设计生产能力为年产葡萄酒 3 000 吨，约 400 万瓶。

葡萄酒庄与葡萄园毗邻而居。欧式风格的主体建筑及意大利进口设备、设施，体现了中外合璧及传统与现代的完美结合。综合办公楼设计有现代办公系统、葡萄酒展厅、品酒屋等。除了对其原料产地、栽培技术、酿造工艺、质量管理等有严格的要求之外，在饮用方法、品尝艺术、酒的礼仪、酒肴配置等方面都有讲究。

6. 朗格斯葡萄酒庄

1999 年年初，奥地利水晶世家的格诺特·朗格斯·施华洛世奇先生同国际上知名的葡萄种植和酿造专家，在考察了中国的葡萄酒产区后，选定昌黎县城东北偏南 8.8 公里处的一个比较僻静、开阔的山坳，建立了朗格斯酒庄。

朗格斯酒庄所处的山坳坐落于中国燕山余脉碣石山脉，靠近渤海的地段，呈南北走向，海拔在二三百米左右，距该地区最著名的黄金海岸仅 10 公里。酒庄占地 200 公顷，酒厂设计生产能力 1 000 吨、面积 15 000 平方米。具有参观酿造工艺、葡萄园、品酒、葡萄籽精华油 SPA 水疗中心功能。

朗格斯所有的葡萄酒，都会放在自制的全新橡木桶中进行 6～18 个月的醇酿。来自东北长白山橡木的独特香气很好地平衡了酒的硬朗和瑕疵，形成了完美的中国风格。

朗格斯酒庄的葡萄全部实行人工采摘，采收人会对葡萄进行逐串挑选，采下成熟的放进小的塑料篮中，然后由运输人将其送到地边的筛选台进行第二遍筛选，到达酿酒区后，还要再一次人工筛选后才能破碎发酵。

朗格斯酒庄是目前国内唯一一家采用欧洲传统自重力酿造法的酒庄。酒庄的酿酒工作区共分为四层，在酿造过程中，首先通过罐顶高位破损葡萄，再依靠自然重力的作用进入第二层的发酵罐，再在电梯的协助下，与第三层进行自流式倒罐，最大限度地保持葡萄酒的自然特性。位于最底下的一层就是装有中央空调的储酒区，以保证葡萄酒的苹果酸—乳酸发酵在最适宜的温度下进行，充分发挥原料的酿造潜力。

7. 华夏葡萄酒庄园

华夏长城庄园是依托于著名的中粮华夏长城葡萄酒有限公司的美酒工业旅游资源而建立起来的新兴工业、文化旅游景区。庄园坐落于美丽的滨海小城——河北省秦皇岛市昌黎县，距京沈高速公路抚宁出口 20 公里，交通便利。东临避暑胜地北戴河 30 公里，南依黄金海岸仅 10 公里，山环海抱，天高云淡，风景秀丽，气候怡人，游人在这里坐享无限风光。

庄园背依"东临碣石，以观沧海"中的北方神岳碣石山，与世界著名葡萄酒产区波尔多相近的自然气候条件孕育了优质酿酒葡萄基地 0.33 万公顷；依山而建的地下花岗岩亚洲第一大酒窖，拥有 20 000 余只进口橡木桶，建筑面积约为 19 000 平方米，不仅让稀世珍酿在地下美酒天堂从容地走向辉煌，也成为无数美酒旅游者心驰神往的圣地。公司发展历程展示厅充分展示了华夏人走过的历史和艰辛付出所赐予华夏人的辉煌，见证了中国干红葡萄酒旗舰企业的成功之路。名人展厅内还汇聚了党和国家 20 多位领导人以及中外知名人士为公司所留珍贵留念。在品酒厅游客可以细细品味华夏长城为奥运会和世博会专门定做的佳酿，体会"葡萄美酒夜光杯"的意境，了解更多的品酒学问，体验浪漫的葡萄酒文化风情。鲜食葡萄采摘园可以让游客独享采摘的快乐。现代化贮酒车间、万吨全自动灌装生产线，每小时可生产葡萄酒 15 000 瓶，开创了中国葡萄酒业透明化酿酒的先河。1 800 平方米的游客接待中心，服务设施齐全，可容纳千人就餐，有各种礼品装葡萄酒供游客选购。

华夏长城庄园从世界葡萄酿酒名种种植示范园，葡萄酒陈酿、研发，到成品酒下线，分则各有千秋，合则首尾相连，是一座浓缩旅游观光、酒文化交流和感受葡萄酒原产地风貌的立体酿酒生态园，故有"黄山归来不看岳，华夏归来不问酒"之说。

8. 怡园酒庄

怡园酒庄位于距中国山西省太原市以南 40 公里的太谷县。这里具有典型的大陆性气候，四季分明，干旱、雨水少，且日照强烈，昼夜温差大，是种植酿酒葡萄的理想地带。在著名波尔多葡萄酒学者丹尼斯·博巴勒（Denis Bou-bals）的专业协助下，香港企业家陈进强先生于 1997 年创立怡园酒庄。

怡园酒庄的全称是"山西怡园酒庄有限公司"，它坐落在山西省太谷县的绿色生态农业示范园区内，酒庄是按葡萄园环绕酒庄主体建筑方式设计的。现有自控葡萄园 66.67 公顷，种植了霞多丽、白诗南、梅洛、品丽珠和赤霞珠等酿酒葡萄品种，产能近 3 000 吨葡萄酒，近年来的产量在 150 万～200 万瓶左右。

从酒庄选址，葡萄品种选择，葡萄种植到葡萄酒的酿造，酒庄都严格按照葡萄酒的生产规律进行。酒庄酿酒师热拉尔·高林先生是一位事必躬亲，有着严谨的工作作风的法国人。怡园酒庄有着独特的风土条件，为酿酒葡萄的种植和生长提供了得天独厚的环境。这里只采用传统的波尔多葡萄品种来酿造，产量受到严格的控制，在美国和法国橡木桶陈酿后，经过最后的瓶酿过程才投放上市。

9. 太阳谷庄园

辽宁太阳谷庄园葡萄酒有限公司于 1994 年在辽宁省灯塔市正式成立。这是一家以葡萄种植、葡萄酒酿造为主体的大型民营企业集团。太阳谷庄园总投资 1.8 亿，占地 0.33 万公顷，产量在 400～600 吨左右。太阳谷庄园的种植面积已接近 800 公顷。其中用于冰酒生产占 333.3 公顷。代表产品太阳谷冰酒（私藏）、太阳谷冰酒（珍藏）、太阳谷冰酒（典藏）。在这三款主打产品外，还研制开发了黄金素 SPA、法国蓝、雷司令·G 等多款优质葡萄酒。太阳谷庄园从法国、意大利、德国等地，引进了 37 个国际名优葡萄品种，经过了多年的试种与选育，目前已有 5 个品种在庄园落户，其品质达到了世界一级酒庄水平。太阳谷在酿酒葡萄种植、采摘方面都拥有自己独到的方法，在冰酒的酿造方面也有自己的独特技术。太阳谷庄园采用会员俱乐部连锁经营的模式，倡导高品位、崇尚自然、创造和谐环境，是帮助会员提升心智、扩大事业的上层社会交际平台。

10. 云南红酒庄

云南红酒庄位于距弥勒县城 14 公里的昆河公路旁，是以葡萄观光为主，集旅游、餐饮、娱乐、住宿、接待为一体，融商务、休闲、自然、品质于一身，中西文化相结合的特色酒庄。云南红酒庄有法邑基督圣恩大教堂，用全新的红酒烹饪传统菜式，民族气息浓重的祝酒歌和特色的歌舞表演，瑰丽典雅的葡萄庄园餐厅等。

坐落在万亩葡萄园中庄严的教堂，为您的内心找到一方释放的净土；惬意的酒吧，齐全的台球、乒乓球、棋牌麻将、卡拉 OK、网上冲浪等娱乐设施，为您休闲时光增添乐趣。简约的客栈、齐全的设施、清丽的葡萄田园，为您打造自然而又温馨的又一住家。"云南红·弥勒故事"葡萄酒主题餐厅、功夫茶商务会所，让您在感受中国茶与西方红酒文化完美结合的同时，更能体会红酒特色美食给您带来的味觉享受。

进入云南红酒庄，观看美丽的红酒女神雕塑、世纪之梦雕塑，走进占地约4 000多平方米的地下酒窖，可看到一排排从法国进口的橡木桶近千只，可储存高档陈酿酒 1 000 多吨，以地下最适宜的温度、湿度贮存，使葡萄酒缓慢陈熟，香味更加醇厚。最后参观文化馆和品酒室，"云南红"的各荣誉证书、各式侍酒用具及来自世界各地的酒具艺术品布满四周，体现着高雅的葡萄酒文化和云南红酒庄的历史。酒庄贯穿了以葡萄酒文化为主题的特色旅游，其中最具特色的四大胜景"万亩葡萄、十里村烟、映月双碧、听风白屋"及四大体验"剪烛品酒、开怀尝鲜、田园放歌、荷锄为农"共同构成了现阶段的基本旅游框架。

（二）酒庄功能特色比较

表6—3　酒庄功能特色比较

名　称	项　目	档次
张裕·卡斯特庄园	酒庄建筑、地下酒窖、葡萄园、参观博物馆、自酿美酒采摘	中高档
长城南王山谷葡萄酒庄园	"长城系列"葡萄酒酿造基地、国家级葡萄及葡萄酒科研中心、五星级标准的高档会所、万亩葡萄观光园、地下酒窖	高档
瑞事临葡萄酒庄	游园、品尝葡萄酒、参观生产线等	中档
华东百利酒庄	酒庄建筑、地下酒窖、葡萄园、2 000余米的葡萄酒文化长廊，刻有历代文人墨客励志诗词	中高档
容辰葡萄酒庄园	葡萄种植、试验示范、休闲娱乐	中档
朗格斯葡萄酒庄	参观酿造工艺、葡萄园、品酒、葡萄籽精华油 SPA 水疗中心	高档
华夏庄园	参观酿造工艺、葡萄园、品酒、华夏名品展示厅、华夏庄园、瓜果园、泛舟垂钓	中低档
山西怡园酒庄	以葡萄酒酿造为主	中低档
太阳谷庄园	以葡萄酒酿造为主	中低档
云南红酒庄	参观葡萄园、葡萄酒庄园区风景、了解葡萄酒工艺、品酒	中低档

（三）酒庄特色塑造特征

从前面的比较，各大著名酒庄有极其相似的地方，非常重视塑造原料品种、环境优良、工艺口味、历史文化等特征。此时，我们需要思考的是这些特征是否就是葡萄酒最为本质的特征，目标顾客是否欣赏、接受这些特征，因为这将关系到我们将发展什么样的葡萄产业园区呈现在世人面前，也关系到葡萄园区的兴衰。

二、葡萄园区应成为葡萄酒文化精神的载体

（一）葡萄酒产业正经历发展考验

1. 葡萄酒产量下跌收入下滑

2014 年葡萄酒市场仍在景气低点徘徊，国产葡萄酒的低点也将出现在2014 年。英特敏调查公司提供的数据亦显示，2013 年，包括团购在内的葡萄

酒非零售市场渠道的销量下跌了 10％，而零售市场逆势增长 6.2％。但尽管这样，众多国际葡萄酒品牌对中国市场的热情并未减退。国产葡萄酒产量下跌收入下滑，用"寒冬"来形容 2013 年中国葡萄酒市场再贴切不过了。从 2012 年的进口酒增速放缓、国产酒首度负增长，到 2013 年彻底放缓和深度下跌，无论中外，都不能独善其身。东方第一、世界最大的葡萄酒市场遭遇大考。

葡萄酒市场的大考在于受政治、经济气候影响。进口葡萄酒继续探底，来自中国海关的数据显示，2013 年中国进口葡萄酒总量为 37684 万升，相比 2012 年下降 4.46％。中国进口葡萄酒总额为 1.6 亿美元，同比下降 1.64％。这是在 2006 年以来，进口葡萄酒在 2009 年和 2013 年出现负增长。

值得注意的是，2013 年 6 月商务部宣布启动对欧盟出口至中国的葡萄酒启动双方调查，受此消息影响，国产葡萄酒趁势大涨。但在数月之后，寄希望于借此增长的国产葡萄酒并没有交出令人满意的答卷。最直接的一个体现是，行业的低迷让 2013 年国产葡萄酒业绩普遍蒙羞。但尽管这样，众多国际葡萄酒品牌对中国市场的热情并未减退。意大利酒商瑞克（音译）就带来了自己家乡的葡萄酒品牌，不懂中文并没有组织他们对中国市场的开拓，他到四川外国语学院请了翻译，希望借助糖酒会认识一些经销商。有着同样热情的还有包括保乐力加在内的国际巨头，其 CEO 表示，中国将来会成为保乐力加更大的消费市场。此外，来自美国、智利等新兴葡萄酒产区的品牌也在继续看好中国市场。

2. 葡萄酒企业探索市场出路乏力

以前葡萄酒庄的客户大多是针对国企等，大多数是公务消费，主要做高端红酒这一块。在整个葡萄酒业 2013 年的寒冬里，葡萄酒园区不得不选择转型大众消费来拯救自己的企业，同时调整自己的产品线，实现中高低端全面覆盖。作为中国进口葡萄酒市场首个跨入"亿瓶俱乐部"的卡思黛乐同样将 2014 年定位中国葡萄酒个人消费元年。在进入中国市场 8 年之后，卡思黛乐亚太区总裁毕杜维表示："在未来的一年里，葡萄酒市场必须把新的增长希望寄托在新兴的个人消费需求之上。"大部分葡萄酒商开始研究走流通渠道，怎么能够让经销商卖自己的产品，怎么让经销商亦赚到钱。

然而，面对大众消费，对于习惯于通过品鉴等方式吸引高端消费者的传统红酒营销，要面对大众消费，则面临着整体思维的重新构建。此前，以专卖店、酒窖为载体，成为中国葡萄酒高增长时期的典型特征。一位业内人士这样算账"开设这样的专卖店，前期投入费用大概在 60 万～70 万元，而一线城市可能达到百万，除去日常开销、人工工资等，每年要盈利就要实现百万元以上的销量，如果放在前几年，这些成本通过团购等渠道可以收回来，但是近一两年团购销量锐减，很多专卖店走入困境。"值得关注的是，酒窖作为葡萄酒行业曾积极探索的一种商业业态、推广品牌展示的先锋力量之一，现在却陷入了严峻的经营困境，全国各地不同程度的出现了酒窖关门潮。电商以扁平化的方式直面消费者，成为酒商眼中的重要方式。但是，在琳琅满目的葡萄酒产品中，如何选择你，成为葡萄酒商必须直面的课题。

（二）中外葡萄酒消费存在鲜明差异

1. 法国消费葡萄酒文化

世界各地都有种植葡萄，所以世界各国也都有葡萄酒的生产。在众多的红酒中独钟"法国红酒"的原因是，法国不但是全世界酿造最多种葡萄酒的国家，生产了无数闻名于世的高级葡萄酒，更为重要的，法国葡萄酒文化代表着一种生活方式与文化情趣。法国的葡萄酒文化是伴随着法国的历史与文明成长和发展起来的。葡萄酒文化已渗透进法国人的宗教、政治、文化、艺术及生活的各个层面，与人民的生活息息相关。作为世界政治、经济与文化大国，法国葡萄酒文化也影响着全世界人的生活方式与文化情趣。自从古代英勇无畏的水手把葡萄树枝从尼罗河的山谷和克里特岛带到希腊、西西里和意大利南部，再由此传入法国之后，葡萄的种植和酿酒技术在这块六边形的国土上得到了一代又一代人的改良、提升和发扬光大。

葡萄酒文化不仅表现了法兰西民族对精致美好生活的追求，也是法国文明和文化不可分割的一个重要部分。谈论葡萄酒文化，就不能不提及采摘葡萄的文化。收获葡萄是法国农业中最重要的事件之一。在烈日下采葡萄很辛苦，但充满欢乐。到处可见快乐的人群，随处可闻愉快的歌声。在著名的波加莱榨汁歌中，可以听到这样的歌词："滚滚的美酒，快装满酒壶……"。每年新酒上市时，法国餐馆都会忙乎一阵。全国大大小小的餐馆开始出售各种牌子的新酒，而亲朋好友、同事、恋人们则会去餐馆相聚，品尝新酒。空气中到处飘扬着丰收的节日气氛。法国著名化学家马丁·夏特兰·古多华（1772—1838）曾说过："酒反映了人类文明史上的许多东西，它向我们展示了宗教、宇宙、自然、肉体和生命。它是涉及生与死、性、美学、社会和政治的百科全书。"

2. 中国葡萄酒消费特征

当前，中外葡萄酒消费有着本质的不同。相比较而言，我国缺少与葡萄种植者息息相关的葡萄酒文化，更没有侃侃而谈的成熟消费者。我国的葡萄酒产业正处于起步阶段，人均葡萄酒消费远远低于国际平均水平，葡萄酒知识的普及率也很低。我国的消费者对于葡萄酒的消费选择上比较感性，往往缺乏主见。这主要表现在购买葡萄酒时的从众行为和对国外葡萄酒的盲目追捧。对于别人推荐的葡萄酒要买，商超里销售好的葡萄酒也要买，比较受追捧的葡萄酒更要买，即使价格高一点也无所谓。而国外的葡萄酒消费者对于葡萄酒的品质把握上比较理性，也有一定的鉴别能力，所以购买葡萄酒更贴近自己的实际需要，自己的取向。

受两千多年儒家思想的文化熏陶，中国人好面子。宴请宾朋好友、参加各种场合都离不开好酒，仿佛没有好酒就显不出档次来。加上现今消费观念的转变，餐桌上除了烈酒，也有了时尚且具有保健养生作用的葡萄酒，因此越来越多消费者开始选择葡萄酒。中国人的好面子在葡萄酒的选购中表现得淋漓尽致，买品牌酒，买进口酒，买畅销酒，只要是有档次的，能在酒桌餐桌上给自己长面子的酒，都会受到中国葡萄酒消费者的青睐。为了面子，中国人更舍得投入，所以买些价位在二三百元左右甚至价位更高的葡萄酒不足为奇。

国人对进口酒的葡萄酒崇拜并非对葡萄酒文化的理解。在国外葡萄酒市场的饱和和金融危机的影响，葡萄酒企业纷纷涌入中国。加之国内的进口葡萄酒商的炒作，导致了部分经销商和消费者对于进口葡萄酒的盲目崇拜。所以受这种风潮的影响，中国的消费者就会积极购买一些价位高的进口葡萄酒。比如拉菲在中国受到的狂热追捧，就与中国葡萄酒市场的文化淡薄分不开的。

在北京市场上，不仅有产自法国、德国、意大利、西班牙、葡萄牙、奥地利、南非等地的葡萄酒，国内葡萄酒品牌同样琳琅满目。在葡萄酒专营柜台，每当有客人靠近时，销售人员都会热情的迎上去"您想选瓶什么酒?"在顾客无法准确的说明自己想要的酒品时，销售店员总会补充一句"您想选购什么价位的?"一个小的细节是，销售人员问的是"价位"，而不是"口味"，这在一定程度上反映了北京市场对葡萄酒认知的局限性。到葡萄酒柜台的顾客主要是外国人、海归和白领。这些人又分为三类，其一是有喝葡萄酒的习惯，能够根据口味挑选适合自己的酒。其二是入门级的爱好者，对酒标上的产区、葡萄品种等一知半解。其三是几乎不懂葡萄酒，买葡萄酒就是"面子工程"，一味迷信知名酒庄，比如法国波尔多或拉菲。

（三）传承葡萄酒文化是葡萄园区发展的重要途径

1. 中国人的饮酒习惯对葡萄酒市场的重大影响

2012年1—11月，葡萄酒行业实现收入361.28亿元，同比增长10.78%，增速较上年同期下降10个百分点；实现利润43.64亿元，同比增长4.51%，增速较上年同期下降23个百分点。

2012年1—12月葡萄酒累计产量138.2万千升，同比增长21.51%；12月单月产量17.6万千升，同比上升44.26%，环比增长33.33个百分点。

2. 传承葡萄酒文化是葡萄产业的发展选择

从当前国产葡萄酒行业现状来看，行业本身还难以形成合力来引导国民对于国产葡萄酒价值的进一步认知。实际上业内都知道 2011 年在北京举办的一场盲品比赛中，来自宁夏产区的葡萄酒击败了法国波尔多名庄酒，再现 1976 年那场经典的美法葡萄酒大赛之盛况，这足够说明了中国葡萄酒这些年来所取得的发展。可这些信息也仅在行业内流传，而对于消费者，却没有发挥多少作用。

事实上，找到一个支点，唤起国人对于红酒消费兴趣的努力从来都没有停止过。但是对红酒的钟情还是停留在少数精英、红酒爱好者苛刻的红酒消费方式中，哪怕现在很多进口红酒品牌把价格降到了每瓶百元以下，许多人还是对红酒敬而远之，这不能不说是红酒推广的失败。

现在不少红酒从业者都是盲从的，处于集体无意识状态，都在强调自己的酒庄，强调自己的酿造工艺，而且，他们都有堂吉诃德式的精神，喜欢给自己找麻烦——如果绝大多数消费者很难体会出不同红酒的细微差别，为什么还要投入大量的资源逼迫消费者培养味蕾对红酒的敏感度呢？事实上，不同的酒庄、不同的红酒的细微区别，如果不是一个红酒行家，很难体会出不同红酒的细微差别，但多数红酒企业乐此不疲。

第六届香港国际美酒展期间，南澳洲大学营销学院研究员 Justin Cohen 博士介绍了关于中国内地葡萄酒市场的研究成果和市场分析。研究结果显示，从"生理可用性"方面，当前，中国人消费葡萄酒的最大目的是为了健康，其次是有助于自我放松，再次是创造友好氛围，口感仅仅排在第四位。所以，众多红酒企业多年对消费者的教育不见成效。

从"心理可用性"方面，葡萄酒，凝结着历史、地域、艺术等多种文化元素，葡萄酒文化讲究的是内涵，正如国际葡萄酒大师 Ron Geogiou 所说，"一粒葡萄可以告知气候，土壤和酿酒方式，它还能够讲出源于不同时间和地方的文化、历史、音乐、艺术和食品。"而在中国，这些文化元素多数是与白酒相关联的。

中国白酒文化历经几千年传承，源源不断，底蕴深厚，所以才能支撑其品牌的高附加值。而相对于白酒，现代意义上的葡萄酒在中国真正发展也才 30 余年。尽管这些年来业界有人在谈中国西部也有几千载的葡萄酒史，但那终归也只是在业界谈谈而已，历史的断档是无法去修复的。相比欧洲几千年葡萄酒发展史，我们的葡萄酒明显存在文化底蕴上的不足，正是因为这一重要原因影响了国产葡萄酒品牌附加值的提升与市场规模的发展，这一点是中国葡萄酒最难以突破的一关，但也是必须突破的一关。

法国葡萄酒在中国市场上的成功充分说明，文化是葡萄酒的"根"，如果消费者认同了这种文化，那么市场营销做起来将是很简单的事情。中国葡萄酒处于发展的初级阶段，葡萄酒文化的"功课"需要从现在开始做足。

3. 生活情趣与生活方式是葡萄酒文化的灵魂

不能否认法国的优质葡萄酒，但是更不能回避法国在中国营销的成功"文化渗透"。很多中国人之所以认同法国酒，一部分是确实懂得品尝，喜欢旧世界葡萄酒国家的酒厚重；还有一部分其实并非懂得品尝，而是被法国葡萄酒文化所俘获，认为法国酒就是好酒的代表。

提到葡萄酒，很多人第一个会想到法国，这个以香水、时装、巧克力、美食、美女而闻名的国度。虽然法国不是葡萄酒产量最大的国家，也不是葡萄种植面积最广的国家，但是它的葡萄酒却是全世界最著名的。在法国，遍布着多如繁星的葡萄酒庄。和法国人的浪漫一样，酒庄承载的不仅是浪漫，还蕴涵了法国的历史和文化，担当着法国重要的经济重任。

具有文化底蕴的法国葡萄酒像带有诗意的河流，将法国葡萄酒文化传播到世界各地。同时这种文化上的积淀，使得种植葡萄、酿制葡萄酒、品味葡萄酒变成了一门艺术、一门学科，更承载了精益求精，百年毫不懈怠的信用。

葡萄酒对于很多国家来说是一种农产品，一种带酒精的饮料，但对法国人来说是文化，是生活。这种葡萄酒文化和生活的灵魂又凝聚在那遍布全法国的葡萄庄园里。酒庄最早就起源于法国，从种植、酿造和销售，这一系列工作都在酒庄中完成。所以不论从葡萄品种的选择，种植方法和酿造方法都体现出酒庄独一无二的特性。

凡是去过法国葡萄酒庄园的人，都会对那些独特新奇的酒标产生浓厚的兴趣。法国的庄园主们视酒标为他们酒庄甚至家族的荣耀。每设计一款酒标，他们都要倾其全力。从构思到制图，所倾注的心血，一点也不亚于种植葡萄和酿酒。

法国有句谚语说得好："打开一瓶葡萄酒，就像打开一本书。"可以让人去品读其中的意味。法国的葡萄酒固然是佐餐饮料，但早已不单纯是一种饮品。法国的酒庄文化，使葡萄酒传承着法国辉煌的历史，将宗教、艺术和大自然融合在一体，展现着法兰西优雅的文化。

4. 葡萄产业园区是葡萄酒文化的良好载体

随着城镇化进程的加快、城乡居民可支配收入的提高和消费方式的转变，我国休闲农业在经历了萌芽起步、初步发展、较快发展阶段后，正步入规范提高的发展阶段。

我国悠久的农耕文明，浓郁的乡村文化，多彩的民俗风情，日益增长的休闲消费需求，为休闲农业发展提供了广阔的空间。农业部高度重视休闲农业发展，通过强化规范管理、加强公共服务、营造发展环境、提升发展内涵等措施，全面推进休闲农业持续健康发展，使休闲农业成为了我国城乡居民亲近自然的重要场所、农民朋友持续增收的重要途径。截至 2011 年年底，全国已有 8.5 万个乡村开展了休闲农业与乡村旅游活动，经营单位达 170 万家，从业人员 2 600 万，年接待游客超过 7.2 亿人次，年营业收入达到 2 160 亿元。

葡萄产业园区良好的自然生态环境非常适合开发休闲旅游。一个葡萄园和酒庄能出产一款上等好酒的最重要条件既不是葡萄品种，也不是葡萄的藤龄，更不是橡木桶的使用，而是风土条件（Terroir）。风土是产出好酒的最重要条件，这是葡萄酒行业的共识。葡萄园的风土条件包括了当地的大气候、产区所在的中气候、葡萄园本身的微气候，包括了葡萄园所在地块的土壤结构、排水性、坡度、朝向、海拔高度，包括了葡萄园周边的森林、河流、湖泊、山脉。简而言之，风土就是葡萄园的自然环境的方方面面。

以法国为代表的数百年来经久不衰的葡萄酒文化，自给自足、自产自销的法国后农业时代的田园风格，法国人轻松惬意，与世无争的生活方式带来的悠闲、小资、舒适而简单，浓郁的生活气息，正是人们假日休闲的取向。

目前，葡萄酒文化已经逐步成为各企业宣传的重点，通过文化的传播，能够实现葡萄酒市场的可持续增长。张裕文化博物馆将葡萄酒的历史、酿造等过程逐一展现给人们，加速了其葡萄酒文化的传播。华夏长城的酒窖则成为其标志性建筑。2006 年 6 月，龙徽葡萄酒博物馆开业，而新建的许多葡萄酒企业都开始重视企业文化的建设和葡萄酒文化的推广。张裕的爱斐堡酒庄集酿造、旅游、文化、休闲为一体，中粮君顶酒庄则将葡萄酒文化、葡萄酒休闲、葡萄酒商务、葡萄种植、葡萄酒酿造融为一体，以推广葡萄酒文化。

需要特别引起注意的，葡萄酒文化不只是历史、工艺、窖池等符号，更为重要的是一种生活的方式、一种生命的状态。所以，葡萄产业园区要成为葡萄酒文化的载体，需要塑造的是一种生活的地方，而不是游玩观光的地方。

第七章

葡萄文化开发的法律环境

第一节 打造品牌促进葡萄文化开发

一、概述

据报道，"中国驰名商标"甘肃莫高葡萄酒已进入国际中高端葡萄酒市场。越来越多的中国西部农产品走向世界，被国外客商看重，迅速成为国际农产品贸易市场上耀眼的明星。清徐县葡萄产业促进会注册的清徐葡萄、吐鲁番地区葡萄产业协会注册的吐鲁番葡萄、天津市汉沽区葡萄种植业协会注册的茶淀葡萄、阿图什果业协会注册的阿图什木纳格葡萄、张家口市宣化葡萄研究所注册的宣化牛奶葡萄、平度市大泽山葡萄协会注册的大泽山葡萄、慈溪市葡萄协会注册的慈溪葡萄、余姚市味香园葡萄研究所注册的余姚葡萄、吐鲁番地区葡萄产业协会注册的吐鲁番葡萄干、库车县牙哈镇阿合布亚葡萄协会注册的库车阿克沙伊瓦葡萄、吉林省集安山葡萄协会注册的集安山葡萄、新和县林果园艺协会注册的新和葡萄等都是通过注册集体商标和证明商标的途径获得地理标志使用权的。可见，品牌对于葡萄文化的开发具有十分重要的意义。涉及葡萄文化品牌开发的法律制度主要包括《商标法》、农产品地理标志等。

二、商标法律制度

（一）概述

1.《商标法》的概念

调整商标法律关系的法律是商标法。我国早在 1982 年就制定了《商标法》，后来历经多次修订，最新一次修订是在 2013 年 8 月。《商标法》的价值在于加强商标管理，保护注册商标专用权，促使生产、经营者保证商品和服务质量，维护商标信誉，以保障消费者和生产、经营者的利益，促进社会主义市场经济的发展。

2. 商标的概念

我国《商标法》第八条规定："任何能够将自然人、法人或者其他组织的商品与他人的商品区别开来的可视性标志，包括文字、图形、字母、数字、三维标志和颜色组合，以及上述要素的组合，均可以作为商标申请注册"。可见，商标是用来区别商品和服务的一种标记。

商标是标记，但并非什么样的"标记"都能作为商标使用。下列标记不得用于商标：同中华人民共和国的国家名称、国旗、国徽、军旗、勋章相同或者近似的，以及同中央国家机关所在地特定地点的名称或者标志性建筑物的名称、图形相同的；同外国的国家名称、国旗、国徽、军旗相同或者近似的，但该国政府同意的除外；同政府间国际组织的名称、旗帜、徽记相同或者近似的，但经该组织同意或者不易误导公众的除外；与表明实际控制、予以保证的官方标志、检验印记相同或者近似的，但经授权的除外；同"红十字""红新月"的名称、标志相同或者近似的；带有民族歧视性的；夸大宣传并带有欺骗性的；有害于社会主义道德风尚或者有其他不良影响的；县级以上行政区划的地名或者公众知晓的外国地名，不得作为商标，但是，地名具有其他含义或者作为集体商标、证明商标组成部分的除外，已经注册的使用地名的商标继续有效。

3. 商标的种类

依据不同的标准可以对商标进行不同的分类。

（1）如果按照商标是否经过注册来划分，商标可以分为注册商标和未注册商标两大类。经商标局核准注册的商标为注册商标，未经注册而自行使用的商标就是未注册商标。我国在商标注册领域实行自愿原则，除法律规定实行强制注册的商品之外，可以使用未注册商标，但只有注册商标才享有专用权。

（2）如果按照商标的适用领域来划分，可以分为商品商标、服务商标、集体商标和证明商标。商品商标是表明商品来源的标志，而服务商标则是服务提供者标明其服务并与他人相区别的标志。商品商标和服务商标的最大区别在于使用对象的不同。由于这两种商标的本质特征是一致的，所以在法律上的规定是通用的。集体商标和证明商标与农产品原产地、地理标志产品等关系密切，是特殊的注册商标，将在本章后面进行介绍。

4. 商标的作用

《商标法》规定，"商标使用人应当对其使用商标的商品质量负责。各级工商行政管理部门应当通过商标管理，制止欺骗消费者的行为"。生产者通过商标表示商品为自己所提供，服务提供者通过商标表示某项服务为自己所提供，而消费者也正是通过这种标记来辨别商品或服务，进而对商品或服务做出选择。因此，商标的使用可以使生产经营者体会到市场竞争的压力，而关注商品质量，商标从而起到了保证商品品质的作用。商标凝结了被其标示的商品以及该商品的生产经营者的信誉，商标是商品信誉和与之有关的企业信誉的最佳标记。因此，树立商誉的有效途径是形成声誉卓著的商标。这种富有声誉的商标既可有益于消费者选择可信的商品，又可以帮助生产经营者的商誉免受侵害。从一定角度来说，企业的竞争、商品的竞争就是商标的竞争。

5. 驰名商标

驰名商标是指在中国为相关公众广为知晓并享有较高声誉的商标。相关公众包括与使用商标所标示的某类商品或者服务有关的消费者，生产前述商品或者提供服务的其他经营者以及经销渠道中所涉及的销售者和相关人员等。为相关公众所熟知的商标，持有人认为其权利受到侵害时，可以依照《商标法》的有关规定请求驰名商标保护。认定驰名商标应当考虑下列因素：相关公众对该商标的知晓程度；该商标使用的持续时间；该商标的任何宣传工作的持续时间、程度和地理范围；该商标作为驰名商标受保护的记录；该商标驰名的其他因素。驰名商标受到法律的特殊保护，但生产、经营者不得将"驰名商标"字样用于商品、商品包装或者容器上，或者用于广告宣传、展览以及其他商业活动中。

（二）商标专用权的保护

《商标法》规定，通过商标注册，取得商标专用权，商标注册人享有商标专用权，受法律保护。注册商标的专用权，以核准注册的商标和核定使用的商品为限。侵犯商标专用权的行为包括以下几种：未经商标注册人的许可，在同一种商品或者类似商品上使用与其注册商标相同或者近似的商标的；销售侵犯注册商标专用权的商品的；伪造、擅自制造他人注册商标标识或者销售伪造、擅自制造的注册商标标识的；未经商标注册人同意，更换其注册商标并将该更换商标的商品又投入市场的；给他人的注册商标专用权造成其他损害的行为。

（三）商标的注册

1. 商标的注册条件

法律规定的商标注册的条件有两项，一是申请注册的商标应当有显著特征，便于识别；二是申请注册的商标，不得与他人在先取得的合法权利相冲突。此外，法律特别规定下列标志不得作为商标注册：仅有本商品的通用名称、图形、型号的；仅仅直接表示商品的质量、主要原料、功能、用途、重量、数量及其他特点的；其他缺乏显著特征的。不得作为商标注册的标志，如果经过使用取得显著特征并便于识别的，可以作为商标注册。

2. 商标注册的程序

需要取得商标专用权的，应当向国家工商行政管理总局中的商标局申请商标注册。申请商标注册的，应当按规定的商品分类表填报使用商标的商品类别和商品名称。同一个商标注册申请人需要将同一商标注册使用在不同类别的商品上时，应当按照商品分类表提出注册申请。同一类的不同商品使用注册商标应另行提出申请。改变商标标志应当重新提出注册申请。申请注册商标不得损害他人现有的在先权利，也不得以不正当手段抢注他人已经使用并有一定影响的商标。

商标局受理申请后，对申请进行初步审查并予以公告。有两个或者两个以上的商标注册申请人，在同一种商品或者类似商品上，以相同或者近似的商标申请注册，商标法确立了申请在先的原则。对初步审定的商标，自公告之日起三个月内，任何人均可以提出异议。公告期满无异议的，予以核准注册，发给商标注册证。商标注册证是国家法定的商标主管机关颁发给商标注册人的法律凭证，是商标注册人取得商标专用权的有法律效力的依据，商标注册人只能根据商标注册证所记载的核定使用商品，在注册有效期限范围内使用注册商标。商标的续展注册、变更注册、转让注册等，都需由商标主管机关在商标注册证上加注。

(四) 商标续展注册

商标注册取得商标专用权是有期限的，中国为十年。注册商标有效期满，需要继续使用的，应当依法办理续展注册，然后才能继续享有商标专用权，每次续展注册的有效期为十年，不限定续展注册次数，如果续展注册连续不断，商标专用权就可以长期享有。

(五) 注册商标的转让和使用许可

注册商标转让是指注册商标的持有人将其享有的注册商标专用权转让给他人持有。转让注册商标的，转让人和受让人应当签订书面转让协议，并共同向商标局提出注册商标转让申请，商标局对所受理的转让注册商标申请进行审查，经核准后予以公告。受让人应当保证该注册商标的商品质量。

注册商标的使用许可不同于注册商标的转让，是指注册商标的持有人在保留专有权的情况下，许可他人使用该商标。使用许可的内容一般有三种情况：一是独占使用许可，即被许可人在一定的时间和地域内，全部享有该商标的使用权，即使商标持有人也不能使用；二是独家使用许可，它与独占使用许可的区别在于，在一定的时间和地域内，除许可人本人可使用该商标外，其他任何人都不能使用该商标，故又称之为排他使用许可；三是普通使用许可，许可人在一定的时间和地域内，可以许可多人使用该商标，被许可人无权排斥其他被许可人使用该商标。商标使用许可的程序是，由许可人与被许可人签订商标使用许可合同并报商标局备案。许可人的义务包括以下几个方面：一是许可人应当监督被许可人使用其注册商标的商品质量；二是被许可人应当保证使用该注册商标的商品质量；三是经许可使用他人注册商标的，必须在使用该注册商标的商品上标明被许可人的名称和商品产地。

三、地理标志法律制度

（一）地理标志法律制度概述

1. 地理标志的概念

某些农产品的品质与特定的地域有十分密切的关系。我国的吐鲁番葡萄、法国波尔多葡萄酒都是人们耳熟能详的，这个特定的地域被称为原产地。原产地是通过附加在产品外包装上的标志来体现的，在我国，这个标志被称为地理标志。世界贸易组织在《与贸易有关的知识产权协议》中对地理标志做了经典的定义：地理标志是指证明某一产品来源于某一成员或某一地区或该地区内的某一地点的标志，该产品的某些特定品质、声誉或其他特点在本质上可归因于该地理来源。

2. 地理标志的特征

地理标志是产品品质特征和信誉的标志，是区域文化和区域形象的代表符号，所以说地理标志是有价值的。地理标志的价值具有综合性的特点，已经超越了其经济价值，地理标志与当地人文相结合，使之具有了人文价值，已经成为了当地人们生活的重要组成部分。正如一提起香槟酒和干邑酒就会联想起浪漫的法国文化。正因为地理标志有价值，所以产品的经营者应当树立品牌意识，立法者应当通过立法对地理标志加以保护。

地理标志从一定意义上说属于一定区域范围的人们"共同所有，"具有区域性、长久性和群体性。地理标志的专用权与注册商标的专用权含义不同，凡是在一定区域内的相关企业，在经过了相应的法律程序之后就可以使用该地理标志。例如，沙城葡萄酒作为地理标志，于 2014 年 3 月 4 日经国家质检总局登记并公告。第一批允许使用该地理标志的企业达到 12 家，涉及注册商标 11 个。也就是说，这 12 家企业生产的涉及 11 个注册商标的葡萄酒都可以标注"沙城葡萄酒"地理标志并使用相应标识。

3. 国外地理标志法律制度的立法模式

世界贸易组织将地理标志保护法律制度纳入知识产权保护法律制度的范畴，而且将其作为成员必须履行的义务，可见，对地理标志进行保护是全世界的通行做法。国际上对地理标志保护基本上有四种模式，一是以商标的方式给予保护，以德国、英国、美国为代表；二是通过反不正当竞争法的模式给予法律保护，以瑞典为代表；三是通过专门的地理标志立法进行保护，以法国为代表；四是混合立法保护，即当事人可以选择以商标保护地理标志，也可以选择地理标志的专门保护，以西班牙为代表。

4. 我国地理标志保护制度的立法模式

我国基本上采用的是混合立法保护模式。由于特殊的原因，我国目前存在相互重叠的三套制度和三个主管部门，这三套法律制度和三个主管部门分别是2005年国家质量监督检验检疫总局颁布的《地理标志产品保护规定》、2007年由农业部颁布的《农产品地理标志管理办法》和2001年修订后的《商标法》。前两项规定是部门规章，分别由各自的制定机关负责实施，《商标法》由国家工商行政管理总局商标局（以下简称商标局）负责实施。由此可见，申请人在实际操作过程中有三个选择：一是将地理标志作为集体或证明商标向国家商标局申请，二是向国家质检总局申请地理标志产品保护，三是向农业部申请农产品地理标志。不同的地理标志保护规范在主管机关、申请程序等方面各不相同，但最终的效果是一样的。从我国目前的实际情况来看，在有关葡萄地理标志保护方面，申请人更热衷于根据《商标法》申请注册集体商标或证明商标的方式来实现对权利的保护。

（二）获得地理标志保护的三种途径

1. 通过向国家质检总局申请获得地理标志使用权

国家质量监督检验检疫总局于2005年颁布了《地理标志产品保护规定》，规定国家质检总局统一管理全国的地理标志产品保护工作。《地理标志产品保护规定》的适用范围包括：来自本地区的种植、养殖产品；原材料全部来自本地区或部分来自其他地区，并在本地区按照特定工艺生产和加工的产品。地理标志产品包括但不限于农产品，这是与农产品地理标志保护法律制度的最大区别。

政府地理标志产品保护机构或政府认定的协会和企业可以作为地理标志产品申请人，申请人由当地县级以上人民政府指定，并征求相关部门意见。

地理标志产品的保护申请向当地县级或县级以上质量技术监督部门提出；出口企业地理标志产品的保护申请向本辖区内出入境检验检疫部门提出。省级质量技术监督局和直属出入境检验检疫局按照分工，分别负责对拟申报的地理标志产品的保护申请提出初审意见，并将相关文件、资料上报国家质检总局。国家质检总局对收到的申请进行审查。审查合格的，发布该产品获得地理标志产品保护的公告。

地理标志产品产地范围内的生产者使用该标志，应向当地质量技术监督局或出入境检验检疫局提出申请，经省级质量技术监督局或直属出入境检验检疫局审核，并经国家质检总局审查合格注册登记后，发布公告，生产者即可在其产品上使用。

2. 通过向农业部申请获得专用权

2008 年农业部颁布《农产品地理标志管理办法》，规定农业部负责全国农产品地理标志的登记工作，农业部农产品质量安全中心负责农产品地理标志登记的审查和专家评审工作。农业部负责的农产品地理标志仅限于农业初级产品，即在农业活动中获得的植物、动物、微生物及其产品，不受理非农产品地理标志登记申请。葡萄既可以通过国家质检总局的途径获得地理标志使用权，又可以通过向农业部申请获得专用权，而葡萄酒只能通过向国家质检总局申请获得专用权，当然，二者都可以通过向国家商标局提出申请注册集体商标或证明商标。

农产品地理标志登记申请人必须是县级以上地方人民政府择优确定的农民专业合作经济组织、行业协会等组织。申请人应当具备监督和管理农产品地理标志及其产品，为地理标志农产品生产、加工、营销提供指导服务以及独立承担民事责任的能力。申请人应当提交登记申请书、资质证明以及产品特性描述、品质鉴定报告、产地环境条件等必要的说明性或者证明性材料。

省级人民政府农业行政主管部门负责本行政区域内农产品地理标志登记申请的受理和初审工作。符合条件的，将申请材料和初审意见报送农业部农产品质量安全中心；不符合条件的，应当在提出初审意见之日起 10 个工作日内将相关意见和建议通知申请人。农业部农产品质量安全中心收到申请材料和初审意见之后，对申请材料进行审查，提出审查意见，并组织专家评审。经专家评审通过的，向社会公示。公示无异议的，由农业部做出登记决定并公告，颁发《中华人民共和国农产品地理标志登记证书》，公布登记产品相关技术规范和标准。

生产经营的农产品产自登记确定的地域范围、取得登记农产品相关的生产经营资质、能够严格按照规定的质量技术规范组织开展生产经营活动、具有地理标志农产品市场开发经营能力的单位和个人，可以向登记证书持有人申请使用农产品地理标志，并且按照生产经营年度与登记证书持有人签订农产品地理标志使用协议，在协议中载明使用的数量、范围及相关的责任义务，但标志登记证书持有人不得向标志使用人收取使用费。获得使用许可后，使用人可以在产品及其包装上使用农产品地理标志，可以使用登记的农产品地理标志进行宣传和参加展览、展示及展销。使用人应自觉接受登记证书持有人的监督检查，保证地理标志农产品的品质和信誉，正确规范地使用农产品地理标志。

3. 向国家工商行政管理总局商标局申请注册集体商标或证明商标

2001 年《商标法》修订后，规定地理标志可以通过申请集体商标和证明商标方式获得保护。2003 年，商标局制定了《集体商标、证明商标注册和管理办法》对地理标志申请条件、受理部门、使用管理等作出了更为具体的规定。

集体商标是指以团体、协会或者其他组织名义注册，供该组织成员在商事活动中使用，以表明使用者在该组织中的成员资格的标志。集体商标不是个别企业的商标，而是多个企业组成的某一组织的商标。集体商标可以使用于商品，也可以使用于服务。集体商标由该组织的成员共同使用，不是该组织的成员不能使用，也不得转让。证明商标是指由对某种商品或者服务具有监督能力的组织所控制，而由该组织以外的单位或者个人使用于其商品或者服务，用以证明该商品或者服务的原产地、原料、制造方法、质量或者其他特定品质的标志。证明商标应由某个具有监督能力的组织注册，由其以外的其他人使用，注册人不能使用。它是用以证明商品或服务本身出自某原产地，或具有某种特定品质的标志。

申请人若要将地理标志作为集体商标或证明商标进行注册，应获得管辖该地理标志所标示地区的人民政府或者行业主管部门的批准。需要提交主体资格证明文件并应当详细说明其所具有的专业技术人员、专业检测设备等情况，以表明其具有监督使用该地理标志商品的特定品质的能力。以集体商标申请注册的团体、协会或者其他组织，应当由来自该地理标志标示的地区范围内的成员组成。

地理标志集体商标或证明商标注册，受理机关为国家商标局。一个集体商标或证明商标在一个类别上申请注册，不管指定多少个商品或者服务项目，均为一件注册申请。

将地理标志申请为集体商标、证明商标的注册人应当制定商标使用管理规则，明确注册人和使用人的权利和义务等。商标使用管理规则的全文或者摘要须与商标初步审定结果一并公告；对使用管理规则进行修改，应报经国家商标局审查核准，并自公告之日起生效。符合使用证明商标条件的自然人、法人或者其他组织可以要求使用该证明商标，控制该证明商标的组织应当允许。集体商标注册人的集体成员在履行该集体商标使用管理规则规定的手续后，可以使用该集体商标。集体商标不得许可非集体成员使用。

四、农业文化遗产保护制度

国务院在 2006 年下发了《关于加强文化遗产保护工作的通知》，要求进一步加强文化遗产保护，决定从 2006 年起，每年 6 月的第二个星期六为我国的"文化遗产日"。《通知》明确，文化遗产包括物质文化遗产和非物质文化遗产。物质文化遗产是具有历史、艺术和科学价值的文物；非物质文化遗产是指各种以非物质形态存在的与群众生活密切相关、世代相承的传统文化表现形式，包括口头传统、传统表演艺术、民俗活动和礼仪与节庆、有关自然界和宇宙的民间传统知识和实践、传统手工艺技能等以及与上述传统文化表现形式相关的文化空间。

文化遗产是民族的，也是世界的。"保护文化遗产，就是保护一个民族文化的 DNA。"这是一个十分形象的比喻。DNA 是生命个体在生理上区别于其他个体的标志。而对于一个民族来说，以物质或非物质形态存在的传统文化表现形式，如建筑、器具、书画、习俗礼仪、手工技艺、表演艺术等以及与这些表现形式相关的文化元素，经过岁月的千锤百炼存留至今，凝结着历史的必然选择，凝聚着人类的集体记忆。这些记忆犹如人类进化发展的固化的或活态的"基因"，历经沧桑而脉络不断，成为民族生生不息的文化底蕴，彰显着民族的文化身份和民族性格。

无论是静态的物质文化遗产，还是动态的非物质文化遗产，如果不能与时代、与生活、与群众建立联系，那么其价值就不能得到体现，其保护和传承就无从谈起。正因如此，保护文化遗产应该有活态思维、平民视角、发展眼光。活态思维，就是使文化遗产在历史与现实的沟通中鲜活起来，在本土与国际的对话中凸显出来；平民视角，就是要探索一条使文化遗产贴近大众的模式，使其在最朴素的"文化回家"当中彰显人文精神和实用价值，充实人民群众的精神世界和生活方式；发展眼光，就是把文化遗产放在动态发展的过程中，去伪存真、去粗取精、锤炼提纯，使之适合我们的时代，而不是固守陈规、一成不变。[①]

农业文化遗产是人类文化遗产中的重要组成部分，是指人类与其所处环境长期协同发展中，创造并传承至今的独特的农业生产系统，这些系统具有丰富的农业生物多样性、传统知识与技术体系和独特的生态与文化景观等，对农业文化传承、农业可持续发展和农业功能拓展具有重要的科学价值和实践意义。具体体现出以下 6 个特点：一是活态性。这些系统历史悠久，至今仍然具有较强的生产与生态功能，是农民生计保障和乡村和谐发展的重要基础；二是适应性。这些系统随着自然条件变化、社会经济发展与技术进步，为了满足人类不断增长的生存与发展需要，在系统稳定基础上因地、因时地进行结构与功能的调整，充分体现出人与自然和谐发展的生存智慧；三是复合性。这些系统不仅包括一般意义上的传统农业知识和技术，还包括那些历史悠久、结构合理的传统农业景观，以及独特的农业生物资源与丰富的生物多样性；四是战略性。这些系统对于应对经济全球化和全球气候变化，保护生物多样性、生态安全、粮食安全，解决贫困等重大问题以及促进农业可持续发展和农村生态文明建设具

---

① 刘琼，《保护遗产 延续民族文化的基因》，《人民日报》，2007 年 6 月 8 日第 4 版。

有重要的战略意义；五是多功能性。这些系统或兼具食品保障、原料供给、就业增收、生态保护、观光休闲、文化传承、科学研究等多种功能；六是濒危性。由于政策与技术原因和社会经济发展的阶段性造成这些系统的变化具有不可逆性，会产生农业生物多样性减少、传统农业技术知识丧失以及农业生态环境退化等方面的风险。

我国农耕文化源远流长，是中华文明立足传承之根基。中华民族在长期的生息发展中，凭借着独特多样的自然条件和勤劳与智慧，创造了种类繁多、特色明显、经济与生态价值高度统一的重要农业文化遗产。但由于缺乏系统有效的保护，在经济快速发展、城镇化加快推进和现代技术应用的过程中，一些重要农业文化遗产正面临着被破坏、被遗忘、被抛弃的危险。为加强对我国重要农业文化遗产的挖掘、保护、传承和利用，我国农业部在广泛调查、认真研究并借鉴和学习国内外遗产发掘工作成功经验的基础上，于 2012 年启动了中国重要农业文化遗产发掘工作，确立了"在发掘中保护、在利用中传承"的基本思路，制订了相关标准，构建了农业文化遗产动态保护传承机制。在各地筛选推荐、专家反复评审的基础上，发布了 19 项中国重要农业文化遗产，在社会上引起了强烈反响。

坐落于首都北京西北 150 公里处的宣化古城，历来就有"葡萄城"的美誉，据《宣化葡萄史话》记载，宣化葡萄最早引进栽培时间为唐代，距今已有1 300 多年的栽培历史。宣化传统葡萄园至今仍沿用传统的漏斗架栽培方式。漏斗架是一种古老的传统架式，因其架式像漏斗而得名，架身向上倾斜 30°～35°，呈放射状。"内方外圆"优美独特的漏斗架，适于观赏和乘凉休闲。这种架形的优势是：光能集中、肥源集中、水源集中，具有抗风、抗寒等特点。宣化独特地理和自然条件孕育了宣化牛奶葡萄独特品质。宣化牛奶葡萄属鲜食葡萄品种，皮肉黄绿色，质脆而多汁，酸糖比适中，素有"刀切牛奶不流汁"的美誉。宣化葡萄主要用作鲜食，其营养价值很高，有健脾和胃，利尿清血，除烦解渴，帮助消化的作用。宣化牛奶葡萄 1909 年在巴拿马万国物产博览会获得"荣誉产品奖"，1999 年获昆明世博会铜奖，2007 年获国家地理标志证明商标、国家地理标志产品保护和"中国农产品区域公用品牌价值百强"三项国家殊荣，2009 年、2010 年、2011 年连续三年蝉联"中国农产品区域公用品牌价值百强"奖。2013 年 5 月 21 日在农业部"中国重要农业文化遗产"评选中被评为首批"中国重要农业文化遗产"。同年 5 月 29 日，在日本召开的"第四届全球重要农业文化遗产国际论坛"上，经过全球 200 多名专家的无记名投票，河北省张家口市宣化区的"宣化城市传统葡萄园"被联合国粮农组织正式批准为"全球重要农业文化遗产保护试点"，成为全球首个以"城市农业文化遗产"

命名的传统农业系统。"传统葡萄园"成为农业文化遗产，不但将"宣化牛奶葡萄"品牌推出国门，使区域葡萄的世界影响力不断增强，带来更多的国际间交流合作，还可为地方带来许多发展机遇，为经济建设注入新的活力。

第二节　保障葡萄食品内在质量安全

一、葡萄的种植必须符合农产品质量安全法的有关规定

（一）农产品质量安全法律制度与葡萄质量安全的关系

《农产品质量安全法》是我国目前规制农产品质量安全最主要的法律。这里所说的农产品是指来源于农业的初级产品，即在农业活动中获得的植物、动物、微生物及其产品。葡萄无疑属于初级农产品的范畴，所以，葡萄的种植要遵守《农产品质量安全法》。

农产品质量安全是指农产品质量符合保障人的健康、安全的要求。农产品质量安全中的"质量"强调的是符合健康、安全要求的农产品的可靠性。农产品质量与安全相辅相成，共同发挥作用。农产品质量是为了保障消费者的安全，消费者的安全是强调农产品质量的目的。葡萄无论是生食、晒制葡萄干，还是用来酿酒，保障其安全的根本是整个种植的过程必须符合法律的规定。

（二）农产品产地制度

农产品质量安全与农产品的产地密切相关，对农产品生产环境的污染和破坏会直接导致农产品不符合健康安全的质量标准，因此，关于农产品的产地问题法律做出了如下规定：

（1）禁止建立农产品生产基地的地域。禁止在有毒有害物质超过规定标准的区域生产、捕捞、采集食用农产品和建立农产品生产基地。

（2）禁止污染农产品生产基地。禁止违反法律、法规的规定向农产品产地排放或者倾倒废水、废气、固体废物或者其他有毒有害物质。农业生产用水和用作肥料的固体废物，应当符合国家规定的标准。

（3）禁止污染农产品。农产品生产者应当合理使用化肥、农药、兽药、农用薄膜等化工产品，防止对农产品产地造成污染。

（三）农产品生产制度

农产品生产是农产品生产者在一定的生产条件下有意识的行为，在农产品生产环节采取有力措施可以有效保障农产品的质量安全，因此，关于农产品的产地问题法律做出了如下规定：

1. 农产品生产记录

农产品生产企业和农民专业合作经济组织应当建立农产品生产记录，如实记载下列事项：使用农业投入品的名称、来源、用法、用量和使用、停用的日期；动物疫病、植物病虫草害的发生和防治情况；收获、屠宰或者捕捞的日期；农产品生产记录应当保存 2 年。禁止伪造农产品生产记录。国家鼓励其他农产品生产者建立农产品生产记录。

2. 农产品质量检验

农产品生产企业和农民专业合作经济组织，应当自行或者委托检测机构对农产品质量安全状况进行检测；经检测不符合农产品质量安全标准的农产品，不得销售。

3. 农产品质量自律管理

农民专业合作经济组织和农产品行业协会对其成员应当及时提供生产技术服务，建立农产品质量安全管理制度，健全农产品质量安全控制体系，加强自律管理。

（四）农产品包装和标识制度

包装是农产品质量的有效保障手段，标识是农产品质量的表现方法，二者也是农产品质量安全法律制度的重要组成部分。

1. 农产品包装和标识要求

农产品生产企业、农民专业合作经济组织以及从事农产品收购的单位或者个人销售的农产品，按照规定应当包装或者附加标识的，须经包装或者附加标识后方可销售。包装物或者标识上应当按照规定标明产品的品名、产地、生产者、生产日期、保质期、产品质量等级等内容；使用添加剂的，还应当按照规定标明添加剂的名称。农产品生产企业、农民专业合作经济组织以及从事农产品收购的单位或者个人，用于销售的下列农产品必须包装：获得无公害农产品、绿色食品、有机农产品等认证的农产品，但鲜活畜、禽、水产品除外；省级以上人民政府农业行政主管部门规定的其他需要包装销售的农产品。符合规定包装的农产品拆包后直接向消费者销售的，可以不再另行包装。农产品包装应当符合农产品储藏、运输、销售及保障安全的要求，便于拆卸和搬运。包装农产品的材料和使用的保鲜剂、防腐剂、添加剂等物质必须符合国家强制性技术规范要求。包装农产品应当防止机械损伤和二次污染。农产品生产企业、农民专业合作经济组织以及从事农产品收购的单位或者个人包装销售的农产品，应当在包装物上标注或者附加标识标明品名、产地、生产者或者销售者名称、生产日期。有分级标准或者使用添加剂的，还应当标明产品质量等级或者添加剂名称。未包装的农产品，应当采取附加标签、标识牌、标识带、说明书等形式标明农产品的品名、生产地、生产者或者销售者名称等内容。农产品标识所用文字应当使用规范的中文。标识标注的内容应当准确、清晰、显著。销售获得无公害农产品、绿色食品、有机农产品等质量标志使用权的农产品，应当标注相应标志和发证机构。禁止冒用无公害农产品、绿色食品、有机农产品等质量标志。畜禽及其产品、属于农业转基因生物的农产品，还应当按照有关规定进行标识。

2. 农产品质量标志

销售的农产品必须符合农产品质量安全标准，生产者可以申请使用无公害农产品标志。农产品质量符合国家规定的有关优质农产品标准的，生产者可以申请使用相应的农产品质量标志。

（五）农产品质量监督检查制度

有关主管部门对农产品质量的监督检查可以发现农产品质量问题，查处违法行为，震慑违法行为人。

1. 不得销售的农产品

含有国家禁止使用的农药、兽药或者其他化学物质的；农药、兽药等化学物质残留或者含有的重金属等有毒有害物质不符合农产品质量安全标准的；含有的致病性寄生虫、微生物或者生物毒素不符合农产品质量安全标准的；使用的保鲜剂、防腐剂、添加剂等材料不符合国家有关强制性的技术规范的；其他不符合农产品质量安全标准的。

2. 农产品质量安全监测

县级以上人民政府农业行政主管部门应当按照保障农产品质量安全的要求，制定并组织实施农产品质量安全监测计划，对生产中或者市场上销售的农产品进行监督抽查。监督抽查结果由国务院农业行政主管部门或者省、自治区、直辖市人民政府农业行政主管部门按照权限予以公布。

3. 农产品质量安全社会监督

国家鼓励单位和个人对农产品质量安全进行社会监督。任何单位和个人都有权对违法行为进行检举、揭发和控告。有关部门收到相关的检举、揭发和控告后，应当及时处理。

4. 农产品质量安全事故处理

发生农产品质量安全事故时，有关单位和个人应当采取控制措施，及时向所在地乡级人民政府和县级人民政府农业行政主管部门报告；收到报告的机关应当及时处理并报上一级人民政府和有关部门。发生重大农产品质量安全事故时，农业行政主管部门应当及时通报同级食品药品监督管理部门。

二、打造无公害、绿色和有机农产品的"名片"

无公害农产品是指产地环境、生产过程和产品质量均符合国家有关标准和规范的要求，经认证合格获得认证证书并允许使用无公害农产品标志的未经加工或者初加工的农产品。无公害农产品作为市场准入的基本条件，坚持政府推动为主导，在加快产地认定和强化产品认证的基础上，依法实施标志管理，逐步推进从阶段性认证向强制性要求转变，全面实现农产品的无公害生产和安全消费。无公害农产品发展的重点是"菜篮子"和"米袋子"产品。

绿色农产品是指遵循可持续发展原则、按照特定生产方式生产、经专门机构认定、许可使用绿色食品标志的无污染的农产品。绿色食品作为安全优质精品品牌，坚持证明商标与质量认证管理并举、政府推动与市场引导并行，以满足高层次消费需求为目标，带动农产品市场竞争力全面提升。绿色食品发展重点是优势农产品、加工农产品和出口农产品。

有机农产品是指根据有机农业原则和有机农产品生产方式及标准生产、加工出来的，并通过有机食品认证机构认证的农产品。有机农业的原则是，在农业能量的封闭循环状态下生产，全部过程都利用农业资源，而不是利用农业以外的能源（化肥、农药、生产调节剂和添加剂等）影响和改变农业的能量循环。有机农业生产方式是利用动物、植物、微生物和土壤 4 种生产因素的有效循环，不打破生物循环链的生产方式。有机农产品是扩大农产品出口的有效手段，坚持以国际市场需求为导向，按照国际通行做法，逐步从产品认证向基地认证为主体的全程管理转变，立足国情，发挥农业资源优势和特色，因地制宜地发展有机农产品。有机农产品重点发展有国际市场需求的农产品。

三、葡萄制品的生产加工和经营应当遵守食品安全法的规定

在中华人民共和国境内从事下列活动应当遵守《食品安全法》：食品生产和加工（以下称食品生产），食品流通和餐饮服务（以下称食品经营）；食品添加剂的生产经营；用于食品的包装材料、容器、洗涤剂、消毒剂和用于食品生产经营的工具、设备（以下称食品相关产品）的生产经营；食品生产经营者使用食品添加剂、食品相关产品；对食品、食品添加剂和食品相关产品的安全管理。由此可见，生产加工和经营葡萄制品应当符合食品安全法的有关规定。《食品安全法》规定的主要制度包括以下几个方面：

（一）食品安全标准制度

食品安全标准包括国家标准、行业标准和企业标准。企业生产的食品没有

食品安全国家标准或者地方标准的，应当制定企业标准，作为组织生产的依据。国家鼓励食品生产企业制定严于食品安全国家标准或者地方标准的企业标准。企业标准应当报省级卫生行政部门备案，在本企业内部适用。

（二）食品生产经营制度

1. 食品生产经营的条件

食品生产经营应当符合食品安全标准，并符合下列要求：具有与生产经营的食品品种、数量相适应的食品原料处理和食品加工、包装、贮存等场所，保持该场所环境整洁，并与有毒、有害场所以及其他污染源保持规定的距离；具有与生产经营的食品品种、数量相适应的生产经营设备或者设施，有相应的消毒、更衣、盥洗、采光、照明、通风、防腐、防尘、防蝇、防鼠、防虫、洗涤以及处理废水、存放垃圾和废弃物的设备或者设施；有食品安全专业技术人员、管理人员和保证食品安全的规章制度；具有合理的设备布局和工艺流程，防止待加工食品与直接入口食品、原料与成品交叉污染，避免食品接触有毒物、不洁物；餐具、饮具和盛放直接入口食品的容器，使用前应当洗净、消毒，炊具、用具用后应当洗净，保持清洁；贮存、运输和装卸食品的容器、工具和设备应当安全、无害，保持清洁，防止食品污染，并符合保证食品安全所需的温度等特殊要求，不得将食品与有毒、有害物品一同运输；直接入口的食品应当有小包装或者使用无毒、清洁的包装材料、餐具；食品生产经营人员应当保持个人卫生，生产经营食品时，应当将手洗净，穿戴清洁的工作衣、帽；销售无包装的直接入口食品时，应当使用无毒、清洁的售货工具；用水应当符合国家规定的生活饮用水卫生标准；使用的洗涤剂、消毒剂应当对人体安全、无害；法律、法规规定的其他要求。

2. 禁止生产经营制度

《食品安全法》规定禁止生产经营下列食品：用非食品原料生产的食品或者添加食品添加剂以外的化学物质和其他可能危害人体健康物质的食品，或者用回收食品作为原料生产的食品；致病性微生物、农药残留、兽药残留、重金属、污染物质以及其他危害人体健康的物质含量超过食品安全标准限量的食品；营养成分不符合食品安全标准的专供婴幼儿和其他特定人群的主辅食品；腐败变质、油脂酸败、霉变生虫、污秽不洁、混有异物、掺假掺杂或者感官性状异常的食品；病死、毒死或者死因不明的禽、畜、兽、水产动物肉类及其制品；未经动物卫生监督机构检疫或者检疫不合格的肉类，或者未经检验或者检验不合格的肉类制品；被包装材料、容器、运输工具等污染的食品；超过保质期的食品；无标签的预包装食品；国家为防病等特殊需要明令禁止生产经营的食品；其他不符合食品安全标准或者要求的食品。

3. 生产许可证制度

国家对食品生产经营实行许可制度。从事食品生产、食品流通、餐饮服务，应当依法取得食品生产许可、食品流通许可、餐饮服务许可。取得食品生产许可的食品生产者在其生产场所销售其生产的食品，不需要取得食品流通的许可；取得餐饮服务许可的餐饮服务提供者在其餐饮服务场所出售其制作加工的食品，不需要取得食品生产和流通的许可；农民个人销售其自产的食用农产品，不需要取得食品流通的许可。食品生产加工小作坊和食品摊贩从事食品生产经营活动，应当符合本法规定的与其生产经营规模、条件相适应的食品安全要求，保证所生产经营的食品卫生、无毒、无害，有关部门应当对其加强监督管理，具体管理办法由省、自治区、直辖市人民代表大会常务委员会依照本法制定。

(三) 企业的责任和义务

食品生产经营企业应当建立健全本单位的食品安全管理制度，加强对职工食品安全知识的培训，配备专职或者兼职食品安全管理人员，做好对所生产经营食品的检验工作，依法从事食品生产经营活动。

国家鼓励食品生产经营企业符合良好生产规范要求，实施危害分析与关键控制点体系，提高食品安全管理水平。对通过良好生产规范、危害分析与关键控制点体系认证的食品生产经营企业，认证机构应当依法实施跟踪调查；对不再符合认证要求的企业，应当依法撤销认证，及时向有关质量监督、工商行政管理、食品药品监督管理部门通报，并向社会公布。认证机构实施跟踪调查不收取任何费用。

食品生产经营者应当建立并执行从业人员健康管理制度。患有痢疾、伤寒、病毒性肝炎等消化道传染病的人员，以及患有活动性肺结核、化脓性或者渗出性皮肤病等有碍食品安全的疾病的人员，不得从事接触直接入口食品的工作。食品生产经营人员每年应当进行健康检查，取得健康证明后方可参加工作。

(四) 记录制度

食用农产品生产者应当依照食品安全标准和国家有关规定使用农药、肥料、生长调节剂、兽药、饲料和饲料添加剂等农业投入品。食用农产品的生产企业和农民专业合作经济组织应当建立食用农产品生产记录制度。

食品生产者采购食品原料、食品添加剂、食品相关产品，应当查验供货者的许可证和产品合格证明文件；对无法提供合格证明文件的食品原料，应当依照食品安全标准进行检验；不得采购或者使用不符合食品安全标准的食品原料、食品添加剂、食品相关产品。食品生产企业应当建立食品原料、食品添加剂、食品相关产品进货查验记录制度，如实记录食品原料、食品添加剂、食品相关产品的名称、规格、数量、供货者名称及联系方式、进货日期等内容。食品原料、食品添加剂、食品相关产品进货查验记录应当真实，保存期限不得少于二年。

食品生产企业应当建立食品出厂检验记录制度，查验出厂食品的检验合格证和安全状况，并如实记录食品的名称、规格、数量、生产日期、生产批号、检验合格证号、购货者名称及联系方式、销售日期等内容。食品出厂检验记录应当真实，保存期限不得少于二年。食品、食品添加剂和食品相关产品的生产者，应当依照食品安全标准对所生产的食品、食品添加剂和食品相关产品进行检验，检验合格后方可出厂或者销售。食品经营者采购食品，应当查验供货者的许可证和食品合格的证明文件。

食品经营企业应当建立食品进货查验记录制度，如实记录食品的名称、规格、数量、生产批号、保质期、供货者名称及联系方式、进货日期等内容。食品进货查验记录应当真实，保存期限不得少于二年。实行统一配送经营方式的食品经营企业，可以由企业总部统一查验供货者的许可证和食品合格的证明文件，进行食品进货查验记录。

（五）贮藏制度

食品经营者应当按照保证食品安全的要求贮存食品，定期检查库存食品，及时清理变质或者超过保质期的食品。食品经营者贮存散装食品，应当在贮存位置标明食品的名称、生产日期、保质期、生产者名称及联系方式等内容。食品经营者销售散装食品，应当在散装食品的容器、外包装上标明食品的名称、生产日期、保质期、生产经营者名称及联系方式等内容。

（六）标签管理制度

预包装食品的包装上应当有标签。标签应当标明下列事项：名称、规格、净含量、生产日期；成分或者配料表；生产者的名称、地址、联系方式；保质期；产品标准代号；贮存条件；所使用的食品添加剂在国家标准中的通用名称；生产许可证编号；法律、法规或者食品安全标准规定必须标明的其他事项。专供婴幼儿和其他特定人群的主辅食品，其标签还应当标明主要营养成分及其含量。食品经营者应当按照食品标签标示的警示标志、警示说明或者注意事项的要求，销售预包装食品。

（七）新品种管理制度

申请利用新的食品原料从事食品生产或者从事食品添加剂新品种、食品相关产品新品种生产活动的单位或者个人，应当向国务院卫生行政部门提交相关产品的安全性评估材料。国务院卫生行政部门应当自收到申请之日起 60 日内组织对相关产品的安全性评估材料进行审查；对符合食品安全要求的，依法决定准予许可并予以公布；对不符合食品安全要求的，决定不予许可并书面说明理由。

（八）食品添加剂管理

食品添加剂应当在技术上确有必要且经过风险评估证明安全可靠，方可列入允许使用的范围。国务院卫生行政部门应当根据技术必要性和食品安全风险评估结果，及时对食品添加剂的品种、使用范围、用量的标准进行修订。食品生产者应当依照食品安全标准关于食品添加剂的品种、使用范围、用量的规定使用食品添加剂；不得在食品生产中使用食品添加剂以外的化学物质和其他可能危害人体健康的物质。食品添加剂应当有标签、说明书和包装。标签、说明书应当载明本法第四十二条第一款第一项至第六项、第八项、第九项规定的事项，以及食品添加剂的使用范围、用量、使用方法，并在标签上载明"食品添加剂"字样。食品和食品添加剂的标签、说明书，不得含有虚假、夸大的内容，不得涉及疾病预防、治疗功能。生产者对标签、说明书上所载明的内容负责。食品和食品添加剂的标签、说明书应当清楚、明显，容易辨识。食品和食品添加剂与其标签、说明书所载明的内容不符的，不得上市销售。

（九）保健食品的管理

生产经营的食品中不得添加药品，但是可以添加按照传统既是食品又是中药材的物质。按照传统既是食品又是中药材的物质的目录由国务院卫生行政部门制定、公布。国家对声称具有特定保健功能的食品实行严格监管。有关监督管理部门应当依法履职，承担责任。具体管理办法由国务院规定。声称具有特定保健功能的食品不得对人体产生急性、亚急性或者慢性危害，其标签、说明书不得涉及疾病预防、治疗功能，内容必须真实，应当载明适宜人群、不适宜人群、功效成分或者标志性成分及其含量等；产品的功能和成分必须与标签、说明书相一致。

（十）集中交易市场的开办者等人的义务

集中交易市场的开办者、柜台出租者和展销会举办者，应当审查入场食品经营者的许可证，明确入场食品经营者的食品安全管理责任，定期对入场食品经营者的经营环境和条件进行检查，发现食品经营者有违反本法规定的行为的，应当及时制止并立即报告所在地县级工商行政管理部门或者食品药品监督管理部门。集中交易市场的开办者、柜台出租者和展销会举办者未履行前款规定义务，本市场发生食品安全事故的，应当承担连带责任。

（十一）食品召回制度

国家建立食品召回制度。食品生产者发现其生产的食品不符合食品安全标准，应当立即停止生产，召回已经上市销售的食品，通知相关生产经营者和消费者，并记录召回和通知情况。食品经营者发现其经营的食品不符合食品安全标准，应当立即停止经营，通知相关生产经营者和消费者，并记录停止经营和通知情况。食品生产者认为应当召回的，应当立即召回。食品生产者应当对召回的食品采取补救、无害化处理、销毁等措施，并将食品召回和处理情况向县级以上质量监督部门报告。食品生产经营者未依照法律规定召回或者停止经营不符合食品安全标准的食品的，县级以上质量监督、工商行政管理、食品药品监督管理部门可以责令其召回或者停止经营。

（十二）食品广告制度

食品广告的内容应当真实合法，不得含有虚假、夸大的内容，不得涉及疾病预防、治疗功能。食品安全监督管理部门或者承担食品检验职责的机构、食品行业协会、消费者协会不得以广告或者其他形式向消费者推荐食品。社会团体或者其他组织、个人在虚假广告中向消费者推荐食品，使消费者的合法权益受到损害的，与食品生产经营者承担连带责任。

（十三）食品进出口制度

进口的食品、食品添加剂以及食品相关产品应当符合我国食品安全国家标准。进口的食品应当经出入境检验检疫机构检验合格后，海关凭出入境检验检疫机构签发的通关证明放行。进口尚无食品安全国家标准的食品，或者首次进口食品添加剂新品种、食品相关产品新品种，进口商应当向国务院卫生行政部门提出申请并提交相关的安全性评估材料。境外发生的食品安全事件可能对我国境内造成影响，或者在进口食品中发现严重食品安全问题的，国家出入境检验检疫部门应当及时采取风险预警或者控制措施，并向国务院卫生行政、农业行政、工商行政管理和国家食品药品监督管理部门通报。接到通报的部门应当及时采取相应措施。向我国境内出口食品的出口商或者代理商应当向国家出入境检验检疫部门备案。向我国境内出口食品的境外食品生产企业应当经国家出入境检验检疫部门注册，国家出入境检验检疫部门应当定期公布已经备案的出口商、代理商和已经注册的境外食品生产企业名单。进口的预包装食品应当有中文标签、中文说明书。标签、说明书应当符合本法以及我国其他有关法律、行政法规的规定和食品安全国家标准的要求，载明食品的原产地以及境内代理商的名称、地址、联系方式。预包装食品没有中文标签、中文说明书或者标签、说明书不符合本条规定的，不得进口。进口商应当建立食品进口和销售记录制度，如实记录食品的名称、规格、数量、生产日期、生产或者进口批号、保质期、出口商和购货者名称及联系方式、交货日期等内容。食品进口和销售记录应当真实，保存期限不得少于二年。出口的食品由出入境检验检疫机构进行监督、抽检，海关凭出入境检验检疫机构签发的通关证明放行。出口食品生产企业和出口食品原料种植、养殖场应当向国家出入境检验检疫部门备案。国家出入境检验检疫部门应当收集、汇总进出口食品安全信息，并及时通报相关部门、机构和企业。国家出入境检验检疫部门应当建立进出口食品的进口商、出口商和出口食品生产企业的信誉记录，并予以公布。对有不良记录的进口商、出口商和出口食品生产企业，应当加强对其进出口食品的检验检疫。

（十四）食品安全事故处置制度

国务院组织制定国家食品安全事故应急预案。县级以上地方人民政府应当根据有关法律、法规的规定和上级人民政府的食品安全事故应急预案以及本地区的实际情况，制定本行政区域的食品安全事故应急预案，并报上一级人民政府备案。食品生产经营企业应当制定食品安全事故处置方案，定期检查本企业各项食品安全防范措施的落实情况，及时消除食品安全事故隐患。发生食品安全事故的单位应当立即予以处置，防止事故扩大。事故发生单位和接收病人进行治疗的单位应当及时向事故发生地县级卫生行政部门报告。任何单位或者个人不得对食品安全事故隐瞒、谎报、缓报，不得毁灭有关证据。发生重大食品安全事故，设区的市级以上人民政府卫生行政部门应当立即会同有关部门进行事故责任调查，督促有关部门履行职责，向本级人民政府提出事故责任调查处理报告。发生食品安全事故，县级以上疾病预防控制机构应当协助卫生行政部门和有关部门对事故现场进行卫生处理，并对与食品安全事故有关的因素开展流行病学调查。查食品安全事故，除了查明事故单位的责任，还应当查明负有监督管理和认证职责的监督管理部门、认证机构的工作人员失职、渎职情况。

四、生产加工经营葡萄类食品应当符合食品卫生法的规定

（一）概述

《食品卫生法》规定："凡在中华人民共和国领域内从事食品生产经营的，都必须遵守本法。本法适用于一切食品，食品添加剂，食品容器、包装材料和食品用工具、设备、洗涤剂、消毒剂；也适用于食品的生产经营场所、设施和有关环境"。与发展葡萄文化相关的法律制度主要包括以下几个方面：

（二）食品生产经营过程的卫生要求

食品生产经营过程必须符合下列卫生要求：保持内外环境整洁，采取消除苍蝇、老鼠、蟑螂和其他有害昆虫及其孳生条件的措施，与有毒、有害场所保持规定的距离；食品生产经营企业应当有与产品品种、数量相适应的食品原料处理、加工、包装、贮存等厂房或者场所；应当有相应的消毒、更衣、盥洗、

采光、照明、通风、防腐、防尘、防蝇、防鼠、洗涤、污水排放、存放垃圾和废弃物的设施；设备布局和工艺流程应当合理，防止待加工食品与直接入口食品、原料与成品交叉污染，食品不得接触有毒物、不洁物；餐具、饮具和盛放直接入口食品的容器，使用前必须洗净、消毒，炊具、用具用后必须洗净，保持清洁；贮存、运输和装卸食品的容器包装、工具、设备和条件必须安全、无害，保持清洁，防止食品污染；直接入口的食品应当有小包装或者使用无毒、清洁的包装材料；食品生产经营人员应当经常保持个人卫生，生产、销售食品时，必须将手洗净，穿戴清洁的工作衣、帽；销售直接入口食品时，必须使用售货工具；用水必须符合国家规定的城乡生活饮用水卫生标准；使用的洗涤剂、消毒剂应当对人体安全、无害。

(三) 禁止生产经营的食品

禁止生产经营下列食品：腐败变质、油脂酸败、霉变、生虫、污秽不洁、混有异物或者其他感官性状异常，可能对人体健康有害的；含有毒、有害物质或者被有毒、有害物质污染，可能对人体健康有害的；含有致病性寄生虫、微生物的，或者微生物毒素含量超过国家限定标准的；未经兽医卫生检验或者检验不合格的肉类及其制品；病死、毒死或者死因不明的禽、畜、兽、水产动物等及其制品；容器包装污秽不洁、严重破损或者运输工具不洁造成污染的；掺假、掺杂、伪造，影响营养、卫生的；用非食品原料加工的，加入非食品用化学物质的或者将非食品当作食品的；超过保质期限的；为防病等特殊需要，国务院卫生行政部门或者省、自治区、直辖市人民政府专门规定禁止出售的；含有未经国务院卫生行政部门批准使用的添加剂的或者农药残留超过国家规定容许量的；食品不得加入药物，但是按照传统既是食品又是药品的作为原料、调料或者营养强化剂加入的除外。

(四) 食品添加剂的卫生

生产经营和使用食品添加剂，必须符合食品添加剂使用卫生标准和卫生管理办法的规定；不符合卫生标准和卫生管理办法的食品添加剂，不得经营、使用。

(五) 食品容器、包装材料和食品用工具、设备的卫生

食品容器、包装材料和食品用工具、设备必须符合卫生标准和卫生管理办法的规定。食品容器、包装材料和食品用工具、设备的生产必须采用符合卫生要求的原材料。产品应当便于清洗和消毒。

(六) 食品卫生管理

食品生产经营企业应当健全本单位的食品卫生管理制度，配备专职或者兼职食品卫生管理人员，加强对所生产经营食品的检验工作。食品生产经营企业

的新建、扩建、改建工程的选址和设计应当符合卫生要求，其设计审查和工程验收必须有卫生行政部门参加。

（七）食品包装和表示的管理

定型包装食品和食品添加剂，必须在包装标识或者产品说明书上根据不同产品分别按照规定标出品名、产地、厂名、生产日期、批号或者代号、规格、配方或者主要成分、保质期限、食用或者使用方法等。食品、食品添加剂的产品说明书，不得有夸大或者虚假的宣传内容。食品包装标识必须清楚，容易辨识。在国内市场销售的食品，必须有中文标识。表明具有特定保健功能的食品，其产品及说明书必须报国务院卫生行政部门审查批准，其卫生标准和生产经营管理办法，由国务院卫生行政部门制定。表明具有特定保健功能的食品，不得有害于人体健康，其产品说明书内容必须真实，该产品的功能和成分必须与说明书相一致，不得有虚假。

（八）食品生产经营人员的健康管理制度

食品生产经营人员每年必须进行健康检查；新参加工作和临时参加工作的食品生产经营人员必须进行健康检查，取得健康证明后方可参加工作。

凡患有痢疾、伤寒、病毒性肝炎等消化道传染病（包括病原携带者），活动性肺结核，化脓性或者渗出性皮肤病以及其他有碍食品卫生的疾病的，不得参加接触直接入口食品的工作。

（九）卫生许可证管理

食品生产经营企业和食品摊贩，必须先取得卫生行政部门发放的卫生许可证方可向工商行政管理部门申请登记。未取得卫生许可证的，不得从事食品生产经营活动。食品生产经营者不得伪造、涂改、出借卫生许可证。卫生许可证的发放管理办法由省、自治区、直辖市人民政府卫生行政部门制定。

第三节　葡萄文化开发与休闲农业发展

一、大力开发葡萄文化是发展休闲农业的重要组成部分

据媒体报道，近年来，河北省怀来县通过重点发展葡萄文化等产业，全县年接待游客 200 万人次，直接收入 5 亿多元，其中，葡萄文化旅游收入占旅游收入比重达 40％以上。为推动葡萄产业与生态休闲旅游产业及观光农业深度结合，提高葡萄和葡萄酒产业关联度，该县启动实施了"一群两带"葡萄酒庄、酒堡群项目，规划建设葡萄酒庄酒堡 60 个，重点发展高档次、高品质庄园酒、年份酒，着力打造世界一流葡萄酒文化休闲基地。同时，整合地热温

泉、自然生态、葡萄种植、酒庄酒堡等资源，修建了集葡萄庄园、葡萄酒加工及葡萄生态旅游为一体的葡萄廊道，实施了容辰葡萄文化产业园、京北国际葡萄及葡萄酒文化城等一批生态休闲旅游项目。[1]

休闲农业是贯穿农村一、二、三产业，融合生产、生活和生态功能，紧密连结农业、农产品加工业、服务业的新型农业产业形态和新型消费业态。发展休闲农业，对于转变农业发展方式，促进农民就业增收，推进新农村建设，统筹城乡发展，满足城乡居民日益增长的休闲消费需求具有重要的意义。

发展休闲农业是丰富我国旅游产品体系的重要举措。当前，我国农村地区集聚了70％的旅游资源，休闲农业发展潜力巨大。大力发展集农业生产、农业观光、休闲度假、参与体验于一体的休闲农业，对于适应我国旅游消费转型升级，培育新型消费业态，提高居民幸福指数具有重要意义。

当前，休闲农业发展机遇难得。"十二五"时期是我国全面建设小康社会的关键时期，是加快转变经济发展方式的攻坚时期。城乡居民收入的提高、消费方式的转变、新农村基础设施的改善，都为休闲农业提供了难得的发展机遇。一是党和政府高度重视。二是农村基础设施改善为休闲农业发展创造了条件。三是国民经济快速发展为休闲农业发展提供了需求动力。四是休假增多为休闲农业发展提供了现实机遇。五是农业生产方式变革为休闲农业发展提供了条件保障。

二、休闲农业法律制度概述

休闲农业是农业生产经营的一种特殊形态，也是旅游活动的一种特殊形态，具有两者的双重特征。从另一个角度讲，休闲农业又是都市农业的重要组成部分。可见，休闲农业远比传统农业复杂，涉及土地的开发利用、投资与融资、生态保护、农业文化、旅游休憩、规划、企业经营、公共服务等诸多领域。休闲农业本身的复杂性决定了其所涉及法律关系的复杂性。由于法律关系复杂，休闲农业不可能由单一的法律规范调整，其相应的法律规范分布在多个法律部门当中。从实践来看，我国目前没有专门的规范休闲农业的法律和行政法规，有关法律规范散见于其他法律当中。

三、发展休闲农业要严格执行城乡规划法

我国用以规范城市和乡村规划的基本法律是《中华人民共和国城乡规划法》。发展休闲农业首先涉及到城乡规划法，具体表现在以下几个方面：第一，由于休闲农业具有生态和休闲的功能，在制定规划时必须在城市周边留出适当

---

① 王文斌、刘志非，《怀来葡萄文化领航旅游》，《张家口日报》，2011年12月5日。

的用于发展休闲农业的区域，该区域不得用于其他建设；第二，休闲农业需要有必要的设施和配套的建筑，在制定规划时，特别是在制定乡规划和村规划时要有所体现，明确村庄建设用地的范围；第三，在发展休闲农业，特别是进行配套设施建设时必须严格执行规划，按照严格的规划许可程序获得规划许可。

四、发展休闲农业必须依法保护生态环境

(一) 在水土流失严重地区发展休闲农业必须遵守《水土保持法》

《水土保持法》规定，一切单位和个人都有保护水土资源、防治水土流失的义务，并有权对破坏水土资源、造成水土流失的单位和个人进行检举。国家对水土保持工作实行预防为主，全面规划，综合防治，因地制宜，加强管理，注重效益的方针。县级以上地方人民政府水行政主管部门，主管本辖区的水土保持工作。从事可能引起水土流失的生产建设活动的单位和个人，必须采取措施保护水土资源，并负责治理因生产建设活动造成的水土流失。法律要求在水土流失严重地区要种植薪炭林和饲草、绿肥植物，有计划地进行封山育林育草、轮封轮牧，防风固沙，保护植被。在水力侵蚀地区，应当以天然沟壑及其两侧山坡地形成的小流域为单元，实行全面规划，综合治理，建立水土流失综合防治体系。在风力侵蚀地区，应当采取开发水源、引水拉沙、植树种草、设置人工沙障和网格林带等措施，建立防风固沙防护体系，控制风沙危害。

(二) 利用沙化土地发展休闲农业必须遵守《防沙治沙法》

《防沙治沙法》规定，使用已经沙化的国有土地的使用权人和农民集体所有土地的承包经营权人必须采取治理措施，改善土地质量；确实无能力完成治理任务的，可以委托他人治理或者与他人合作治理。采取退耕还林还草、植树种草或者封育措施治沙的土地使用权人和承包经营权人，按照国家有关规定，享受人民政府提供的政策优惠。国有土地使用权人和农民集体所有土地承包经营权人未采取防沙治沙措施，造成土地严重沙化的，由县级以上地方人民政府农（牧）业、林业行政主管部门按照各自的职责，责令限期治理；造成国有土地严重沙化的，县级以上人民政府可以收回国有土地使用权。

五、开展葡萄文化旅游活动必须遵守旅游法律制度

(一) 旅游业法律制度概述

1. 《旅游法》的概念

旅游业法律规范是指调整、规范旅游业的法律规范总称。从狭义上讲，是指《中华人民共和国旅游法》（以下简称《旅游法》）。从广义上讲，是指与旅

游活动相关的，由不同位阶的法律规范所组成的有机整体，通常我们所说的旅游法是指广义的概念。目前，我国已经形成了以《旅游法》为核心，包括法律、行政法规、部门规章和地方性法规在内的较为完善的法律体系，其中比较重要的行政法规包括《旅行社条例》和《中国公民出国旅游管理办法》等。除上述由不同位阶的法律、法规构成较为完整的旅游法体系以外，《旅游法》和《消费者权益保护法》《合同法》等几个相近法律的关系极其密切，其中的某些规范与之形成了特别法与一般法的关系。此外，旅游活动与《突发事件应对法》《侵权责任法》《保险法》《食品卫生法》等法律的联系都比较密切，在处理相应的纠纷时，如果《旅游法》中没有相应规定，适用有关法律的规定。

2. 旅游法的调整范围

《旅游法》第二条规定"在中华人民共和国境内的和在中华人民共和国境内组织到境外的游览、度假、休闲等形式的旅游活动以及为旅游活动提供相关服务的经营活动，适用本法"。可见，《旅游法》的调整范围包括以下几个方面：

（1）从地域范围来看，包括完全在中国境内进行的旅游活动，也包括在中国大陆范围内组团到港澳台地或到其他国家旅游，既通常所说的出境游。

（2）从内容来看，包括游览、度假、休闲等形式的旅游活动以及为旅游活动提供相关服务的经营活动。

（3）从涉及的主体来看，包括政府、旅游者和旅游经营者。旅游者俗称游客，是指通过旅行社或者自行到景区游览、度假、休闲的个人。"驴友"自行到非景区旅行不属于《旅游法》的调整范围。旅游经营者，是指旅行社、景区以及为旅游者提供交通、住宿、餐饮、购物、娱乐等服务的经营者。

3. 发展都市农业与《旅游法》的关系

2010年中央1号文件指出："积极发展休闲农业、乡村旅游、森林旅游和农村服务业，拓展农村非农就业空间。"乡村旅游、森林旅游是都市农业的重要组成部分，既具有农业的特征，又具有旅游业的属性，《旅游法》完全适用于该领域。

（二）政府在促进和管理旅游业方面的义务

《旅游法》规定，国务院和县以上人民政府在促进旅游业发展方面具有以下几个方面的义务：

1. 编制旅游业发展规划

（1）政府有义务编制旅游业发展规划。具体内容包括以下几个方面：第一，县以上各级人民政府应当将旅游业发展纳入国民经济和社会发展规划；第二，国务院和省、自治区、直辖市人民政府以及旅游资源丰富的设区的市和县级人民政府，应当按照国民经济和社会发展规划的要求，组织编制旅游发展规划；第三，根据旅游发展规划，县级以上地方人民政府可以编制重点旅游资源开发利用的专项规划。

（2）编制旅游业发展规划的具体要求。第一，应当与土地利用总体规划、城乡规划、环境保护规划以及其他自然资源和文物等人文资源的保护和利用规划相衔接；第二，各级人民政府编制土地利用总体规划、城乡规划，应当充分考虑相关旅游项目、设施的空间布局和建设用地要求，规划和建设交通、通信、供水、供电、环保等基础设施和公共服务设施，应当兼顾旅游业发展的需要；第三，要充分考虑对自然资源和文物等人文资源进行旅游利用，必须严格遵守有关法律、法规的规定，符合资源、生态保护和文物安全的要求，尊重和维护当地传统文化和习俗，维护资源的区域整体性、文化代表性和地域特殊性，并考虑军事设施保护的需要。

（3）各级人民政府应当组织对本级政府编制的旅游发展规划的执行情况进行评估，并向社会公布。

2. 采取促进旅游业发展的措施

（1）国务院和县级以上地方人民政府应当制定并组织实施有利于旅游业持续健康发展的产业政策，推进旅游休闲体系建设，采取措施推动区域旅游合作，鼓励跨区域旅游线路和产品开发，促进旅游与工业、农业、商业、文化、卫生、体育、科教等领域的融合，扶持少数民族地区、革命老区、边远地区和贫困地区旅游业发展。

（2）国务院和县级以上地方人民政府应当根据实际情况安排资金，加强旅游基础设施建设、旅游公共服务和旅游形象推广。

（3）国家制定并实施旅游形象推广战略。

（4）国务院旅游主管部门和县级以上地方人民政府应当根据需要建立旅游公共信息和咨询平台，无偿向旅游者提供旅游景区、线路、交通、气象、住宿、安全、医疗急救等必要信息和咨询服务。根据需要在交通枢纽、商业中心和旅游者集中场所设置旅游咨询中心，在景区和通往主要景区的道路设置旅游指示标识。旅游资源丰富的设区的市和县级人民政府可以根据本地的实际情况，建立旅游客运专线或者游客中转站，为旅游者在城市及周边旅游提供服务。

（5）国家鼓励和支持发展旅游职业教育和培训，提高旅游从业人员素质。

3. 政府在安全监管和救助方面的职责

县级以上人民政府统一负责旅游安全工作，有关部门依照法律、法规履行旅游安全监管职责。具体职责包括以下几个方面：第一，将旅游安全作为突发事件监测和评估的重要内容；第二，将旅游应急管理纳入政府应急管理体系，制定应急预案，建立旅游突发事件应对机制；第三，突发事件发生后，应当采取措施开展救援，并协助旅游者返回出发地或者旅游者指定的合理地点。

（三）发展乡村旅游业要充分保障旅游者的权利

旅游者在旅游活动中作为与旅游经营者相对应的法律关系主体，既享有权利也要承担义务。就旅游者而言，参与旅游活动的目的是为了愉悦身心，满足精神层面的需求，权利应当以实现上述目的为基本内容。同时，旅游又是一项集体活动，个人权利的行使必须以不妨害他人，不损害公共旅游资源为边界，要据此为旅游者设定义务。

1. 旅游者的权利

（1）旅游者享有自主选择权。旅游者有权自主选择旅行社、景区、住宿和餐饮等服务机构，有权自主选择旅行路线、旅游项目、购物、餐饮标准等消费的具体内容。

（2）旅游者享有知情权。知情权是指旅游者有权知悉所有与自己参与的旅游活动相关的一切真实情况的权利。

（3）旅游者享有要求旅游经营者全面履行合同约定的义务的权利。

（4）旅游者享有受尊重的权利。

（5）特殊群体的旅游者享有便利和优惠的权利。残疾人、老年人、未成年人等旅游者在旅游活动中依照法律、法规和有关规定享受便利和优惠。

（6）旅游者享有获得救助、保护和赔偿的请求权。保护旅游者人身和财产安全是政府和旅游经营者的法定义务，旅游者在人身、财产安全遇有危险时，有权请求旅游经营者、当地政府和相关机构进行及时救助，中国出境旅游者在境外陷于困境时，有权请求我国驻当地机构在其职责范围内给予协助和保护。

2. 旅游者的义务

旅游者在旅游活动中应当遵守以下义务：文明旅游；遵守社会公共秩序和社会公德，尊重当地的风俗习惯、文化传统和宗教信仰，爱护旅游资源，保护生态环境，遵守旅游文明行为规范；尊重他人合法权益；不得损害当地居民的合法权益，不得干扰他人的旅游活动，不得损害旅游经营者和旅游从业人员的合法权益；如实告知真实情况；配合有关部门采取的安全防范和应急处置措施；遵守出入境管理制度；支付救助费用。

（四）法律对旅游经营活动的规制

1. 旅行社

（1）旅行社的概念。旅行社是指从事招徕、组织、接待旅游者等活动，为旅游者提供相关旅游服务，开展国内旅游业务、入境旅游业务或者出境旅游业务的企业法人。旅行社的设立必须符合法定条件，向有关部门提出申请，获得《旅行社业务经营许可证》，并向工商行政管理部门办理设立登记。旅行社设立分社和服务网点同样需要办理相关的登记手续。

（2）旅行社的义务。旅行社不得出租、出借《旅行社业务经营许可证》，或者以其他形式非法转让《旅行社业务经营许可证》；旅行社应当按照规定交纳旅游服务质量保证金，用于旅游者权益损害赔偿和垫付旅游者人身安全遇有危险时紧急救助的费用；旅行社为招徕、组织旅游者发布信息，必须真实、准确，不得进行虚假宣传，误导旅游者；旅行社及其从业人员组织、接待旅游者，不得安排参观或者参与违反我国法律、法规和社会公德的项目或者活动；旅行社组织旅游活动应当向合格的供应商订购产品和服务；旅行社不得以不合理的低价组织旅游活动，诱骗旅游者，并通过安排购物或者另行付费旅游项目获取回扣等不正当利益；旅行社组织、接待旅游者，不得指定具体购物场所，不得安排另行付费旅游项目，但是经双方协商一致或者旅游者要求，且不影响其他旅游者行程安排的除外；旅行社组织团队出境旅游或者组织、接待团队入境旅游，应当按照规定安排领队或者导游全程陪同；通过网络经营旅行社业务的，应当依法取得旅行社业务经营许可，并在其网站主页的显著位置标明其业务经营许可证信息。发布旅游经营信息的网站，应当保证其信息真实、准确；旅行社接受旅游者的委托，为其提供旅游行程设计、旅游信息咨询等服务的，应当保证设计合理、可行，信息及时、准确。

2. 导游

（1）导游的概念。导游是指依照法律规定取得导游证，接受旅行社委派，为旅游者提供向导、讲解及相关旅游服务的人员。导游是旅行社的工作人员，与旅行社之间存在劳动合同关系，导游的职务行为就是旅行社的行为，其给旅游者造成的损害由旅行社承担。旅行社应当与其聘用的导游依法订立劳动合同，支付劳动报酬，缴纳社会保险费用。导游必须持有导游证。导游证是政府旅游主管部门颁发的，证明导游具有合法身份凭证，在中华人民共和国境内从事导游活动，必须取得导游证。

（2）导游和领队的义务。导游和领队为旅游者提供服务必须接受旅行社委派，不得私自承揽导游和领队业务；导游和领队从事业务活动，应当佩戴导游证、领队证，遵守职业道德，尊重旅游者的风俗习惯和宗教信仰，应当向旅游者告知和解释旅游文明行为规范，引导旅游者健康、文明旅游，劝阻旅游者违反社会公德的行为；导游和领队应当严格执行旅游行程安排，不得擅自变更旅游行程或者中止服务活动，不得向旅游者索取小费，不得诱导、欺骗、强迫或者变相强迫旅游者购物或者参加另行付费旅游项目。

3. 景区

（1）景区的概念。景区是指对旅游者具有吸引力的，能够满足旅游者旅游体验的、有明确地域范围的空间综合体，是一个包含了自然和人文资源及各种有形或无形服务的地域综合体。

（2）景区开放的条件。景区开放应当具备下列条件：有必要的旅游配套服务和辅助设施；有必要的安全设施及制度，经过安全风险评估，满足安全条件；有必要的环境保护设施和生态保护措施；法律、行政法规规定的其他条件。

（3）景区门票价格的确定。利用公共资源建设的景区的门票以及景区内的游览场所、交通工具等另行收费项目，实行政府定价或者政府指导价，严格控制价格上涨。拟收费或者提高价格的，应当举行听证会，征求旅游者、经营者和有关方面的意见。利用公共资源建设的景区，不得通过增加另行收费项目等方式变相涨价；另行收费项目已收回投资成本的，应当相应降低价格或者取消收费。公益性的城市公园、博物馆、纪念馆等，除重点文物保护单位和珍贵文物收藏单位外，应当逐步免费开放。景区应当在醒目位置公示门票价格、另行收费项目的价格及团体收费价格。景区提高门票价格应当提前6个月公布。将不同景区的门票或者同一景区内不同游览场所的门票合并出售的，合并后的价格不得高于各单项门票的价格之和，且旅游者有权选择购买其中的单项票。景区内的核心游览项目因故暂停向旅游者开放或者停止提供服务的，应当公示并相应减少收费。

（4）景区接待旅游者的最大承载量。景区接待旅游者不得超过景区主管部门核定的最大承载量。景区应当公布景区主管部门核定的最大承载量，制定和实施旅游者流量控制方案，并可以采取门票预约等方式，对景区接待旅游者的数量进行控制。旅游者数量可能达到最大承载量时，景区应当提前公告并同时向当地人民政府报告，景区和当地人民政府应当及时采取疏导、分流等措施。

（5）景区高风险游览项目的特别规定。经营高空、高速、水上、潜水、探险等高风险旅游项目，应当按照国家有关规定取得经营许可，对经营者实施责任保险制度。

4. 其他旅游经营者的义务

为旅游者提供交通、住宿、餐饮、娱乐等服务的经营者，应当符合法律、法规规定的要求，按照合同约定履行义务；从事道路旅游客运的经营者应当遵守道路客运安全管理的各项制度，并在车辆显著位置明示道路旅游客运专用标识，在车厢内显著位置公示经营者和驾驶人信息、道路运输管理机构监督电话等事项；住宿经营者应当按照旅游服务合同的约定为团队旅游者提供住宿服务；旅游经营者应当保证其提供的商品和服务符合保障人身、财产安全的要求；旅游经营者销售、购买商品或者服务，不得给予或者收受贿赂；旅游经营者对其在经营活动中知悉的旅游者个人信息应当予以保密。

（五）旅游服务合同

1. 旅游服务合同的概念

旅游服务合同是指旅游经营者以营利为目的为旅游者提供旅游服务，旅游者支付一定报酬的协议。旅行社组织和安排旅游活动，应当与旅游者订立合同。旅游合同是一种特殊的民事合同。旅游的形式多种多样，旅游者与旅游经营者之间形成的旅游合同关系也是多种多样的。实践中大量存在的、法律关系相对复杂的是包价旅游合同，是指旅行社预先安排行程，提供或者通过履行辅助人提供交通、住宿、餐饮、游览、导游或者领队等两项以上旅游服务，旅游者以总价支付旅游费用的合同，《旅游法》对这类合同做了详细规定。

2. 包价旅游合同的主要内容和形式

包价旅游合同应当包括下列主要内容：旅行社、旅游者的基本信息；旅游行程安排；旅游团成团的最低人数；交通、住宿、餐饮等旅游服务安排和标准；游览、娱乐等项目的具体内容和时间；自由活动时间安排；旅游费用及其交纳的期限和方式；违约责任和解决纠纷的方式；法律、法规规定和双方约定的其他事项。旅行社应当在旅游行程开始前向旅游者提供旅游行程单。

包价旅游合同还应当包含以下特定内容：旅行社委托其他旅行社代理销售包价旅游产品并与旅游者订立包价旅游合同的，应当在包价旅游合同中载明委托社和代理社的基本信息；旅行社将包价旅游合同中的接待业务委托给地接社履行的，应当在包价旅游合同中载明地接社的基本信息；安排导游为旅游者提供服务的，应当在包价旅游合同中载明导游服务费用。

合同的形式包括口头、书面或者其他形式。与旅游者订立包价旅游合同应当采用书面形式。旅游行程单是包价旅游合同的组成部分。

3. 包价旅游合同订立时的提示和告知义务

订立包价旅游合同时，旅行社应当向旅游者告知下列事项：旅游者不适合参加旅游活动的情形；旅游活动中的安全注意事项；旅行社依法可以减免责任的信息；旅游者应当注意的旅游目的地相关法律、法规和风俗习惯、宗教禁忌，依照中国法律不宜参加的活动等；法律、法规规定的其他应当告知的事项。

4. 合同的解除

（1）旅游者单方面解除合同。在合同订立后旅游行程结束前，旅游者可以单方面解除合同，组团社应当在扣除必要的费用后，将余款退还旅游者。

（2）旅行社单方面解除合同。第一，旅行社招徕旅游者组团旅游，因未达到约定人数不能出团的，组团社可以解除合同。但是，境内旅游应当至少提前七日通知旅游者，出境旅游应当至少提前三十日通知旅游者。因未达到约定的成团人数解除合同的，组团社应当向旅游者退还已收取的全部费用。

第二，旅游者有下列情形之一的，旅行社可以单方面解除合同：患有传染病等疾病，可能危害其他旅游者健康和安全的；携带危害公共安全的物品且不同意交有关部门处理的；从事违法或者违反社会公德的活动的；从事严重影响其他旅游者权益的活动，且不听劝阻、不能制止的；法律规定的其他情形。因前述情形解除合同的，组团社应当在扣除必要的费用后，将余款退还旅游者；给旅行社造成损失的，旅游者应当依法承担赔偿责任。

（3）因特定情形导致合同无法继续履行的处理。因不可抗力或者旅行社、履行辅助人已尽合理注意义务仍不能避免的事件，影响旅游行程的，按照下列情形处理：

第一，合同不能继续履行的，旅行社和旅游者均可以解除合同。合同解除的，组团社应当在扣除已向地接社或者履行辅助人支付且不可退还的费用后，将余款退还旅游者。

第二，危及旅游者人身、财产安全的，旅行社应当采取相应的安全措施，因此支出的费用，由旅行社与旅游者分担。

第三，造成旅游者滞留的，旅行社应当采取相应的安置措施。因此增加的食宿费用，由旅游者承担；增加的返程费用，由旅行社与旅游者分担。

第四，旅游行程中解除合同的，旅行社应当协助旅游者返回出发地或者旅游者指定的合理地点。由于旅行社或者履行辅助人的原因导致合同解除的，返程费用由旅行社承担。

5. 违约责任

旅行社不履行包价旅游合同义务或者履行合同义务不符合约定的，应当依法承担继续履行、采取补救措施或者赔偿损失等违约责任；造成旅游者人身损害、财产损失的，应当依法承担赔偿责任。由于地接社、履行辅助人的原因造成旅游者人身损害、财产损失的，旅游者可以要求地接社、履行辅助人承担赔偿责任，也可以要求组团社承担赔偿责任；组团社承担责任后可以向地接社、履行辅助人追偿。但是，由于公共交通经营者的原因造成旅游者人身损害、财产损失的，由公共交通经营者依法承担赔偿责任，旅行社应当协助旅游者向公共交通经营者索赔。旅游者在旅游活动中或者在解决纠纷时，损害旅行社、履行辅助人、旅游从业人员或者其他旅游者的合法权益的，依法承担赔偿责任。

第四节 葡萄文化经营主体法律制度

一、利用乡镇企业享有的优惠政策开发葡萄文化产业

农业部在 2011 年 5 月制定了《全国乡镇企业发展"十二五"规划》（以下简称《规划》），在总结"十一五"全国乡镇企业发展的成就时指出："第三产业中，休闲农业发展成为新亮点，目前，休闲农业园区超过 1.8 万个，农家乐达到 150 万家，年经营收入超过 1 200 亿元"。关于乡镇企业的发展目标是稳定第一产业，优化第二产业，加快发展第三产业，力争 2015 年乡镇企业第三产业的比重达到 25.5%。重点任务之一是推进结构调整，促进乡镇企业优化升级，这其中的一项重要措施就是要大力发展休闲农业等农村服务业。《规划》要求依托资源优势，突出特色，拓展农业功能，发展休闲农业；加强基础设施建设，推进休闲农业相关服务业发展；加快制定行业标准，强化监督管理，引导休闲农业规范发展；积极开展休闲农业示范县和示范点创建活动。

（一）概述

乡镇企业是指农村集体经济组织或者农民投资为主，在乡镇（包括所辖村）举办的承担支援农业义务的各类企业。前述所称投资为主，是指在企业中，农村集体经济组织或者农民投资超过 50%，或者虽不足 50%，但能起到控股或者实际支配作用，这是乡镇企业区别于其他企业的最根本标志。乡镇企业在城市设立的分支机构，或者农村集体经济组织在城市开办的并承担支援农业义务的企业，按照乡镇企业对待。乡镇企业符合企业法人条件的，依法取得企业法人资格。

农村集体经济组织投资设立的乡镇企业，其企业财产权属于设立该企业的全体农民集体所有。农村集体经济组织与其他企业、组织或者个人共同投资设立的乡镇企业，其企业财产权按照出资份额属于投资者所有。农民合伙或者单独投资设立的乡镇企业，其企业财产权属于投资者所有。有企业法人资格的乡镇企业，依法享有法人财产权。乡镇企业依法实行独立核算，自主经营，自负盈亏。调整和规范乡镇企业的法律是《中华人民共和国乡镇企业法》，该法自 1997 年 1 月 1 日起施行。

（二）乡镇企业依法享受的优惠政策

乡镇企业按照法律、行政法规规定的企业形式设立，投资者依照有关法律、行政法规决定企业的重大事项，建立经营管理制度，依法享有权利和承担义务。

（1）自主经营管理权不受侵犯。国家保护乡镇企业的合法权益。任何组织

或者个人不得违反法律、行政法规干预乡镇企业的生产经营，撤换企业负责人

（2）财产权不受侵犯。乡镇企业的合法财产不受侵犯，不得非法占有或者无偿使用乡镇企业的财产。除法律、行政法规另有规定外，任何机关、组织或者个人不得以任何方式向乡镇企业收取费用，进行摊派。

（3）享受税收优惠政策。国家根据乡镇企业发展的情况，在一定时期内对乡镇企业减征一定比例的税收。减征税收的税种、期限和比例由国务院规定。国家对符合条件的中小型乡镇企业，根据不同情况实行一定期限的税收优惠。

（4）享受优惠信贷政策。国家运用信贷手段，鼓励和扶持乡镇企业发展。对于符合前条规定条件之一并且符合贷款条件的乡镇企业，国家有关金融机构可以给予优先贷款，对其中生产资金困难且有发展前途的可以给予优惠贷款。

（5）享受专项基金支持。县级以上人民政府依照国家有关规定，可以设立乡镇企业发展基金。乡镇企业发展基金专门用于扶持乡镇企业发展，其使用范围如下：支持少数民族地区、边远地区和贫困地区发展乡镇企业；支持经济欠发达地区、少数民族地区与经济发达地区的乡镇企业之间进行经济技术合作和举办合资项目；支持乡镇企业按照国家产业政策调整产业结构和产品结构；支持乡镇企业进行技术改造，开发名特优新产品和生产传统手工艺产品；发展生产农用生产资料或者直接为农业生产服务的乡镇企业；发展从事粮食、饲料、肉类的加工、贮存、运销经营的乡镇企业；支持乡镇企业职工的职业教育和技术培训；其他需要扶持的项目。

（6）依法取得土地使用权。

二、发挥龙头企业的带动作用

龙头企业指的是在某个行业中，对同行业的其他企业具有深刻影响、号召力和一定的示范、引导作用，并对该地区、该行业或者国家作出突出贡献的企业。龙头企业涵盖三个产业，可以是生产加工企业，可以是中介组织和专业批发市场等流通企业。涉农龙头企业的使命不同于一般的工商企业，它肩负有开拓市场、创新科技、带动农户和促进区域经济发展的重任，要带动农业和农村经济结构调整，带动商品生产发展，推动农业增效和农民增收，要带动千家万户发展商品生产走市场。涉农龙头企业是推进农业产业化的重要抓手，通过合同、合作、股份合作等利益联结方式直接与农户紧密联系，使农产品生产、加工、销售有机结合、相互促进，进而形成以龙头企业为核心，包含一定数量的农民专业合作社、农户等经营主体在内的企业联盟。农业产业化龙头企业集成利用资本、技术、人才等生产要素，带动农户发展专业化、标准化、规模化、集约化生产，是构建现代农业产业体系的重要主体，是推进农业产业化经营的

关键。支持龙头企业发展，对于提高农业组织化程度、加快转变农业发展方式、促进现代农业建设和农民就业增收具有十分重要的作用。

企业产品竞争力。在同行业中企业的产品质量、产品科技含量、新产品开发能力处于领先水平，企业有注册商标和品牌。产品符合国家产业政策、环保政策，并获得相关质量管理标准体系认证，近 2 年内没有发生产品质量安全事件。申报企业原则上是农业产业化省级重点龙头企业。

三、培育家庭农场这一新生的经营主体

家庭农场作为新型农业经营主体，以农民家庭成员为主要劳动力，以农业经营收入为主要收入来源，利用家庭承包土地或流转土地，从事规模化、集约化、商品化农业生产，保留了农户家庭经营的内核，坚持了家庭经营的基础性地位，适合我国基本国情，符合农业生产特点，契合经济社会发展阶段，是农户家庭承包经营的升级版，已成为引领适度规模经营、发展现代农业的有生力量。

家庭农场经营者主要是农民或其他长期从事农业生产的人员，主要依靠家庭成员而不是依靠雇工从事生产经营活动。家庭农场专门从事农业，主要进行种养业专业化生产，经营者大都接受过农业教育或技能培训，经营管理水平较高，示范带动能力较强，具有商品农产品生产能力。家庭农场经营规模适度，种养规模与家庭成员的劳动生产能力和经营管理能力相适应，符合当地确定的规模经营标准，收入水平能与当地城镇居民相当，实现较高的土地产出率、劳动生产率和资源利用率。

依照自愿原则，家庭农场可自主决定办理工商注册登记，以取得相应市场主体资格。

引导和鼓励家庭农场经营者通过实物计租货币结算、租金动态调整、土地经营权入股保底分红等利益分配方式，稳定土地流转关系，形成适度的土地经营规模。鼓励有条件的地方将土地确权登记、互换并地与农田基础设施建设相结合，整合高标准农田建设等项目资金，建设连片成方、旱涝保收的农田，引导流向家庭农场等新型经营主体。

四、通过发展农民专业合作社推动葡萄文化产业发展

（一）农民专业合作社的概念和特征

农民专业合作社是由农民自愿组成的，以为社员提供某一方面技术或其他方面帮助为宗旨的组织。具体是指在农村家庭承包经营的基础上，同类农产品的生产经营者或者同类农业生产经营服务的提供者、利用者自愿联合、民主管

理的互助性经济组织。具有以下几个方面的特征：

（1）农民专业合作社是社会组织。社会组织有很多种，如社会团体、机关、学校、有限责任公司等，农民专业合作社也是其中的一种。组织和个人是有区别的，最大的区别就在于组织是集体。

（2）农民专业合作社以服务全体成员、谋求全体成员的共同利益为宗旨。农民专业合作社以其成员为主要服务对象，提供农业生产资料的购买，农产品的销售、加工、运输、贮藏以及与农业生产经营有关的技术、信息等专项服务。

（3）农民专业合作社是自治性组织。实行入社自愿、退社自由的原则，成员地位平等，实行民主管理，盈余主要按照成员与农民专业合作社的交易额比例返还。

（4）农民专业合作社具有法人资格。

（二）农民专业合作社的作用

改革开放以来，中央确立了以家庭承包经营为基础，统分结合的双层经营体制，农户因此成为农村的经营主体。以一家一户为单位的土地承包责任制虽然取得了很大成绩，但问题也日益显现，最大的问题就是生产经营规模小、应对自然风险和市场风险的能力弱，农户在生产和经营中遇到了很多困难。因此，组织起来共同面对市场风险成为市场经济体制下分散经营的农民的必然选择。其中，受到农民群众普遍欢迎的一种十分重要的组织形式就是农民专业合作社。近年来，由农民自发组织的农民专业合作社蓬勃发展，成为推动农村经济发展的重要力量。农户加入农民专业合作社后，依靠集体的力量，在市场销售信息和技术帮助等方面会得到很多收益。多年的发展实践证明，农民专业合作社是解决"三农"问题的一个重要途径，它可以提高农业生活和农民进入市场的组织化程度，有利于推进农业产业化经营和农业结构调整，也为落实国家对农业的支持保护政策提供了一个新的渠道，成为城乡市场上一个非常活跃的新型经济组织。

（三）《农民专业合作社法》

《农民专业合作社法》是有关农民专业合作社的设立、组织和运行方面的法律规范的总称。《中华人民共和国农民专业合作社法》于 2006 年 10 月 31 日在十届全国人大常委会第二十四次会议上通过，该法自 2007 年 7 月 1 日起施行，这是新中国成立以来的第一部有关农民专业合作社方面的法律。《农民专业合作社法》的制定和颁布，是我国农民合作社事业发展史上的里程碑，标志着我国农民专业合作社将进入依法发展的新阶段，具有划时代的历史意义。

《农民专业合作社法》共分九章五十六条。第一章总则，明确了立法目的和适用范围，规定了农民专业合作社应当遵循的基本原则，农民专业合作社的法律地位与责任承担方式，农民专业合作社的基本义务，国家对扶持农民专业合作社发展的基本措施和对农民专业合作社的指导、支持和服务。第二章设立和登记，规定了设立农民专业合作社必须具备的条件，设立大会的职权，农民专业合作社章程的基本内容，登记程序等。第三章成员，规定了成员资格的基本要求、农民专业合作社的成员结构，明确了成员的权利和义务，规定了农民专业合作社的表决方式，成员资格终止的相关事项等。第四章组织机构，分别规定了成员大会的职权、议事规则、临时大会的召集，成员代表大会的设立，理事长或者理事会、执行监事和监事会的设立和表决规则，职员聘任，理事长、理事和管理人员的禁止性义务、竞业禁止和任职限制等。第五章财务管理，规定了农民专业合作社的财务制度、公积金的提取、成员账户的建立、盈余分配方式及财务监督等。第六章合并、分立、解散和清算，规定了农民专业合作社合并、分立的法律后果的承担、解散的事由、清算的程序和破产的法律适用等相关内容。第七章扶持政策，规定了国家从产业政策倾斜、财政支持、金融扶持、税收优惠等方面支持农民专业合作社建设与发展的基本措施。第八章法律责任，针对侵犯农民专业合作社的财产权和生产经营自主权以及农民专业合作社进行虚假登记和虚假财务报告等行为规定了违法主体应当承担的行政责任和刑事责任。另外还有第九章附则。

国家支持发展农业和农村经济的建设项目，可以委托和安排有条件的有关农民专业合作社实施。中央和地方财政应当分别安排资金，支持农民专业合作社开展信息、培训、农产品质量标准与认证、农业生产基础设施建设、市场营销和技术推广等服务。对民族地区、边远地区和贫困地区的农民专业合作社和生产国家与社会急需的重要农产品的农民专业合作社给予优先扶持。国家政策性金融机构应当采取多种形式，为农民专业合作社提供多渠道的资金支持。国家鼓励商业性金融机构采取多种形式，为农民专业合作社提供金融服务。农民专业合作社享受国家规定的对农业生产、加工、流通、服务和其他涉农经济活动相应的税收优惠。

参考文献

勃基尔 I. H. 1954. 人的习惯与旧世界栽培植物的起源 [M]. 北京：科学出版社.

曹林奎, 陆贻通, 李亚红. 2002. 都市农业的基本特征与功能开发 [J]. 农业现代化研究, 23 (4).

曹子刚, 等. 2000. 葡萄主要病虫害及其防治 [M]. 北京：中国林业出版社.

陈克亮, 等. 1993. 葡萄丰产栽培图说 [M]. 北京：中国林业出版社.

陈习刚. 2007. 隋唐时期的葡萄文化 [J]. 中华文化论坛 (1)：50 - 54.

陈习刚. 2012. 中国古代葡萄种植和葡萄文化拾零 [J]. 农业考古 (4).

本刊编辑部. 2012. 吃葡萄的禁忌 [J]. 求医问药 (9).

关故章, 杨泽敏, 孙金才. 2004. 都市农业的发展概况 [J]. 安徽农业科学, 32 (3).

郭会生. 2010. 清徐葡萄 [M]. 北京：中国文联出版社.

韩南容. 2006. 葡萄有机栽培新技术 [M]. 北京：中国林业出版社.

贺普超, 等. 1999. 葡萄学 [M]. 北京：中国农业出版社.

贺普超, 罗国光. 1994. 葡萄学 [M]. 北京：中国农业出版社.

胡建芳. 2002. 鲜食葡萄优质高产栽培技术 [M]. 北京：中国农业大学出版社.

黄映晖, 史亚军. 2009. 农村文化资源的开发与经营 [M]. 北京：科学普及出版社.

孔庆山, 等. 2004. 中国葡萄志 [M]. 北京：中国农业科学技术出版社.

拉查列夫斯基 M. A. 1957. 葡萄品种的植物学记载和农业生物学研究的方法 [M]. 北京：科学出版社.

李华. 2008. 葡萄栽培学 [M]. 北京：中国农业出版社.

李怀福. 2005. 巨峰系葡萄研究 [M]. 北京：中国农业科学技术出版社.

李娜, 徐梦洁, 王丽娟. 2006. 都市农业比较研究及我国都市农业的发展 [J]. 江西农业大学学报 (社会科学版) (3).

李知行, 等. 1992. 葡萄病虫害防治 [M]. 北京：金盾出版社.

刘建和, 张金升. 2011. 中国吉祥文化中的葡萄元素 [J]. 中外葡萄与葡萄酒 (10)：114 - 119.

刘杰, 李秋丽, 卫江峰, 田国行. 2010. 都市农业在城市中的发展方向探讨 [J]. 江西农业学报, 22 (2).

刘志民, 等. 2008. 优质葡萄无公害种植生产关键技术问答 [M]. 北京：中国林业出版社.

罗国光. 2004. 葡萄整形修剪和设架 [M]. 北京：中国农业出版社.

马继兴．1995．神农本草经辑注［M］．北京：人民卫生出版社．

葡萄皮的营养价值［EB/OL］．微微健康网．2012-8-30［引用日期2012-12-19］．

邱强，等．1993．原色葡萄病虫图谱［M］．北京：中国科学技术出版社．

人民教育出版社课程教材研究所．中国现代诗歌散文欣赏［EB/OL］．http：//www.pep.com.cn/gzyw/jszx/tbjxzy/kbjc/jsys/zgxdsgswxs/201008/t20100826_753931.htm.

陕西省果树研究所．1977．葡萄品种［M］．北京：农业出版社．

宋涛，蔡建明，刘军萍，杨振山，温婷．2013．世界城市都市农业发展的经验借鉴［J］．世界地理研究（2）．

唐慎微．1991．证类本草［M］．上海：上海古籍出版社．

王爱玲，秦向阳，文化．2007．都市型现代农业的内涵、特征与发展趋势［J］．中国农学通报，23（10）．

王全辉，刘义诚．2012．中国都市农业发展模式研究和可持续发展建议［J］．中国农学通报，28（32）．

王有年，华玉武．2013．北京都市型现代农业文化研究［M］．2版．北京：中国农业出版社．

王忠跃，等．2003．无公害葡萄生产中病虫害综合防治技术［J］．果农之友（12）：37-39．

温秀云，陈谦．2001．葡萄病虫害原色图谱［M］．济南：山东科学技术出版社．

吴轶韵，俞菊生．2010．城市化进程中我国都市农业发展趋势研究［J］．上海农业学报，26（1）．

详解葡萄皮的营养成分［EB/OL］．微微健康网．2012-9-6［引用日期2012-12-20］．

修德仁，等．2004．鲜食葡萄栽培与保鲜大全［M］．北京：中国农业出版社．

徐海英，等．2006．无公害葡萄标准化生产［M］．北京：中国农业出版社．

严大义，等．2005．葡萄生产关键技术百问百答［M］．北京：中国农业出版社．

杨承时．2003．中国葡萄栽培的起始与演化［J］．中外葡萄与葡萄酒（4）．

杨治元．2003．葡萄无公害栽培［M］．上海：上海科学技术出版社．

张凤仪，等．2001．实用葡萄栽培图诀400例［M］．北京：中国农业出版社．

张家口林业局网站．［EB/OL］．http：//www.pep.com.cn/gzyw/jszx/tbjxzy/kbjc/jsys/zgxdsgswxs/201008/t20100826_753931.htm.

张一萍，等．2005．葡萄病虫害诊断与防治原色图谱［M］．北京：金盾出版社．

赵奎华，等．2006．葡萄病虫害原色图鉴［M］．北京：中国农业出版社．

郑文堂，华玉武．2012．都市农业文化推动都市农业发展和创新研究［M］//北京新农村建设研究报告2011．北京：中国农业出版社．

郑燕虹．2001．《愤怒的葡萄》中"葡萄"的象征意义与圣经典故［J］．外语与外语教学（4）：60-62．

中国园林网．葡萄盆景的制作［EB/OL］．http：//yy.yuanlin.com/detail/7578.html.

仲景健康网．2012．"看伏牛风光，嗅百草药香"山葡萄［EB/OL］．http：//www.zjjk365.com/News/20121025/30167.html.

HOUJI 后记

　　北京农学院是一所北京市属都市型现代高等农业院校，办学目标是坚持走以提高质量为核心的内涵式发展道路，建设特色鲜明高水平的都市型现代农林大学。注重都市农业教育、科研、推广服务的社会需求人才培养和农业文化传承是学校的使命、特色和优势。从学校的办学定位和特色出发，在学校领导的引领下，凝聚了科研方向，教师们组建了若干科研团队。其中，都市农业文化科研创新团队，致力于都市农业文化的研究并取得了一批的研究成果，拟定出版都市农业文化系列丛书。为配合 2014 年 7 月 28 日至 8 月 8 日在北京延庆召开的第十一届世界葡萄大会，都市农业文化科研团队组织该团队成员和有关教师编写了《都市农业发展与葡萄文化》一书。《都市农业发展与葡萄文化》包括都市型现代农业和都市型现代农业文化、葡萄的历史和文化、葡萄的品种和栽培、葡萄酒文化、葡萄文化的开发和葡萄文化创意产业等内容。作者来自我校植物科技学院、食品学院、城乡发展学院、文法学院、思政部、学校办公室。他们分别具有农学、食品学、历史学、文学、社会学、法学、农业规划等学科专业背景。各章作者的分工是：第一章，王永芳、王宇峰、华玉武、高建伟；第二章，孙亚利、刘稚、王红英、马淑琴、陈勇；第三、四章，刘志民；第五章，李德美；第六章，董君、王建利、李振兴、李国敏；第七章李刚、范小强、刘静琳、苏安国。华玉武、李刚负责策划、组稿和统稿。

　　学校党委书记、北京新农村建设研究基地主任、北京生态文化协会副会长郑文堂教授和学校前校长、北京都市农业研究院院长王有年教授对本书的完成，给予了精心指导和帮助。国家教育行政学院王克孝教授对本书的结构和内容提出很多宝贵的修改意见。中国农业出版社编辑对本书初稿提出过宝贵的指导意见，并对本书的出版给予了大力支持。在著作编写过程中，我们吸收了若干研究者的某些研究成果。我们在此一并表示感谢！

限于编者水平，书中不足和疏漏之处在所难免，敬请广大读者和同仁批评指正。

编　者

2014 年 6 月

图书在版编目（CIP）数据

都市农业发展与葡萄文化 / 华玉武，李刚主编 .
—北京：中国农业出版社，2014.7
ISBN 978-7-109-19356-7

Ⅰ.①都… Ⅱ.①华…②李… Ⅲ.①都市农业—发
展—研究②葡萄栽培—文化—研究 Ⅳ.①F304.5
②S663.1

中国版本图书馆 CIP 数据核字（2014）第 144539 号

中国农业出版社出版
（北京市朝阳区麦子店街 18 号楼）
（邮政编码 100125）
责任编辑　姚　红

———————————

中国农业出版社印刷厂印刷　　新华书店北京发行所发行
2014 年 7 月第 1 版　　2014 年 7 月北京第 1 次印刷

———————————

开本：720mm×960mm　1/16　印张：19
字数：380 千字
定价：45.00 元
（凡本版图书出现印刷、装订错误，请向出版社发行部调换）